Röntgenkristallographie

Einführung
in die Grundlagen

von

Franz Raaz

1975

Walter de Gruyter · Berlin · New York

SAMMLUNG GÖSCHEN 2600

Dr. phil. habil. *Franz Raaz* †
emer. o. Professor der Technischen Hochschule Wien
tit. ao. Universitätsprofessor

Dieser Band enthält 132 Abbildungen und 10 Tabellen

ISBN 3 11 003913 3

Vorbemerkung

Das vorliegende Buch über Röntgenkristallographie trägt den Untertitel „Einführung in die Grundlagen", welcher erkennen läßt, daß die Darstellung keineswegs ein Handbuch zum Gebrauch bei röntgenographischen Strukturuntersuchungen ersetzen will. Die Publikation möchte vielmehr im eigentlichen, richtigverstandenen Sinne ein „Lehrbuch" sein: d. h. vor allem dazu bestimmt, die einführenden Prinzipien der Strukturlehre zu vermitteln und die gangbaren Methoden der experimentellen Röntgenforschung klarzulegen.

Erfahrungsgemäß fehlt verschiedentlich manchen Anfängern, namentlich jenen, die von einer benachbarten naturwissenschaftlichen Disziplin kommen, eine hinreichende Kenntnis der Kristallographie, speziell die Beherrschung der Grundlagen der Kristallographie des Diskontinuums. Man kann aber nicht die Methoden der Röntgenanalyse von Kristallen lernen und experimentell praktisch handhaben, wenn die notwendigen Grundlagen weitgehend fehlen. Das brächte die Gefahr mit sich, daß sich der Praktikant auf „Kochrezepte" verlassen wollte. Aber das Eindringen in die ihm bisher fremde Materie erfordert echtes Verständnis für die vielfachen Zusammenhänge.

Das Buch umfaßt drei Hauptabschnitte: Kristallographie des Diskontinuums; das Interferenzphänomen am Kristallgitter; die gebräuchlichsten Methoden der Kristallstrukturanalyse. Ihnen vorangestellt ist ein Kapitel „Röntgenstrahlen". Dieses dient zur ersten Orientierung über die Röntgenstrahlung, jene Energie, die als Mittel für die Untersuchung der Kristallstruktur zur Anwendung gelangt.

Im ersten Hauptabschnitt „Kristallographie des Diskontinuums", oder kurz Strukturlehre, werden jene grundlegenden Erkenntnisse behandelt, die in einer geradezu dramatischen Entwicklung bis zur Vollendung der *Raumgruppentheorie*

1890/91 geführt haben. Die Kenntnis der Raumgruppen aber ist die unabdingbare Voraussetzung für die nach 1912 einsetzende experimentelle Röntgenanalyse der Kristalle, die nun schon sechs Jahrzehnte andauert und einen großartigen Siegeszug in der Erforschung der kristallisierten Materie bedeutet.

Der zweite Hauptabschnitt beschäftigt sich einleitend mit dem Interferenzphänomen am Kristallgitter. Hier ist es mein besonderes Anliegen, das *Bragg*sche Grundgesetz durchschaubar zu machen, dasselbe im Lichte der *Laue*schen Betrachtungsweise zu verstehen. In der Folge wird die Erschließung der Kristallstruktur besprochen und es werden die klassischen Methoden der Strukturanalyse, nämlich *Laue*-Aufnahmen und das *Bragg*sche Spektrometerverfahren erörtert.

Der dritte Hauptabschnitt wendet sich den zur Zeit meist verwendeten Methoden der Kristallstrukturanalyse zu. Es werden die gangbaren Arbeitsweisen in ihren Grundzügen eingehend behandelt, um den Leser in die Lage zu versetzen, sich auch gewisse Spezialmethoden aneignen zu können. Solche Spezialmethoden finden sich in einer Reihe ausgezeichneter Werke, die mehr den Charakter von Handbüchern haben, und die meist nur eine Kategorie von Untersuchungsmethoden behandeln, so beispielsweise *M. J. Buerger:* „X-Ray Crystallography" für die Drehkristallmethode.

Im Hinblick auf die erwähnten Verhältnisse wurde in meiner Darstellung das Hauptaugenmerk darauf gerichtet, die zu erläuternden Prinzipien klar und eindringlich darzustellen. Dies vor allem auch im Kapitel XI, das der Drehkristallmethode gewidmet ist, welche unter den experimentellen Verfahren eine dominierende Stellung einnimmt. Hier erscheint es besonders wichtig, die geometrischen Grundlagen herauszuarbeiten: denn gerade sie beleben die Darstellung und fördern die Anschaulichkeit. Daher wird aus diesem Grunde auch eingehender der „Schwenkaufnahmen" gedacht, weil die konstruktiv-geometrische Auswertung viel zum Verständnis beiträgt, gerade für die anschließenden Röntgengoniometer-Verfahren. Ohne gründliche Vorbereitung sind namentlich die so häufig verwendeten Weissenberg-Aufnahmen, speziell was die Indizierung betrifft, einigermaßen kompliziert, nämlich in ihrer Folgerichtigkeit nicht ohne weiteres überschaubar.

Es ist das charakteristische Merkmal dieses Buches, daß die zu entwickelnden Gesetzmäßigkeiten lehrhaft vor Augen geführt werden. Auf das Rüstzeug der höheren Mathematik, das vielfach in einschlägigen Werken reichlich verwendet wird, soll bei den hiesigen Darlegungen bewußt verzichtet werden. Nur die allgemein geläufigen Hilfsmittel der Elementarmathematik werden fallweise herangezogen.

Dem Charakter des Buches als „Einführung" wurde auch im dritten Hauptabschnitt Rechnung getragen. Deshalb werden gelegentlich ausgesprochen praktische Anweisungen für die zu lösenden Aufgaben geboten und konkrete Auswertungsbeispiele dem Leser als Muster zur Verfügung gestellt.

Und zum Geleit: Es wäre der lebhafte Wunsch des Verfassers, der angehende Röntgenkristallograph möge vom Studium des Buches Nutzen haben; dieses aber möge auch dazu beitragen, dem Fache neue Freunde zu gewinnen.

Wien, im August 1973

F. Raaz

Inhalt

Einleitung

Die kristallisierte Materie ist raumgittermäßig struiert. Diese Erkenntnis ist das Ergebnis einer mehr als hundertjährigen Entwicklung. Zuerst waren es reine Theorien über das Wesen der Kristallsubstanz, die 1890 durch *E. v. Fedorow* und unabhängig davon durch *A. Schoenflies* 1891 ihre Krönung fanden: Für den Feinbau der Kristalle waren 230 Raumsysteme als prinzipiell möglich erkannt. Diese 230 „Raumgruppen" bilden die theoretische Grundlage für die 1912 einsetzende experimentelle Erschließung der Kristallstruktur. Es war das Verdienst *Max v. Laue*'s, die kristallographische Theorie der Kristallstruktur und jene über das Wesen der 1895 von *Röntgen* entdeckten X-Strahlen aneinander auf ihre Richtigkeit zu prüfen – mit dem epochemachenden Erfolg, beide bestätigt zu finden. Einmal war durch den von seinen Mitarbeitern *W. Friedrich* und *P. Knipping* unternommenen Beugungsversuch von Röntgenstrahlen am Kristallgitter die Wellennatur dieser bis dahin rätselhaften Strahlen erwiesen, zum andern aber war damit die Raumgitterstruktur der Kristalle experimentell beglaubigt. Damit waren letzten Endes die Atome der Atomtheorie aus dem Bereich der Hypothese in jenen naturwissenschaftlicher Wirklichkeit getreten.

I. Röntgenstrahlen

a) Entstehung und Eigenschaften. Grundtypen von Röntgenröhren

Es ist nicht der Zweck dieses Kapitels, ausführliche Erörterungen hinsichtlich der apparativen Ausstattung des Laboratoriums zu geben; doch erscheint es unumgänglich, das Wesen der Röntgenstrahlen und die Einrichtungen zu ihrer Erzeugung kurz zu skizzieren.

Röntgenstrahlen entstehen in evakuierten Röhren bei Anlegung von Hochspannung, wenn der Korpuskularstrom negativer Elektronen (Kathodenstrahlen), der von der Kathode ausgeht und im Hochspannungsfelde zu großer Geschwindigkeit anwächst, auf seinem Wege plötzlich abgebremst wird. Diese Strahlen wurden bekanntlich von *W. C. Röntgen* 1895 entdeckt.

Bei der Röntgenstrahlung handelt es sich – wie im Laufe der Untersuchungen bis 1912 festgestellt werden konnte – um elektromagnetische Wellen transversaler Natur, also um eine Energieform wesensgleich mit den Lichtstrahlen, jedoch von 1000–10 000mal kleinerer Wellenlänge. Die Röntgenstrahlen haben die Fähigkeit, entsprechende Substanzen zum Fluoreszieren zu bringen, sie wirken auf die photographische Schicht wie die Lichtstrahlen, sind jedoch für das Auge unsichtbar. Sie besitzen ferner die Fähigkeit der Ionisation von Gasen, die sie durchstrahlen. Gegenüber den Lichtstrahlen fällt ihr beträchtliches Durchdringungsvermögen sonst undurchsichtiger Körper auf; selbst Metalle sind in mehr oder weniger dünnen Schichten strahlungsdurchlässig.

Zur Erzeugung von Röntgenstrahlen sind evakuierte Behälter notwendig, die vielfach Röhrenform aufweisen; sie können aus Glas oder aus Metall sein. Prinzipiell gibt es zwei verschiedene Typen von Röntgenröhren: Solche mit Hochvakuum und solche, die noch nennenswerte Luftreste enthalten. Neben-

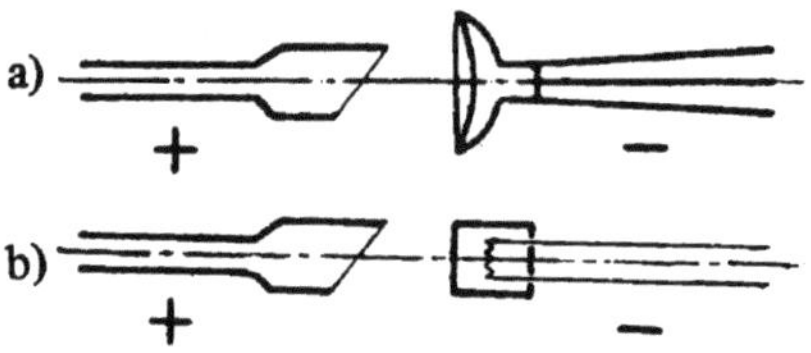

Abb. 1 a und b (nach *R. Glocker*)
a) Gashaltige Röntgenröhre, schematisch.
b) Gasfreie Röntgenröhre, schematisch.

stehende Skizze (Abb. 1) möge das Prinzip und die Wirkungsweise dieser beiden Arten von Röntgenröhren veranschaulichen.

Da, wie erwähnt, zur Inbetriebnahme ein Hochspannungsfeld erforderlich ist, bezeichnen wir die in die Röhre ragenden, an der Hochspannung liegenden Metallteile als Elektroden: die negativ aufgeladene Kathode und die positive Anode, auch „Antikathode" genannt.

1. Die gashaltige Röntgenröhre

In der Röhre herrscht ein Gasdruck von 0,005–0,011 mm Hg. Es sind also noch genügend Gasmoleküle vorhanden. Durch Zusammenprallen derselben werden spurenweise auch Ionen erzeugt („Stoßionisation").

Die positiv aufgeladenen Atome werden von der Kathode angezogen und stürzen auf den hohlspiegelförmig gestalteten Teil derselben; die Kathode besteht aus Aluminium (s. Abb. 1 a). Aus diesen Metallatomen machen sie Elektronen frei, die ihrerseits als negative Teilchen von der Kathode abgestoßen werden und, im Hochspannungsfelde beschleunigt, gegen die positive Antikathode fliegen. Die Kathode wirkt durch ihre Formgebung analog einem Hohlspiegel, d. h. die ausgeschleuderten negativen Elektrizitätsteilchen bewegen sich konvergierend gegen die Mitte der abgeschrägten Endplatte der Antikathode aus hochatomigem Metall (Pt, W)[1], wo sie gewissermaßen ihren „Brennfleck" haben.

[1] Über Antikathoden aus Fe, Cu, Mo etc. wird noch zu sprechen sein.

Die gashaltigen Röhren, entweder aus Glas, oder später vielfach mit metallischem Gehäuse, waren lange Jahre in Gebrauch. So vor allem die Siegbahn-Hadding-Röhre. Als Strahlenaustrittsfenster wurde bei ihr eine dünnste Al-Folie verwendet. Abb. 2 zeigt eine Hadding-Röhre im Längsschnitt. Dieser Röhrentyp wurde durch verschiedene moderne Konstruktionen von gasfreien Röhren abgelöst. Die gashaltigen Röhren, die auf der Mitwirkung von Ionen zur Einleitung des Elektronenstroms beruhen, heißen daher auch *Ionenröhren.* Da die Möglichkeit bestehen muß, den Gasgehalt der Ionenröhren zu regulieren, wird diese Art von Röhren manchmal auch als offene Röntgenröhren bezeichnet[1]. Die im nachfolgenden Kapitel unter Pkt. 2 behandelten gasfreien oder Elektronenröhren heißen demgegenüber auch abgeschmolzene Röhren.

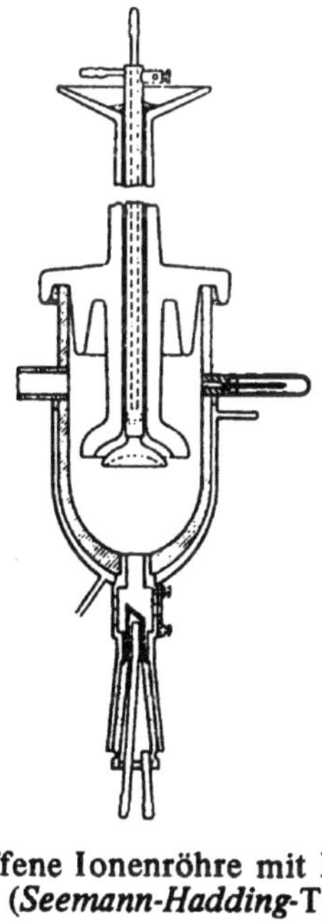

Abb. 2. Offene Ionenröhre mit Metallentladungsraum (*Seemann-Hadding*-Typus).

[1] Sie bieten überdies die Möglichkeit, die Antikathode auszuwechseln.

2. Die gasfreie Röntgenröhre (Elektronenröhre)

Hier wird die Erzeugung des Kathodenstroms auf andere Weise bewerkstelligt. Auf die Ionen zur Auslösung von Elektronen wird verzichtet; daher ist die Röhre hochevakuiert und weist nur mehr einen Druck von 10^{-6} bis 10^{-7} mm Hg auf. Für die Erzeugung der Kathodenstrahlen wird hier das Prinzip von *Richardson* benützt, wonach glühende Körper im Hochvakuum Elektronen aussenden. Demnach wird als Hochspannungskathode ein glühender Draht verwendet; eine Wolframspirale. Zunächst genügt der Hinweis auf das zugrundeliegende Prinzip, verdeutlicht durch die schematische Abb. 1 b. Auf S. 25/26 werden Beispiele von Glühkathodenröhren gebracht.

Die im Hochspannungsfelde mit beträchtlicher Energie bewegten Elektronen – ihre Geschwindigkeit ist, je nach der Größe der angelegten Hochspannung, $^1/_{10}$ bis $^1/_2$ der Lichtgeschwindigkeit – werden an der ihnen entgegen gestellten Antikathodenplatte jäh abgebremst: der Großteil ihrer Energie wird in Wärme verwandelt[1], aber ein kleiner Bruchteil (etwa ein Promille) wird in eine andere Energieform umgewandelt, die als Strahlung den Brennfleck der Antikathode verläßt – und die *Röntgen* als X-Strahlen bezeichnete. Ist die Antikathodenplatte abgeschrägt (wie in unserer Abb. 1b), dann wird die Strahlung – die wir in der deutschen Fachliteratur dem Entdecker zu Ehren „Röntgenstrahlen" nennen – bei vertikal gestellter Röhre (und Antikathode oben) einseitig die Röntgenröhre verlassen, u. zw. in annähernd horizontaler Richtung oder schwach nach unten geneigt.

Um den Glühdraht auf die gewünschte Temperatur zu bringen, ist ein eigener Stromkreis erforderlich: der Heizstrom der Glühkathode, mit dem die Elektronenemission reguliert wird. Röhren dieser Art werden auch als *Glühkathodenröhren* bezeichnet.

[1] Es muß daher Vorsorge getroffen werden, daß sich die Antikathode nicht zu stark erhitzt; eine Kühlvorrichtung ist also erforderlich (z. B. Wasser-Durchlaufkühlung bei hohl gestalteter Antikathode).

b) Spektrale Energieverteilung. Monochromatische Eigenstrahlung. Polychromatisches Bremsspektrum

Abb. 3 soll nun die spektrale Energieverteilung veranschaulichen, die eine Röntgenröhre mit Molybdän als Antikathodenmaterial aufweist. Auf der Abszisse sind die Wellenlängen aufgetragen, die Ordinate gibt die Intensität der Strahlung an. Man bemerkt, daß Wellenlängen von etwa 0,4 Å bis 1 Å auftreten, die das sog. „kontinuierliche" Spektrum bilden. Auffallend ist aber, daß – falls die Röhre mit hinreichender Spannung betrieben wird (bei Mo-Röhren ist 50 KV Scheitelspannung üblich) – bei zwei engbegrenzten Wellenlängengebieten ganz besonders hohe Intensitätswerte auftreten; dies bei einer

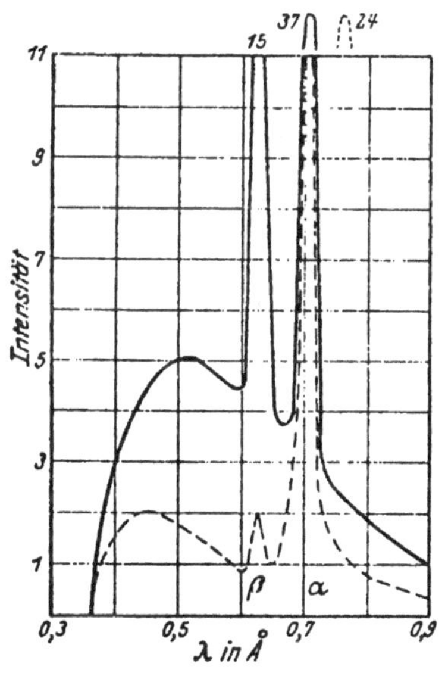

Abb. 3. Spektrale Energieverteilung: Bremsstrahlung und Eigenstrahlung einer Mo-Anode (nach *Ulrey*). Durch Strahlenfilter Schwächung der kürzeren Wellenlängen weitgehender als bei der α-Strahlung (s. gestrichelte Kurve).

Wellenlänge von 0,63 Å, und in noch viel höherem Maße[1] bei der Wellenlänge 0,71 Å. Diese beiden Wellenlängen der Mo-Strahlung nennen wir die charakteristische oder *Eigenstrahlung,* während das kontinuierliche Spektrum als „Bremsstrahlung" bezeichnet wird, weil es lediglich der Abbremsung des Kathodenstromes an der Antikathode seine Entstehung verdankt. Die charakteristische Eigenstrahlung jedoch ist wesentlich vom Atombau des Antikathodenmaterials abhängig. Die Eigenstrahlung wird nämlich durch Quantensprünge im Atom veranlaßt.

Um diese Verhältnisse einigermaßen plausibel zu machen, sei an die Atomvorstellungen *N. Bohr*'s erinnert. Nach dem Vorschlag von *Kossel* denken wir uns eine Anzahl stationärer Elektronenbahnen um den positiven Atomkern, u. zw. in verschiedenen Niveaus, welche letztere wir der Reihe nach als die K-, L-, M-, N- . . . Schale bezeichnen. Schematisch zeigt Abb. 4 diese Verhältnisse: die Radien dieser Schalen, in denen eine unterschiedliche Anzahl von Elektronen auf verschiedenen Bahnen um den Kern kreisen, verhalten sich in Wirklichkeit wie die Quadrate der ganzen Zahlen, also wie 1 : 4 : 9 : 16 . . ., was in der Zeichnung nicht zum Ausdruck kommt. Auf der äußersten Schale befinden sich die „Valenz-Elektronen", z. B. beim Natrium 1 Elektron (u. zw. auf seiner äußersten, der M-Schale).

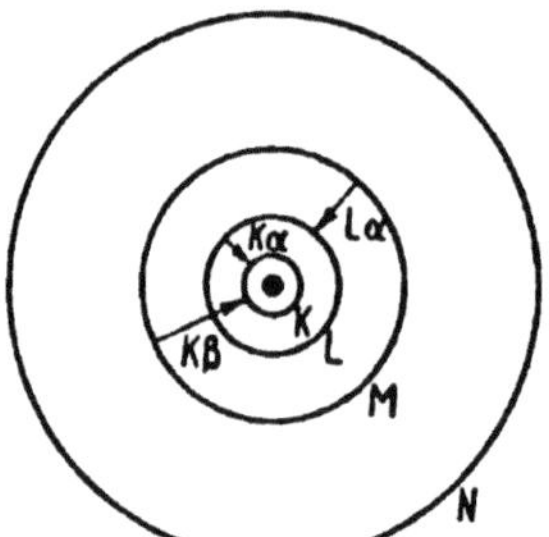

Abb. 4. Schalenmodell eines Atoms.

[1] Die Ordinate bei $\lambda = 0{,}71$ Å ist in Wirklichkeit viel höher, und hier nur verkürzt zur Darstellung gekommen.

Nach der Theorie sendet ein Atom, solange sich die Elektronen in ihren „Quantenbahnen" bewegen, keine Strahlung aus. Das geschieht erst dann, wenn ein Elektron von einer äußeren (energiereicheren) Bahn auf eine innere (energieärmere) zurückfällt. Dazu ist aber erforderlich, daß vorher in einer der inneren Schalen, z. B. im K-Niveau, eine Lücke entstanden ist, indem von dort ein Elektron herausgehoben wurde. Ein Quantensprung eines Elektrons aus der L-Schale in die K-Schale liefert die Kα-Strahlung, aus der M- in die K-Schale die Kβ-Strahlung; diese beiden bilden die K-Serie des betreffenden Elementes. Quantensprünge von äußeren Schalen in das L-Niveau liefern entsprechend die L-Serie, beim Übergang in die M-Schale die M-Serie. Zur Erregung einer bestimmten

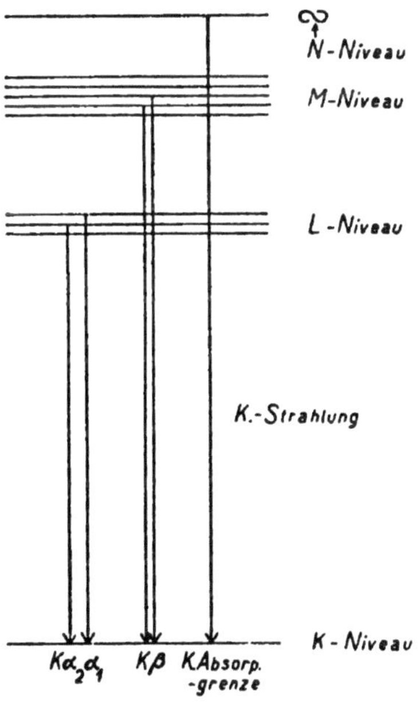

Abb. 5. Mögliche Elektronensprünge vom L- oder M-Niveau auf das K-Niveau verursachen die Kα- und Kβ-Strahlungen (nach *J. M. Bijvoet* u. Mitautoren).

Serie eines Elementes ist das Überschreiten eines ganz bestimmten Schwellenwertes der Hochspannung notwendig: diesen Wert nennen wir „Anregungsspannung".

Die Eigenstrahlung ist eine sog. *monochromatische Strahlung,* obwohl auch hier mehrere eng beieinander liegende Spektrallinien vertreten sind (vgl. dazu Abb. 5)[1]. Die in Abb. 3 dargestellten, aus dem Bremsberg herausragenden Intensitäten der Eigenstrahlung betreffen die K-Serie des Antikathodenmaterials, hier des Molybdäns; und zwar hat $K\alpha$ die Wellenlänge $\lambda = 0{,}71_0$ Å, $K\beta$ (die weniger intensive) $\lambda = 0{,}63_2$ Å.

Für Untersuchungen mit monochromatischer Strahlung sind außer der soeben genannten Mo-Strahlung in erster Linie Cu- und Fe-Strahlung in Gebrauch, seltener Cr. Letztere ist von den erwähnten Strahlungen die langwelligste, mit $K\alpha = 2{,}29_1$ Å, $K\beta = 2{,}08_5$ Å.

$$Fe_{K\alpha} = 1{,}93_7 \text{ Å}, \qquad Fe_{K\beta} = 1{,}75_6 \text{ Å};$$
$$Cu_{K\alpha} = 1{,}54_2 \text{ Å}, \qquad Cu_{K\beta} = 1{,}39_2 \text{ Å}.$$

Die langwelligen Strahlungen haben ein geringeres Durchdringungsvermögen und werden als *weiche* Strahlen bezeichnet (Cr, Fe, Cu); die kurzwelligen Strahlen heißen *harte* Strahlen.

Genauere Werte – auch jene des $K\alpha$-Dubletts – in folgender Tabelle 1.

Bezugnehmend auf die schematische Skizze Abb. 5 sei ergänzend hervorgehoben, daß die Elektronen innerhalb einer Schale nicht mit genau der gleichen Energie gebunden sind, so daß man in gewissen Schalen Untergruppen annehmen muß: die L-Schale weist 3, die M-Schale 5 solche Untergruppen auf. Zwischen den Schalen ist nicht jeder Übergang von sämtlichen Untergruppen möglich. Übrig bleiben die Übergänge, die den Anlaß für das eng benachbarte Dublett $K\alpha_1/\alpha_2$ bilden: L(III)

[1] Sowohl die $K\alpha$-Strahlung als auch die $K\beta$-Strahlung besteht in Wirklichkeit aus einem Linien-Dublett, wenn nicht gar aus drei eng gedrängt liegenden Spektrallinien.

Tabelle 1. Wellenlängen für Feinstrukturuntersuchungen (in Å) nach Bearden, Shaw, Bragg

Element	$K\alpha_1$	$K\alpha_2$	$K\alpha$	$K\beta_1$
Ag	0,55941	0,56381	0,5609	0,49701
Mo	0,70926	0,71354	0,7107	0,63225
Cu	1,54050	1,54434	1,5418	1,39217
Ni	1,65783	1,66168	1,6591	1,50008
Co	1,78890	1,79279	1,7902	1,62073
Fe	1,93597	1,93991	1,9373	1,75654
Cr	2,28962	2,29352	2,2909	2,08479

zu K bzw. L(II) zu K; dazu kommt der Übergang M(III) zu K, welcher die $K\beta_1$-Linie verursacht. M(II) zu K d.i. β_3, kann unberücksichtigt bleiben. Die Intensitäten der Linien des $K\alpha$-Dublettes und der $K\beta_1$-Linie verhalten sich wie

$$I(\alpha_1) : I(\alpha_2) : I(\beta_1) = 100 : 50 : 20 .$$

Das $K\alpha$-Dublett hat also höchste bzw. hohe Intensität, die $K\beta_1$-Linie ist noch immer kräftig.

Das Vorhandensein des Dublettes $K\alpha$ aus zwei sehr eng benachbarten Linien α_1 und α_2 wird normalerweise als einheitliche Linie betrachtet. Eine getrennte Berücksichtigung der beiden Bestandteile wird nur in Ausnahmefällen als notwendig erachtet[1].

Da die langwelligen monochromatischen Strahlen (mit λ um 2 Å) von der Glaswand der Röntgenröhre fast quantitativ absorbiert werden würden, müssen bei solchen Röhren an den Austrittsstellen der Strahlung Spezialgläser eingeschmolzen

[1] Durch Anwendung von Kristallmonochromatoren (siehe Teilkapitel I c) läßt sich die schwächere der Dublettlinien nötigenfalls weitgehend eliminieren.

werden, die eine geringe Absorptionsfähigkeit besitzen; so beispielsweise das sog. *Lindemannglas,* ein Lithium-Beryllium-Borat. Man nennt diese Strahlen-Austrittsstellen „Lindemannfenster". Bei der kurzwelligen Mo-Strahlung ($K\alpha$ = 0,71 Å) würde man bereits ohne Lindemannfenster auskommen, doch sind auch da meistens solche vorhanden.

Bei einer Röhre mit Wolfram-Antikathode würde die zur Erregung der K-Serie notwendige Betriebsspannung (Anregungsspannung) bei 70 000 Volt liegen. Wird eine solche W-Röhre mit einer geringeren Spannung (60 000 Volt) betrieben, dann ist die Eigenstrahlung der K-Serie noch gar nicht in Erscheinung getreten: wir haben nur das kontinuierliche Spektrum der Bremsstrahlung vor uns. Eine solche *polychromatische* Röntgenstrahlung benötigen wir, wenn wir *Laue*-Aufnahmen machen wollen. Diese Röhren haben keine Lindemannfenster.

c) Monochromatisierung der Strahlung

Bei Strukturuntersuchungen spielt die Verwendung monochromatischer Röntgenstrahlung eine besondere Rolle. Man ist daher bestrebt, die $K\alpha$-Strahlung weitgehend von fremden Linien isoliert in genügender Intensität einsetzen zu können. Zu diesem Zwecke bedient man sich in vielen Fällen gewisser Filtersubstanzen, welche die wesentlich schwächere $K\beta_1$-Linie größtenteils absorbiert und auch einen Teil der Bremsstrahlung beseitigt, die die Untergrundschwärzung verursacht.

Man wählt die Filterdicke so, daß die Intensität der $K\beta$-Linie (welche ohne Filter etwa 13% der einheitlichen α-Strahlung beträgt) auf 1% des $K\alpha$-Dubletts geschwächt wird. Dabei wird die Intensität der α-Strahlung auf die Hälfte bis $^2/_3$ herabgesetzt. Als $K\beta$-Filter muß man solche Elemente wählen, bei denen die Wellenlänge der K-Absorptionskante etwas kurzwelliger ist als die $K\alpha$-Linie der Anode; sie liegt also zwischen den λ-Werten der α- und β-Strahlung. Dadurch werden die Wellenlängen unter dem Wert der K-Absorptionskante stark absorbiert, hingegen die darüber liegenden λ-Werte

– also die $K\alpha$-Linien – wesentlich weniger. So wird beispielsweise bei Verwendung einer Cu-Röhre ein Ni-Filter verwendet, wobei die Durchlässigkeit für die α-Strahlung ca. 58% beträgt. Der Filterstoff kann als Metallfolie verwendet werden; es können aber auch Verbindungen des Filterelementes herangezogen werden. Die Massenbelegung bei einem Ni-Filter beträgt für günstigste Durchlässigkeit der $Cu_{K\alpha}$-Strahlung 11,7 mg/cm².

Eine andere Art zur Monochromatisierung beruht auf der Verwendung von Kristallmonochromatoren. Dabei handelt es sich um die Benützung des fundamentalen Phänomens der Reflexion von Röntgenstrahlen an Kristallen, wie es erst im Kap. VI a) und c) erläutert werden kann. Vorweggenommen sei nur der Effekt, daß Röntgenstrahlen durch äußere Kristallflächen (oder innere Netzebenen) unter bestimmten Winkeln, den „Glanzwinkeln", reflektiert werden[1]. Es ist gewissermaßen eine selektive Reflexion, da je nach der Winkelstellung nur bestimmte Wellenlängen zur Reflexion gelangen. So ist eine Möglichkeit gegeben, die Strahlung spektral zu zerlegen; oder mit anderen Worten: man kann dezidierte Wellenlängen aussieben.

Es gibt Plankristall-Monochromatoren, die allerdings beträchtliche Belichtungszeiten erfordern. Es gibt aber auch Konkavkristall-Monochromatoren mit wesentlich kürzerer Belichtungszeit. Die letztere Art von Monochromatoren wird erst gelegentlich der Besprechung der *Guinier-Camera* zu behandeln sein (s. Kap. VIII, 4, β).

d) Gleichrichtung der Hochspannung: Ventilröhre. Beispiele von Röntgenröhren und sonstiger apparativer Einrichtungen

Bezüglich der Hochspannungsapparatur wäre folgendes zu sagen: Wie aus den einleitenden Worten über die Erzeugung von Röntgenstrahlen hervorgeht, bedarf es gleichgerichteter Hochspannung zur Herbeiführung eines Elektronenstromes. So ist bei der Röhrentype unter Pkt. 1, Ionenröhren, hochge-

[1] In Wirklichkeit ist es ein Interferenzphänomen.

spannter Gleichstrom unbedingt erforderlich; sonst könnte der geschilderte Mechanismus unter Mitwirkung von Gas-Ionen unmöglich funktionieren. Bei den Glühkathodenröhren (Pkt. 2) ist es ebenfalls vorteilhaft – aber nicht unerläßlich –, Gleichstrom zur Verfügung zu haben.

Da der Hochspannungstransformator aber nur Wechselstrom liefert, bedarf es besonderer Vorkehrung, diesen gleichzurichten. Es gibt mechanische Gleichrichteranlagen, wie solche in früherer Zeit oft in Gebrauch waren, und andererseits solche unter Verwendung von Ventilröhren, um mehr oder weniger konstanten Gleichstrom zu erzielen. Am einfachsten ist die Vorschaltung einer *Ventilröhre.* Ein solches Glühventil funktioniert im Prinzip wie eine Glühkathodenröhre hinsichtlich

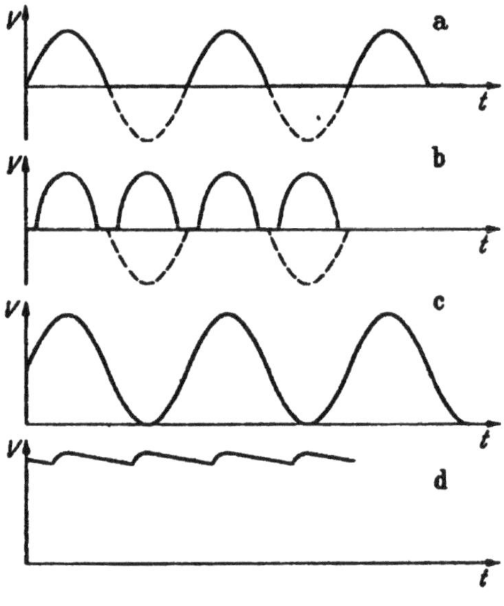

Abb. 6 a–d (nach *R. Glocker*). Spannungsverlauf an der Röntgenröhre.
a) Halbwellenapparat. b) Mechanischer Hochspannungsgleichrichter. c) *Villard*-Schaltung mit Spannungsverdopplung. d) *Greinacher*-Schaltung mit Spannungsverdopplung (Gleichspannung).

der Erzeugung des Kathodenstromes. Liegt das Glühventil also im Stromkreis des Hochspannungstransformators, so wird der Glühdraht der Kathode abwechselnd positiv und negativ aufgeladen. Nur in jenen Momenten der negativen Aufladung können Elektronen emittiert werden, im Falle positiver Aufladung sperrt die Ventilröhre den Stromdurchgang. Somit wird durch eine Glühventilröhre – wie bei einem mechanischen Gleichrichter – *intermittierende* Hochspannung geliefert, die der Röntgenröhre zugeführt wird, vgl. Abb. 6b. Handelt es sich aber um den Betrieb von Glühkathoden-Röntgenröhren, dann kann die Arbeit der Ventilröhre auch der Röntgenröhre selbst angelastet werden; die eine Phase des Wechselstromes wird einfach unterdrückt, s. Abb. 6 a) (Halbwellenbetrieb!).

Um annähernd konstanten Gleichstrom zu erhalten, genügt eine Ventilröhre *nicht*. Bei Anlagen dieser Art, *Greinacher*-Schaltung, – praktisch mit stabilisierter Gleichspannung (Abb. 6d) – bedarf es zweier Ventilröhren und überdies zweier Hochspannungskondensatoren.

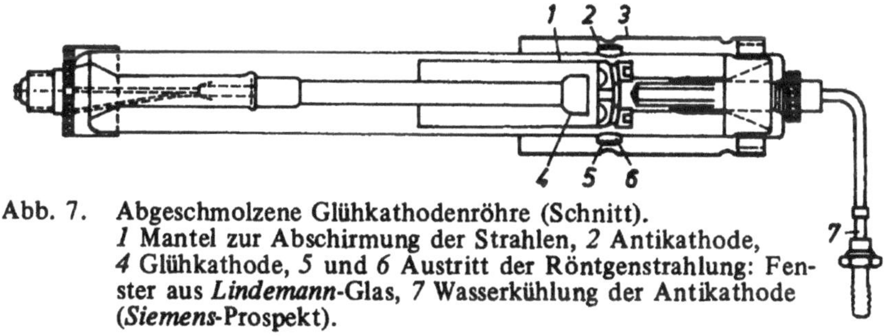

Abb. 7. Abgeschmolzene Glühkathodenröhre (Schnitt). *1* Mantel zur Abschirmung der Strahlen, *2* Antikathode, *4* Glühkathode, *5* und *6* Austritt der Röntgenstrahlung: Fenster aus *Lindemann*-Glas, *7* Wasserkühlung der Antikathode (*Siemens*-Prospekt).

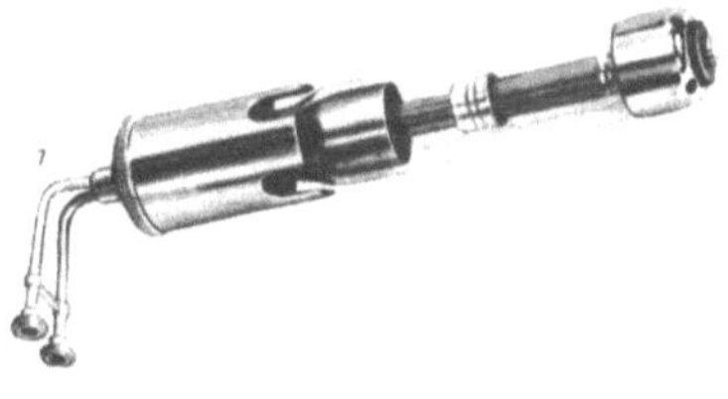

Abb. 8. Feinstrukturröhre der Fa. Siemens.

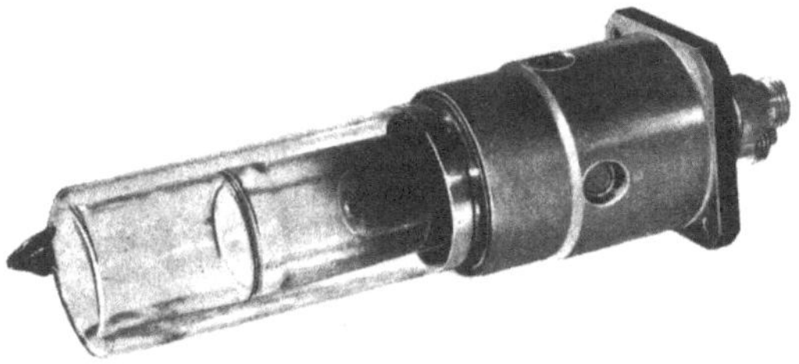

Abb. 9. Feinstrukturröhre der Fa. Philips.

Abb. 10. Siemens „Kristalloflex 2", ein Halbwellenapparat. Hier mit getrennten Arbeitsplätzen und kombiniert mit einem Glättungszusatz (unter dem Labortisch). Dieser enthält im wesentlichen ein Glühventil und einen Glättungskondensator, so daß pulsierende Gleichspannung erzeugt wird (*Villard*-Schaltung! s. Abb. 6 c).

Die Schaltung nach *Villard* benötigt hingegen nur *eine* Ventilröhre und einen Hochspannungskondensator. Hier erhält man aber nur *pulsierenden* Gleichstrom (Abb. 6c), eventuell mehr oder weniger geglättet.

Abb. 7, 8 und 9 sind Modelle von Glühkathodenröhren. Abb. 10 zeigt einen Halbwellenapparat der Fa. SIEMENS: Transformatorgehäuse mit Schalttafel; zusätzlich einen Glättungszusatz. In Abb. 11 sehen wir ein Hochleistungsgerät der Fa. PHILIPS mit konstanter Gleichspannung. Konstruktionen dieser Art werden auch von der Fa. SIEMENS hergestellt. Schließlich in Abb. 12 ebenfalls ein höchststabilisiertes Feinstrukturgerät, u. zw. vom Röntgenwerk R. SEIFERT, Hamburg.

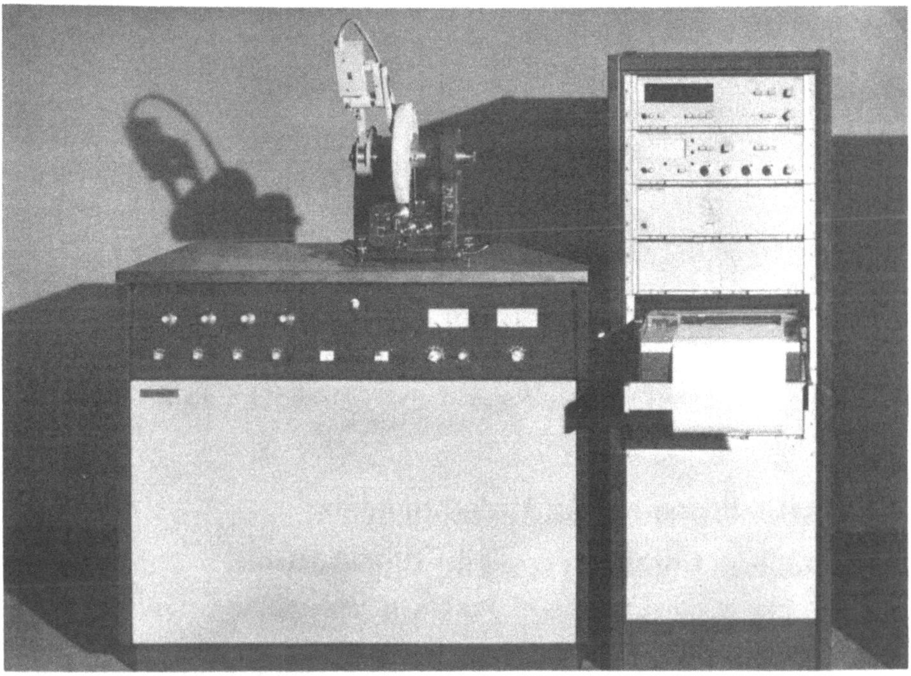

Abb. 11. Von der Fa. Philips ein hochentwickeltes Feinstrukturgerät mit kontinuierlich-konstanter Gleichspannung bei hoher Dosiskonstanz. Rechts davon ein Zählwerk-Schrank zur Registrierung der Intensitäten von Zählrohraufnahmen (siehe S. 165).

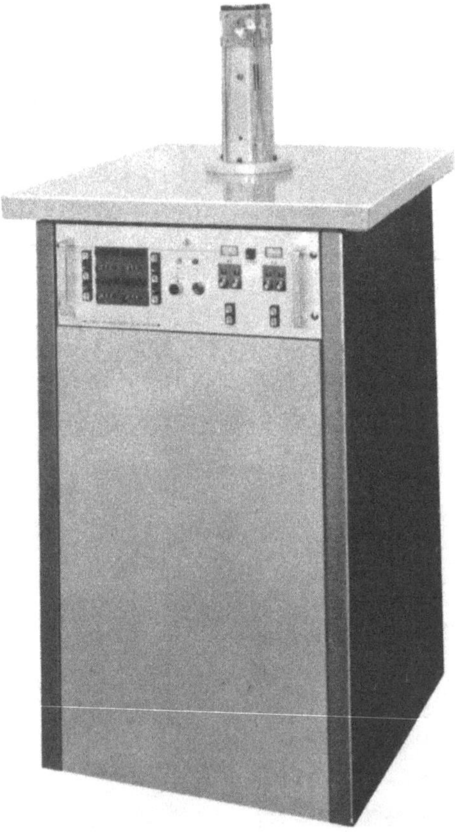

Abb. 12. Röntgenapparat „ISO-DEBYEFLEX 2000"
der Fa. R. Seifert, Hamburg.

Kristallographie des Diskontinuums

II. Einige Grundbegriffe aus der Gittergeometrie

a) Der Raumgitterbegriff. Punktnetz. Punktreihe

Der sichtbare Kristall ist in Wirklichkeit kein homogenes Kontinuum – wie es äußerlich den Anschein hat – sondern seinem Feinbau nach ein *reell homogenes Diskontinuum.* Der Begriff des Diskontinuums will besagen, daß die Materie nicht lückenlos den Raum erfüllt, vielmehr in bestimmten Massenzentren lokalisiert ist. Diese Massenzentren bilden ein Punktsystem nach Art eines Raumgitters (Abb. 13).

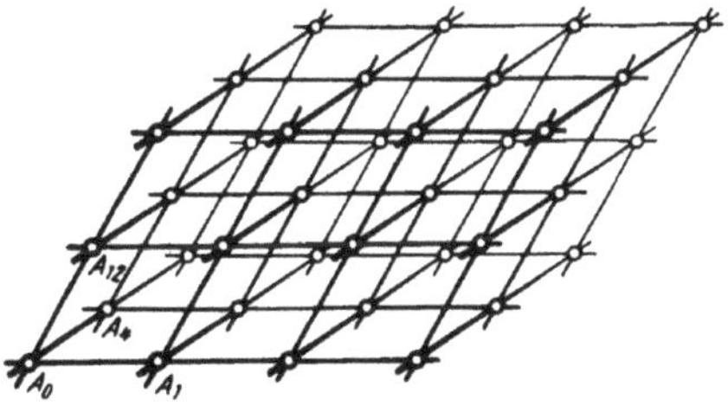

Abb. 13. Raumgitter, dreidimensional-periodische Punktanordnung als Schema für die diskontinuierliche Struktur der kristallinen Materie.

Der Raumgitterbegriff wurde bereits in der ersten Hälfte des 19. Jahrhunderts von *L. A. Seeber*[1] geschaffen, dann aber durch *G. Delafosse* (1843)[2] präzis entwickelt.

Homogen ist ein solches Raumgitter, wo jeder beliebig herausgegriffene Ausschnitt mit jedem anderen gleicher Größe wesentlich identisch ist. Dasselbe würde aber schließlich auch für die gasförmige Materie zutreffen. Während aber bei Gasen infolge ihrer wirr durcheinander wirbelnden Teilchen – selbst im Falle einer für einen Moment gedachten Fixierung – die Homogenität nur eine *statistische* ist, ist der raumgitterartig gebaute Kristall (zumindest was die Schwerpunktslagen seiner Atome im unbewegten Zustand anbelangt) in der Tat ein *reell* homogenes Diskontinuum.

Um das dreidimensionale Raumgitter von allseits unendlicher Ausdehnung geometrisch zu untersuchen, denken wir uns dasselbe in eine Parallelschar von Gitterebenen zerlegt. Wir greifen eine dicht mit Gitterpunkten besetzte Ebene heraus, beispielsweise die horizontal liegende Basisfläche des Raumgitters Abb. 13. Ein solches „Punktnetz" ist in Abb. 14 wiedergegeben. Die Ebene heißt *Netzebene,* die Punkte werden als *Netzpunkte* bezeichnet.

1 Annalen der Physik, Bd. 76 (1824) S. 229.
2 „Recherches sur la cristallisation". Mémoires présentés par divers avants a l'Académie, Bd. 8, Paris 1843.

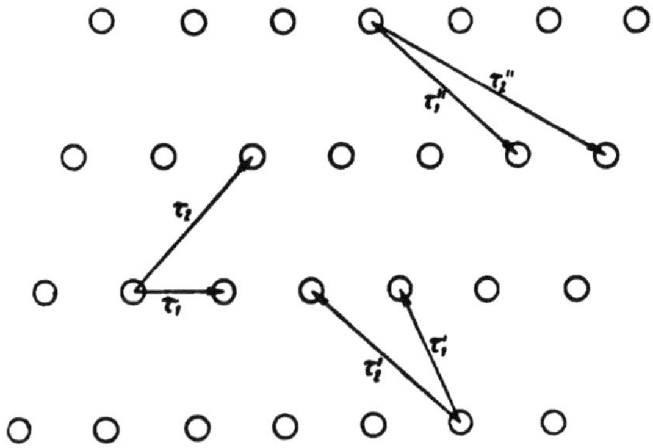

Abb. 14. Punktnetz mit Aufteilung in Netzmaschen: jedes der entstehenden Parallelogramme ist durch die betreffenden Translationsvektoren gekennzeichnet.

Ein Punktnetz oder *Ebenes Gitter* besteht aus den Eckpunkten von kongruenten, parallelen und lückenlos aneinandergereihten Parallelogrammen (z. B. jene mit den Seiten τ_1, τ_2).

Ein Punktnetz läßt sich weiter in „regelmäßige Punktreihen" oder *Lineare Gitter* aufgliedern, indem wir zwei beliebige Punkte herausgreifen und miteinander verbinden. Waren die zwei gewählten Punkte einander nächstgelegene in der betreffenden Gitterrichtung, so folgen in gleichen Abständen nach beiden Seiten unendlich viel weitere Netzpunkte.

Der Abstand zweier benachbarter identischer Punkte heißt *Parameter*, „primitiver Abstand" oder *Identitätsabstand* der Punktreihe; er entspricht der *„Translation"* oder Deckschie-

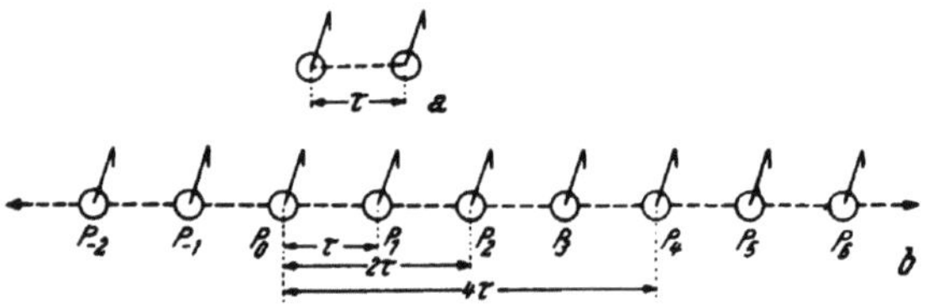

Abb. 15. Lineares Gitter. a) Punktpaar mit dem Parameter (Translation) τ; b) Punktreihe mit dem Identitätsabstand τ (nach *E. Brandenberger*)

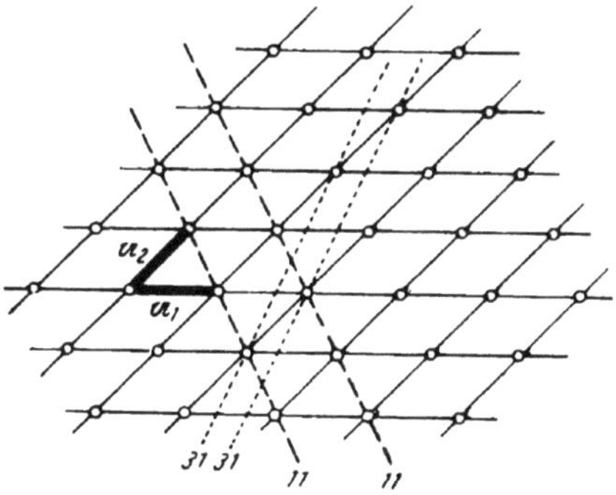

Abb. 16. Netzebene mit Scharen paralleler Gittergeraden (nach *P. P. Ewald*).

bung τ in der betreffenden Richtung (Abb. 15). Eine ebene Schar von parallelen Gittergeraden ist *äquidistant,* d.h. die einzelnen Netzlinien folgen in gleichen Abständen aufeinander (s. Abb. 16); der senkrechte Abstand benachbarter Geraden heißt der *primitive Abstand* der Schar.

Wie Abb. 16 ersichtlich macht, läßt sich ein Punktnetz auf verschiedenste Weise in regelmäßige Punktreihen zerlegen, theoretisch in unendlich viele. Zweckmäßigerweise wird man aber das ebene Gitter in zwei Scharen solcher Gittergeraden aufgliedern, die einen möglichst kleinen Parameter haben; in unserem Falle sind es die Punktreihen mit den primitiven Abständen $\mathfrak{a}_1$ und $\mathfrak{a}_2$.

Zur analytischen Behandlung des dreidimensionalen Raumgitters wählen wir einen der Gitterpunkte als Koordinaten-Anfangspunkt und drei nicht komplanare Gitterlinien als Koordinatenachsen X, Y, Z[1]. Statt der Aufgliederung des Raumgitters in Netzebenen – wie wir das der Anschaulichkeit halber zunächst getan hatten – können wir das dreidimensionale Gitter auch von vornherein in drei Scharen von Punktreihen auflösen. Mit Hilfe der Vektoren $\mathfrak{a}_1$, $\mathfrak{a}_2$, $\mathfrak{a}_3$, beherrschen

[1] In der Raumgitterlehre wollen wir die den Kristallachsen x, y, z entsprechenden Koordinatenachsen mit Großbuchstaben bezeichnen, da die Kleinbuchstaben x, y, z für die Koordinatenwerte der Atompositionen gebraucht werden.

wir somit im geometrischen Sinne das gesamte dreidimensionale Gitter von allseitig unendlicher Ausdehnung.

Die Netzebenen des Raumgitters stellen äquidistante Scharen dar, ganz analog den Netzlinien im Punktnetz derart, daß die senkrechten Abstände je zweier nächstgelegener Gitterebenen innerhalb der ganzen Schar einander gleich sind; wir nennen sie *Netzebenenabstände* und bezeichnen sie allgemein mit d_{hkl}.

d_{hkl} ist in allen Kristallsystemen eine Funktion der Gitterkonstanten und der *Miller*'schen Indizes der betreffenden Netzebene. Besonders einfach ist dieser Zusammenhang im kubischen System, wo die Formel gilt:

$$d^2_{hkl} = \frac{a^2}{h^2 + k^2 + l^2};$$

darin bedeutet a die Würfelkante der Zelle, *hkl* die *Miller*'schen Indizes jener Netzebenenschar, deren d-Wert berechnet werden soll[1].

Kehren wir nochmals zu unserem zweidimensionalen Punktnetz Abb. 16 zurück: Die eingezeichneten Netzlinien mit den *Miller*'schen Indizes 11 sind verhältnismäßig dicht mit Netzpunkten besetzt, haben aber einen relativ großen Abstand voneinander. Die Netzlinien der Indizierung 31 sind nur schütter mit Punkten besetzt, folgen aber dafür dicht geschart aufeinander; sie unterteilen den ersten Vektor $\mathfrak{a}_1$ im Abstand $^1/_3$.

Die hier im zweidimensionalen Punktnetz angestellte Überlegung läßt sich sinngemäß auf das dreidimensionale Raumgitter übertragen. Wir könnten zu diesem Zwecke die eingezeichneten Gitterlinien 11 und 31 auch als die Spuren von Gitterebenenscharen 110 und 310 auffassen, die einem dritten Translationsvektor $\mathfrak{a}_3$, also der Z-Achse parallel sind.

Ein Punktnetz, das wir durch die Vektoren τ_1 und τ_2 beschreiben (s. Abb. 17), wird durch diese in unendlich viele, kongruente Parallelogramme zerlegt, die lückenlos aneinander

[1] Die Formeln für alle Kristallsysteme finden sich auf S. 36/37.

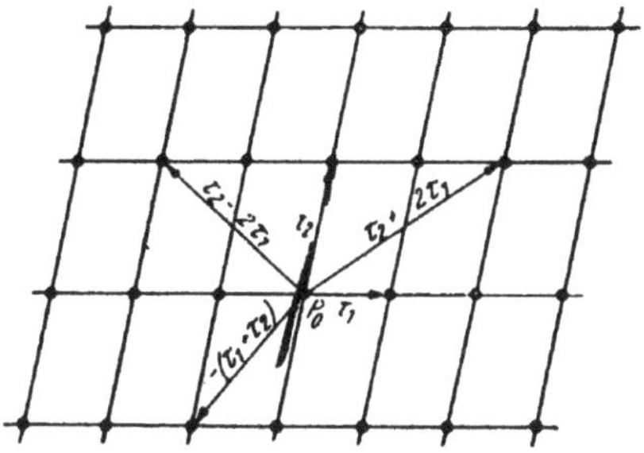

Abb. 17. Punktnetz mit τ_1 und τ_2 als Translationsvektoren. Auch $(\tau_2 + 2\,\tau_1)$, $-(\tau_1 + \tau_2)$, $(\tau_2 - 2\,\tau_1)$ usw. ergeben zusammen mit τ_1 primitive Paare von Translationsvektoren.

schließen. Jedes andere Paar von Translationen — z. B. τ_1 und $(\tau_2 + 2\,\tau_1)$, τ_1 und $-(\tau_1 + \tau_2)$ oder τ_1 und $(\tau_2 - 2\,\tau_1)$ — teilt ihrerseits das Punktnetz wieder in unter sich kongruente Parallelogramme, aber anderer Gestalt auf. Es ist jedoch evident, daß die herausgegriffenen, wenn auch noch so verschiedenartig gestalteten einfachen Parallelogramme durchwegs den gleichen Flächeninhalt besitzen wie das Parallelogramm mit den Grundvektoren τ_1 und τ_2. Jedes dieser „einfachen" Parallelogramme enthält Netzpunkte *nur* in seinen vier Ecken, sonst weder auf seinen Seiten noch in seinem Innern: solche Parallelogramme eines Punktnetzes bezeichnet man als „primitive Parallelogramme". Wir sahen, daß ein gegebenes Netz unendlich viele Arten primitiver Parallelogramme enthält. Sie genügen alle der einen Bedingung, daß ihr Flächeninhalt F konstant ist. Auf jede dieser „Netzmaschen" entfällt nur ein Netzpunkt, da in jedem Eckpunkt vier Netzmaschen zusammenstoßen und so jeder Eckpunkt pro Masche nur mit ein Viertel zählt.

Greifen wir in einem gegebenen Netz (Abb. 18) einen bestimmten Vektor τ_p heraus, so erfüllt nicht jeder zweite Vektor τ_q die Bedingung, daß die entstehende Netzmasche primitiv ausfällt; es ist auch möglich, daß ihr Flächeninhalt ein Mehrfaches von F, dem Inhalt des primitiven Parallelogrammes, ist. Dann ist die Masche mehrfach-primitiv und enthält noch

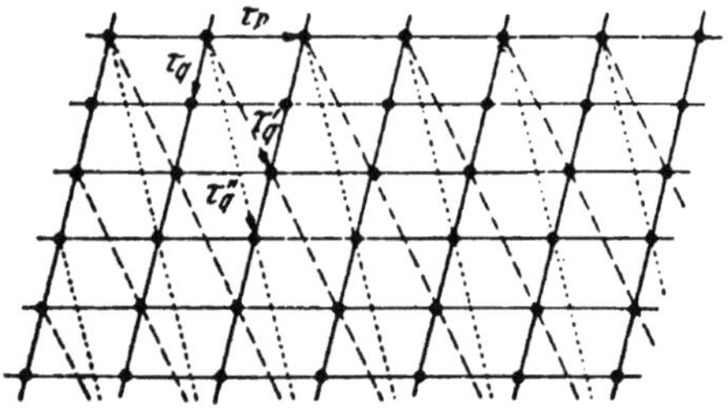

Abb. 18. Translationsvektoren τ_q, τ_q', τ_q'', die zusammen mit τ_p einfach-, zweifach-, dreifach-primitive Maschen bilden (nach *E. Brandenberger*).

weitere mit seinen Eckpunkten identische Punkte. Abb. 18 möge das Gesagte verdeutlichen:
das Vektorpaar τ_p, τ_q bildet eine primitive Netzmasche; die Vektoren τ_p, τ_q' ergeben eine Masche, die auch einen identischen Punkt in ihrer Mitte enthält; sie ist zweifach-primitiv. Und das Vektorenpaar τ_p, τ_q'' liefert sogar eine dreifach-primitive Netzmasche, indem außer den Eckpunkten noch zwei Punkte im Innern vorhanden sind. Mit anderen Worten ist: $F' = n \cdot F$, so sind es n Punkte pro Masche. Demgegenüber heißen die oben erwähnten primitiven Parallelogramme vom Flächeninhalt F *einfach primitiv* und die sie erzeugenden Paare von Vektoren „primitive".

Was hier im Zweidimensionalen erläutert wurde, gilt sinngemäß auch für das dreidimensionale Raumgitter: Denn auch hier sind sämtliche, wenn noch so verschiedenartig gestalteten Parallelepipede, sofern sie nur primitiv sind, volumgleich; einer doppelprimitiven oder vierfachprimitiven Zelle hingegen kommt auch das doppelte bzw. vierfache Volumen zu. Das ist an sich einleuchtend, wenn man bedenkt, daß das Volumen einer primitiven Zelle als jenes zu betrachten ist, das einem einzigen konstituierenden Baustein (z. B. einem Atom) zukommt; denn die acht Eckpunktatome zählen nur mit je einem Achtel für die betreffende Zelle, so daß auf den Raum einer primitiven Zelle eben nur ein einziges Atom entfällt. Das ist der Begriff von „einfachprimitiv".

Das Volumen der primitiven Parallelepipede mit den Parametern a, b, c und den kristallographischen Achsenwinkeln α, β, γ – den Winkeln der als Grundvektoren benützten Gitterlinien – ist im allgemeinsten Falle (triklines System) durch den Ausdruck gegeben:

$$V = a\,b\,c \cdot \sqrt{1 - \cos^2\alpha - \cos^2\beta - \cos^2\gamma + 2\cos\alpha\cos\beta\cos\gamma}$$

Analog den einfach und mehrfach-primitiven Netzmaschen unterscheiden wir auch einfach- und mehrfach-primitive Parallelepipede, je nachdem das von den Vektoren aufgespannte Volumen V ist oder ein Mehrfaches von V. In letzterem Falle – wenn $V' = n \cdot V$ – ist die *„Gitterzelle"* n-fach primitiv, enthält also, außer den Eckpunkten, noch $n - 1$ Gitterpunkte. Treten diese auf den Flächenmitten der Gitterzellen auf, dann spricht man von *Flächenzentrierung,* ist die Körpermitte der Zelle mit einem den Eckpunkten identischen Punkte besetzt, dann heißt dieses Parallelepiped *körperzentriert* oder *innenzentriert* (auch raumzentriert).

b) Der Begriff „Elementarkörper"

Jenen Volumbereich einer Struktur, durch dessen gesetzmäßige, dreidimensionale Wiederholung das gesamte Raumgitter von allseitig unendlicher Ausdehnung erzeugt werden kann, nennen wir *„Elementarkörper", Elementarzelle* oder *Elementarparallelepiped.*

Wird zur Beschreibung eines Raumsystems grundsätzlich die kleinstmögliche Zelle gewählt, so werden die verwendeten Grundvektoren bei manchen Raumgruppen achsenparallel liegen, bei anderen aber auch schräg zu den Achsen. Wollen wir aber zur Bedingung machen, daß als *„Elementarparallelepipede"* (Elementarkörper, Elementarzelle) grundsätzlich jene Gitterzellen mit den *Kanten in Richtung der kristallographischen Achsen* gelten sollen, dann kann dieses Elementarparallelepiped entweder einfach-primitiv oder auch mehrfach-primitiv sein. Wir können daher diese Bezeichnung nicht auch im Sinne von „primitives Parallelepiped“ verwenden, wie das manchenorts geschieht.

c) Netzebenenabstand d_{hkl} in den verschiedenen Systemen

Der Netzebenenabstand d_{hkl} ist in allen Kristallsystemen eine Funktion der Gitterkonstanten und der *Miller*'schen Indizes der betreffenden Netzebene. Einen besonders einfachen Fall, jenen des kubischen Systems, haben wir bereits S. 32 kennengelernt. Die Berechnungsformeln für die d-Werte beziehen sich immer auf das einfachprimitive Gitter. Durch Hinzutreten weiterer identischer Punkte im Falle mehrfachprimitiver Gitter können gewisse Netzebenenabstände unterteilt sein (s. dazu auch Kap. VII b).

Für den allgemeinsten Fall, den des triklinen Kristallsystems, ergibt sich folgende recht komplizierte Formel:

$$\frac{1}{d^2} = \frac{1}{V^2}\{f_1 h^2 + f_2 k^2 + f_3 l^2 + 2\cdot f_4 hk + 2\cdot f_5 kl + 2\cdot f_6 lh\} ,$$

wobei

$$f_1 = b^2 c^2 \sin^2\alpha \qquad f_4 = a b c^2 \;(\cos\alpha \cos\beta - \cos\gamma)$$

$$f_2 = a^2 c^2 \sin^2\beta \qquad f_5 = a^2 b c \;(\cos\beta \cos\gamma - \cos\alpha)$$

$$f_3 = a^2 b^2 \sin^2\gamma \qquad f_6 = a b^2 c \;(\cos\gamma \cos\alpha - \cos\beta) .$$

Für die höher symmetrischen Kristallsysteme vereinfacht sich der Ausdruck in zunehmendem Maße, und ergibt:

Monoklin $$\frac{1}{d^2} = \left(\frac{h}{a}\right)^2 \cdot \frac{1}{\sin^2\beta} + \left(\frac{k}{b}\right)^2 + \left(\frac{l}{c}\right)^2 \cdot \frac{1}{\sin^2\beta} - \frac{2hl\cos\beta}{ac\sin^2\beta}$$

Rhombisch $$\frac{1}{d^2} = \left(\frac{h}{a}\right)^2 + \left(\frac{k}{b}\right)^2 + \left(\frac{l}{c}\right)^2$$

Tetragonal $\frac{1}{d^2} = \frac{h^2 + k^2}{a^2} + \frac{l^2}{c^2}$

Hexagonal $\frac{1}{d^2} = \frac{4}{3} \cdot \frac{h^2 + k^2 + hk}{a^2} + \frac{l^2}{c^2}$

Kubisch $\frac{1}{d^2} = \frac{h^2 + k^2 + l^2}{a^2}$.

Anm.: Die *hkl*-Werte sind hier die *teilerfremden Miller*'schen Indizes. Später werden wir bei der Auswertung von Röntgendiagrammen Formeln benützen (die sog. „quadratische Form" des Beugungsgesetzes), die auch Vielfache der *hkl*-Werte beinhalten.

III. Der Begriff der Translation

Wie schon in den einleitenden Erörterungen (S. 30) gesagt wurde, entspricht der primitive Abstand (Parameter) einer Punktreihe der „Translation" oder Deckschiebung in der betreffenden Richtung (s. Abb. 15).

Unter *Translation* versteht man eine solche *Parallelverschiebung,* wodurch ein Gebilde (s. Punkt P_0 in Abb. 15) in einer zur Ausgangsstellung paralleler Lage[1] an einem neuen Orte sich wiederholt u. zw. so, daß er an diesem Platze von jenem des Ursprungsortes in keiner Weise zu unterscheiden ist – sich also sowohl in *parallel gleicher Stellung* als auch in *parallel gleicher Umgebung* befindet. Nur unter letzterer Bedingung entspricht die Parallelverschiebung eines Gebildes dem Begriff der Translation.

[1] Da ein Punkt als solcher ein dimensionsloses Gebilde ist, hätte die Forderung nach Parallelstellung zweier Punkte keinen realen Sinn; aus diesem Grunde sollen symbolisch die Punkte mit einem Fähnchen versehen werden, wodurch dann das Ganze einem Gebilde niederster Symmetrie entspricht.

Durch diese Forderung der parallel gleichen Umgebung ist auch verständlich gemacht, daß das der Translation unterworfene Gebilde nicht nur an *einer* zweiten Stelle wieder aufscheint, sondern ebenso den entsprechenden Nachbarn erforderlich macht, wodurch dann schließlich bei fortgesetzter Anwendung dieses Prinzips die „regelmäßige Punktreihe" von beiderseits unendlicher Ausdehnung entsteht.

Gebilde, die durch Translation erzeugt werden, sind untereinander identisch. Der kleinste Abstand identischer Punkte heißt sein *„Identitätsabstand"* oder seine „Identitätsperiode". Da es sich dabei immer um die gerade Verbindungslinie benachbarter zwei Punkte handelt, ist „Identitätsabstand" mit dem schon früher gebrauchten Ausdruck „primitiver Abstand" (oder Parameter) der Punktreihe gleichbedeutend.

Die Translation ist eine Symmetrieoperation (Deckoperation) im Diskontinuum. Ihre geometrische Beschreibung geschieht durch Vektoren als gerichtete Größen.

Wir werden in Hinkunft unsere Vektoren, die wir zur Beschreibung der Gitter eingeführt haben, als *„Translationsvektoren"* aufzufassen haben; das verwendete Symbol τ soll das zum Ausdruck bringen.

Ist τ_x die Translation einer Punktreihe, so ist auch $2\tau_x$, $3\tau_x$, $4\tau_x$ . . . – allgemein $m \cdot \tau_x$ – eine solche dieser Punktreihe.

Die Begriffe der Translation gelten – wie für das lineare Gitter – gleichermaßen auch für das ebene Gitter und für das Raumgitter; denn diese lassen sich, wie oben dargelegt in die einzelnen Gittergeraden auflösen.

Beim Punktnetz, dem zwei Translationen τ_1 und τ_2 verschiedener Richtung zugeordnet werden müssen (Translationspaar) ist nicht nur τ_1 und τ_2 sowie jede der Translationen $m_1\tau_1$ bzw. $m_2\tau_2$ (m_1 und m_2 unabhängig voneinander ganze Zahlenwerte von $-\infty$ bis $+\infty$) eine Deckoperation des ebenen Gitters, sondern auch jede Kombination der Translationen $m_1\tau_1 + m_2\tau_2$ ist eine solche.

Der Translation als Symmetrieoperation entspricht beim Punktnetz eine zweidimensionale Translationsgruppe (τ_1, τ_2) als mathematischer Begriff. Dem Punkt- oder Raumgitter ist eine dreidimensionale Translationsgruppe (τ_1, τ_2, τ_3) – ein Translationstripel – zugeordnet. Die gesamte dreidimensional-unendliche Mannigfaltigkeit dieses Punktsystems läßt sich in analoger Weise wie beim Punktnetz durch die Bildung aller Vektoren $\mathfrak{r} = m_1\tau_1 + m_2\tau_2 + m_3\tau_3$ darstellen (m_1, m_2, m_3 wiederum ganze Zahlen); jeder dieser Translationsvektoren bedingt eine Deckoperation für das Gitter. Das Translationspaar eines Netzes bzw. das Translationstripel eines Raumgitters, sind dann primitiv, wenn m_1 und m_2 bzw. m_1, m_2, m_3 keinen gemeinsamen Teiler haben; das ist die *arithmetische* Bedingung für primitive Translationen.

Während jeder Translationsgruppe eindeutig das betreffende geometrische Gebilde – Punktreihe, Punktnetz, Punktgitter – entspricht, ist umgekehrt die Zuordnung einer bestimmten zwei- bzw. dreidimensionalen Translationsgruppe zu einem ebenen Gitter bzw. Raumgitter nicht gegeben. Hier bestehen, wie wir gehört haben, unendlich viele Möglichkeiten.

a) Allgemeines über Translationsgitter und die Verhältnisse bei kubischen Gittern

Die Theorie der Translationsgitter ist in vollendeter Weise durch *A. Bravais*[1] 1848 geschaffen worden, nachdem schon vorher *M. L. Frankenheim* wesentliche Vorarbeiten geliefert hatte[2].

[1] Vorgelegt der Pariser Akademie am 11. Dez. 1848. Publiziert im Journ. de l'écol polytechn., Bd. 19, Paris 1850: Mémoire sur les systèmes formés par des points . . . (deutsch in Ostwald' Klassiker, Nr. 90, 1897: Abhandlung über die Systeme von regelmäßig auf einer Ebene oder im Raume verteilten Punkten).

[2] *M. L. Frankenheim:* Die Lehre von der Kohäsion, umfassend die Elastizität der Gase, die Elastizität und Kohärenz der flüssigen und festen Körper und die Kristallkunde. Breslau 1835; und eingehender in der Schrift: System der Kristallkunde, ein Versuch. Nova Acta Academ. Leopold. 1842, Bd. 29. (Siehe die historische Studie von *F. Raaz:* Strukturtheorie und Röntgenforschung. Min. Petr. Mitt., Bd. *48* (1936), 281.

Ein *Bravais*'sches Gitter entsteht durch Translation (Deckschiebung) eines *einzigen* Ausgangspunktes. Doch wählt man den Elementarkörper derart, daß seine Kanten a, b, c parallel den Achsen des betreffenden Kristallsystems liegen. Die Deckschiebungen ergeben hinsichtlich ihrer Richtungen und demzufolge der Art der Verteilung identischer Punkte 14 prinzipiell verschiedene Arten von Raumgittern, die man – entsprechend den 7 Kristallsystemen – in sieben Abteilungen zusammenfassen kann, s. Tafel I.

Von den vierzehn *Bravais*'schen Gittern ist aber nur die Hälfte einfachprimitiv, also einen einzigen Baustein pro Zelle enthaltend. In diesem Falle sitzen die identischen Punkte nur in den acht Ecken des Elementarparallelepipeds. Jeder dieser Eckpunkte gehört acht Elementarzellen an, zählt somit für jedes Zellvolumen nur mit $\frac{1}{8}$. Für das in Betracht gezogene Elementarparallelepiped ergibt sich demnach $8 \cdot \frac{1}{8} = 1$, also ein einziger Baustein; daher „einfach-primitiv".

Die anderen sieben Gitter enthalten außerdem entweder einen Punkt in der Körpermitte oder aber ein Flächenpaar bzw. alle drei Flächenpaare besitzen in der Mitte noch einen mit den Eckpunkten identischen Punkt: sie sind somit „innenzentriert" oder „basiszentriert" bzw. „allseitig flächenzentriert". Dann aber entfällt auf die betreffende Zelle als Volumseinheit nicht nur ein Punkt (ein Atom), sondern zwei oder vier solcher Punkte. Der Punkt in der Körpermitte kommt jedenfalls der betreffenden Zelle zur Gänze zu; Punkte in den Flächenmitten hingegen zählen jeweils nur zur Hälfte, da sie gleichzeitig beiden an der Fläche sich berührenden Zellen angehören. Demnach ist ein basiszentriertes und ein innenzentriertes Gitter *zweifach-* (oder doppelt-) *primitiv;* ein allseitig flächenzentriertes Gitter *vierfach-primitiv.*

Als instruktives Beispiel betrachten wir zunächst die Translationsgitter des kubischen Systems; es gibt deren drei: das primitive, das innenzentrierte und das allseitig-flächenzentrierte

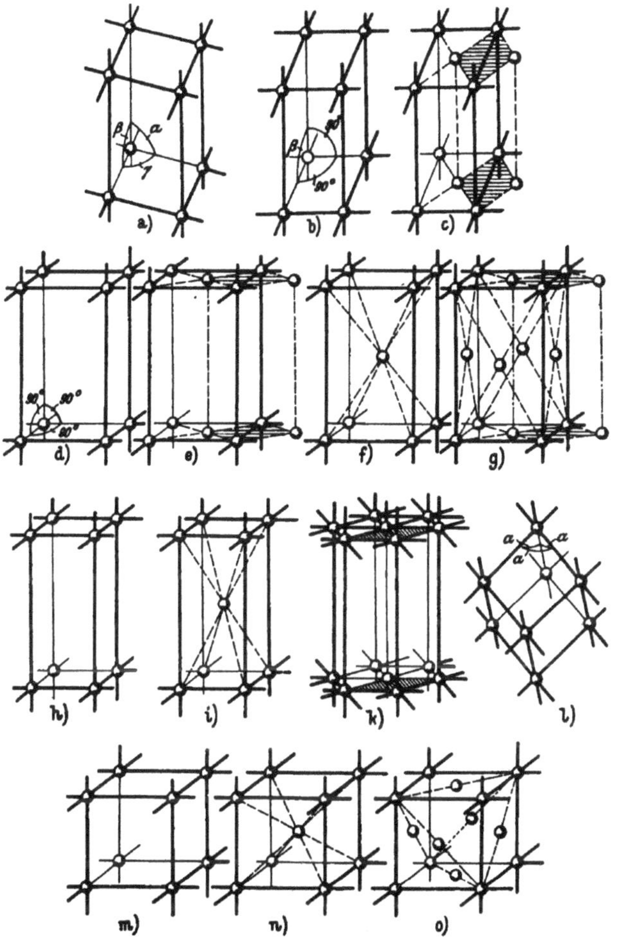

Tafel I Die 14 *Bravais*'schen Gitter (Translationsgruppen).
a) Triklin; b) und c) monoklin; d) bis g) rhombisch; h) und i) tetragonal; k) hexagonal; l) rhomboedrisch; m) bis o) kubisch.

Gitter (s. Tafel I, m bis o). Das einfach-flächenzentrierte ist hier unmöglich, da alle drei Flächenpaare des Würfels gleichwertig sind; also kann nicht eines davon zentriert sein, die beiden andern aber nicht!

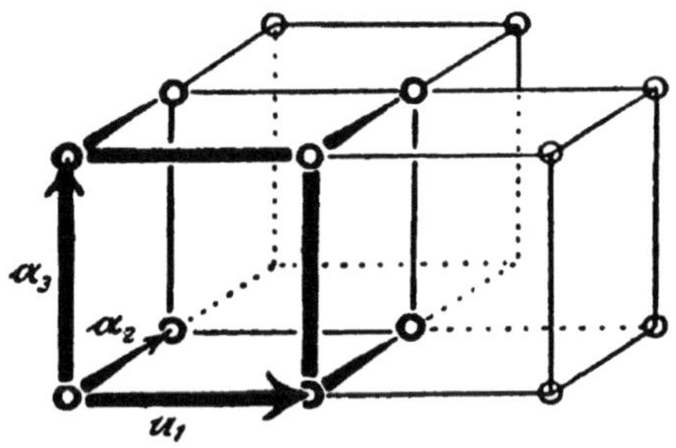

Abb. 19. Kubische Translationsgitter
(nach *P. P. Ewald*).
a) Kubisch-primitiv

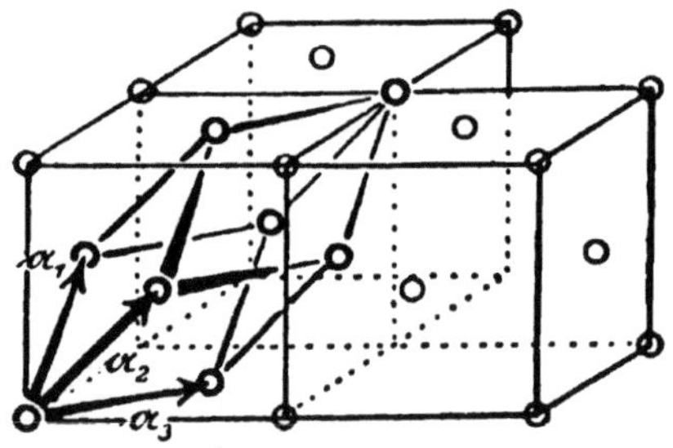

Abb. 19. b) Flächenzentriertes kubisches Gitter: Überführung in ein einfachprimitives Gitter.

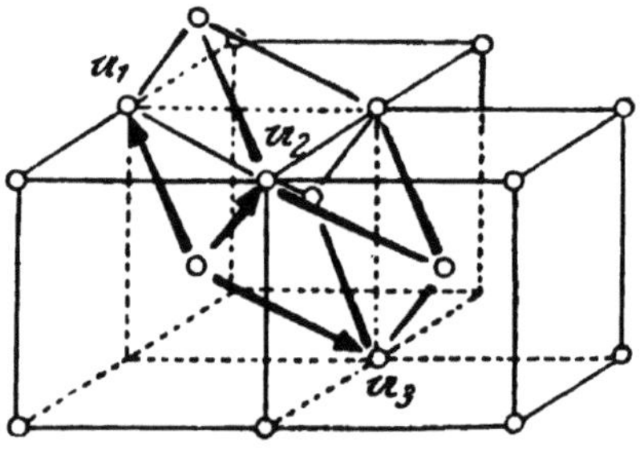

Abb. 19. c) Innenzentriertes kubisches Gitter: Überführung in ein einfachprimitives Gitter.

Beim einfach-primitiven Gitter verlaufen die Translationen parallel den kristallographischen Achsen – es sind dies die Kanten des Elementarkörpers (s. Abb. 19a). Beim folgenden Gittertyp (Abb. 19b) sind die Translationsvektoren nicht mehr die Würfelkanten, sondern die halben Flächendiagonalen von drei Würfelflächen, also $\mathfrak{a}_1$, $\mathfrak{a}_2$, $\mathfrak{a}_3$. Mit diesen erzeugenden Translationen entsteht ein Translationsgitter von höherer Symmetrie, als man nach der räumlichen Lage der Vektoren vermuten würde. Das resultierende Punktsystem entspricht ebenfalls der kristallographischen Symmetrie des kubischen Systems: es ist das *flächenzentrierte kubische Gitter.* Doch ist es naheliegend, ein solches Gitter nicht nach den ihm in Wirklichkeit zukommenden Translationen zu beschreiben, sondern als Elementarkörper die Würfelzelle zu wählen, d.h. die kristallographischen Achsen der Beschreibung zugrunde zu legen. Dann aber ist ein solches Gitter nicht mehr einfachprimitiv, sondern vierfachprimitiv: es entspricht der Ineinanderstellung von vier einfachen Translationsgittern. Die Vektoren der primitiven Translationen weisen auf die Ursprungspunkte der in das Grundgitter eingebauten drei weiteren Gitter hin. Wie wir das soeben für das flächenzentrierte kubische Gitter erläutert haben, so läßt sich das analog für das innenzentrierte (körperzentrierte) kubische Gitter (Abb. 19c) darlegen. Auch dieses zweifachprimitive Gitter – mit zwei identischen Punkten in der Gittergrundzelle – ist seinem Wesen nach ein echtes Translationsgitter mit einer Verschiebung des Ursprungspunktes für das hineingestellte Gitter um eine halbe Körperdiagonale des Grundgitters.

Da ein Raumgitter ein Punktsystem von allseitig-unendlicher Ausdehnung ist, kann man – wie das soeben zum Ausdruck gebracht wurde – solche mehrfachprimitiven Gitter immer auch als Ineinanderstellung zweier oder mehrerer einfacher Translationsgitter betrachten. Trotzdem sind sowohl die mehrfachprimitiven Gitter im kubischen System als auch jene aller übrigen Systeme *echte Translationsgitter.* Es sind nämlich auch die mehrfachprimitiven unter den *Bravais*-Gittern durch einfachprimitive Zellen darstellbar, ganz analog der vorgeführten Weise im kubischen System. Wäre dies nicht der Fall, könnten wir bei den mehrfachprimitiven *Bravais*gittern nicht von „Translationsgittern“ sprechen.

b) Die übrigen Bravais'schen Raumgitterarten

1. Die Gitter von Systemen niedriger Symmetrie

Triklines System. Im triklinen System gibt es im Prinzip nur eine einzige Form des Translationsgitters (s. Tafel I a), da es hier immer möglich ist, ein primitives Tripel von Translationen auszuwählen, deren Richtung dann als Koordinatenachsen (Kristallachsen) gelten. Größe und Gestalt der Zelle wird durch die Gitterkonstanten a, b, c und α, β, γ bestimmt[1].

Monoklines System. Die gittergeometrischen Verhältnisse im monoklinen System wären wegen ihrer prinzipiellen strukturtheoretischen Bedeutung einer eingehenderen Behandlung wert. Doch würden solche Erörterungen den Rahmen der vorliegenden, auf die praktische Verwertbarkeit ausgerichteten Darlegungen sprengen.

Im monoklinen System sind zwei, und nur zwei verschiedene Typen von Raumgittern möglich: das einfachprimitive Gitter P – eine gerade rhomboidische Säule, bestehend aus den drei Pinakoiden (100), (010) und (001), daher auch *„pinakoidales Gitter“* genannt – und das doppeltprimitive, basiszentrierte monokline Gitter C (wenn wir die der Medianzone angehörende zentrierte Fläche als Basis C aufstellen); dieses Gitter kann man auch als *„prismatisches“* bezeichnen, zum Unterschied vom „pinakoidalen“ (Tafel I, b und c, letzteres Gitter mit eingezeichnetem prismatischen Ausschnitt).

Aus eingangs erwähnten Gründen muß man es in Kauf nehmen, daß die ohne Beweisführung vorgebrachte Feststellung, es seien im monoklinen System nur diese zwei Gittertypen

[1] In Hinkunft wollen wir – aus Gründen der Präzision – in unserer Darstellung die absoluten Längen der Achsenabschnitte (Gitterkonstanten) mit a_0, b_0, c_0 bezeichnen, da wir mit a, b, c die Kristallachsen (x, y, z) schlechthin meinen.

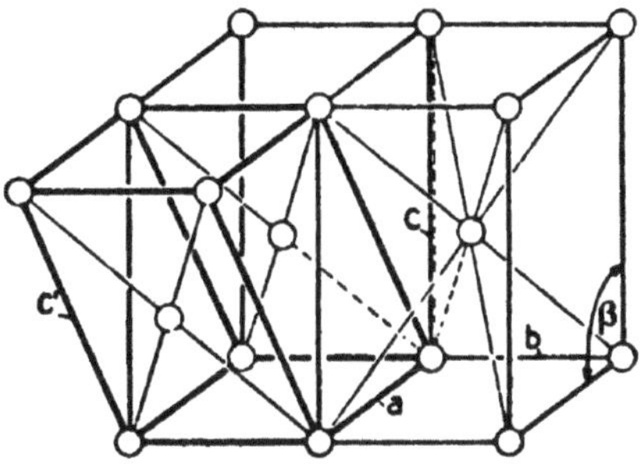

Abb. 20. a) Doppelt primitives, innenzentriertes monoklines Elementarparallelepiped. Links vorn: dessen Umwandlung in ein einfach-flächenzentriertes monoklines Elementarparallelepiped (nach *P. Niggli*).

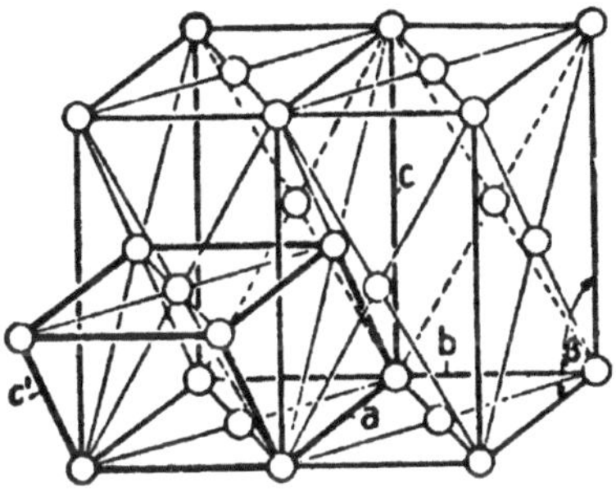

Abb. 20. b) Vierfach primitives, allseitig flächenzentriertes monoklines Elementarparallelepiped. Links vorn: dessen Zurückführung auf ein einfach-flächenzentriertes, monoklines Elementarparallelepiped von halbem Volumen (nach *P. Niggli*).

möglich, als unbefriedigend empfunden wird. Die hier in Betracht kommenden gittergeometrischen Zusammenhänge sind tatsächlich von prinzipieller Art[1].

Von besonderem Interesse wäre daher die Frage, ob nicht auch ein innenzentriertes monoklines Gitter möglich ist; oder vielleicht auch ein allseitig-flächenzentriertes?

[1] Siehe diesbezüglich: P. Niggli, Lehrb. d. Mineralogie (3. Aufl.), Teil I, S. 64 ff.

Gewiß, möglich sind auch diese Punkt-Konfigurationen. Aber sie bilden keinen eigenen Gittertyp, denn sie lassen sich auf das basiszentrierte Gitter zurückführen. Das geschieht in folgender Weise:

Abb. 20 a) demonstriert die Überführung eines innenzentrierten monoklinen Gitters in das basiszentrierte. Wir führen einen Diagonalschnitt senkrecht (010) durch und erhalten als neue Ebene eine Fläche der Medianzone. Es ist ersichtlich, daß der körperzentrierende Punkt der Ausgangszelle von dieser Diagonalebene aufgefangen wird, womit diese Fläche eine Zentrierung erfährt. Diese nun zentrierte Fläche der Medianzone (mit Bezug auf die ursprüngliche Zelle ein Querprisma) wird jetzt zentrierte Basisfläche des neuen Gitterausschnittes.

In analoger Weise verfahren wir beim allseitig-flächenzentrierten Gitter, Abb. 20 b). Jetzt aber wird die Diagonalebene nur halb so hoch von unten her geführt, nämlich nur bis zu den Zentrierungspunkten der (010)- bzw. ($0\bar{1}0$)-Fläche. Diese Flächenzentrierungspunkte der Ausgangszelle werden nun zu Eckpunkten der neuen Zelle. Der Flächenzentrierungspunkt der vorderen (100)-Fläche und auch der Flächenmittelpunkt der Grundfläche (untere 001-Fläche) werden zu Flächenzentrierungen der Basisflächen der neuen kleineren Zelle. Sie ist von halbem Volumen gegenüber der Ausgangszelle; denn letztere war als allseitig-flächenzentriert vierfach-primitiv, die neue Zelle aber nur zweifach-primitiv (basiszentriert).

Rhombisches System. Hier gibt es vier Translationsgitter (s. Tafel I, d–g). Im rhombischen System, wo die drei Achsenwinkel 90° sind, kann das innenzentrierte und das allseitig-flächenzentrierte Gitter nicht auf das basiszentrierte reduziert werden, wie im monoklinen System, wo der Winkel β ein schiefer war. In letzterem Falle bestand die Möglichkeit, den $\sphericalangle\ \beta$ (zwischen a- und c-Achse) durch Einführung der Diagonalebene zu ändern, was im rhombischen System mit rechten Achsenwinkeln ausgeschlossen ist. Also sind im rhombischen System – als einzigem der sieben Systeme – vier *Bravais*-Gittertypen vorhanden: das primitive wird mit P bezeichnet; die einfach-flächenzentrierten mit A, B oder C – je nachdem, welches der drei Pinakoide (100), (010) oder (001) flächenzentriert ist –; das innenzentrierte wird mit J gekennzeichnet; das allseitig-flächenzentrierte Gitter mit F.

Wie wir im Teilkapitel III a) gesehen haben, gibt es im kubischen System kein einfach-flächenzentriertes Gitter, wie dies hier im rhombischen System der Fall ist. Denn im rhombischen System sind die drei Pinakoide nicht gleichwertig, zum Unterschied vom kubischen System!

2. Die Gitter der wirteligen Kristallsysteme

Tetragonales System. Im tetragonalen System – mit der Gleichwertigkeit der a- und b-Achse – gibt es nur zwei Typen von Translationsgittern: das einfachprimitive und das innenzentrierte (Tafel I, h und i). Eine Flächenzentrierung der Basis würde hier keinen neuen Gittertyp ergeben, da das so entstehende prismatische Gitter – um 45° gewendet – wieder den ursprünglichen, einfachprimitiven pinakoidalen Typus darstellt; Quadratseite $\frac{a}{2}\sqrt{2}$ gegenüber der ursprünglichen flächenzentrierten Basis mit der Quadratseite a (s. Abb. 21 a).

Eine allseitige Flächenzentrierung führt jedoch auf ein innenzentriertes tetragonales Gitter von um 45° verwendeter Stellung (s. Abb. 21 b).

Gleichwohl kann es die Lage der Symmetrieelemente zweckmäßig erscheinen lassen, in gewissen Fällen ein basiszentriertes bzw. ein allseitig-flächenzentriertes tetragonales Gitter als Elementarkörper zu wählen, um Übereinstimmung mit der konventionell festgelegten, makroskopisch-kristallographischen Stellung herbeizuführen; diese Notwendigkeit ergibt sich in gewissen Raumgruppen der Kristallklasse $\bar{4}$ 2m – D_{2d}.

Was die Bezeichnungsweise der Translationsgitter anbelangt, wird sich das folgende Teilkapitel c) mit dieser Frage beschäftigen. Vorweggenommen sei hier nur die Signatur für die primitiven Gitter.

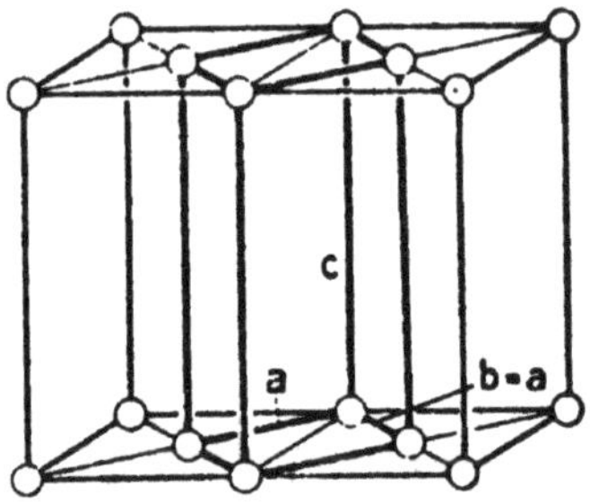

Abb. 21. a) Beziehung zwischen dem basiszentrierten (doppelt primitiven) und dem einfach-primitiven, tetragonalen Elementarparallelepiped (nach *P. Niggli*).

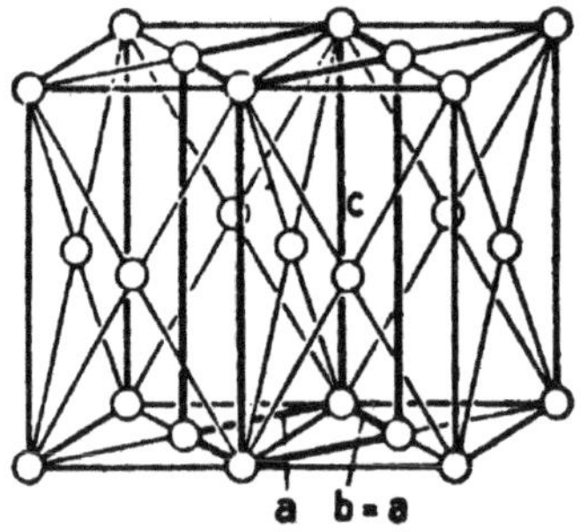

Abb. 21. b) Beziehung zwischen dem allseitig flächenzentrierten (vierfach primitiven) und dem innenzentrierten (doppelt primitiven), tetragonalen Elementarparallelepiped (nach *P. Niggli*).

Die primitiven Zellen der verschiedenen Translationsgitter werden in der Regel mit dem Buchstaben P gekennzeichnet. Die Signatur P war zunächst für die *rechtwinkligen* Zellen des rhombischen, tetragonalen und kubischen Systems gedacht, sofern sie primitiv sind. Sie gilt aber auch für die primitiven *Bravais*gitter des monoklinen und triklinen Systems, obwohl diese nicht rechtwinklig sind; schließlich nun auch für das primitive hexagonale Translationsgitter. In diesem System gab es bis vor kurzem niemals ein Gitter mit der Bezeichnung P.

Hexagonales System. In den sieben Kristallklassen des hexagonalen Systems, also auch in den beiden diesem System zugerechneten „trigonotypen" Klassen $D_{3h} - \bar{6}\,m\,2$ und $C_{3h} - \bar{6}$, kommt jetzt durchwegs das *hexagonale Translationsgitter P zur Anwendung* (s. Tafel I, k); es sei daher in Abb. 22 nochmals vorgeführt. Bezüglich dieses primitiven hexagonalen Parallelepipeds mit dem Rhombus als Grundfläche ist zu sagen, daß diese Zelle zur Beschreibung hexagonaler Strukturen erst neuerdings eingeführt wurde (International Tables, 1952)[1]. Vorher waren als hexagonale Translationsgitter andere Zellen vorgesehen, nämlich eine sog. Aufstellung C und für gewisse Fälle das dreifach-primitive Gitter Aufstellung H normiert.

Es ist zweifellos ein Vorteil, daß nunmehr eine Vereinheitlichung platzgegriffen hat und hinsichtlich der Raumgruppen aller sieben hexagonalen Kristallklassen klare, einfache Verhältnisse geschaffen wurden.

Nur in den fünf Kristallklassen, die man zweckmäßigerweise im Rhomboedrischen System zusammenfaßt, sind die zur Strukturbeschreibung verwendeten Translationsgitter von der erwähnten Einheitlichkeit *nicht* betroffen. Doch davon in den anschließenden Betrachtungen, die ein eigenständiges Kristallsystem, das „Rhomboedrische" begründen.

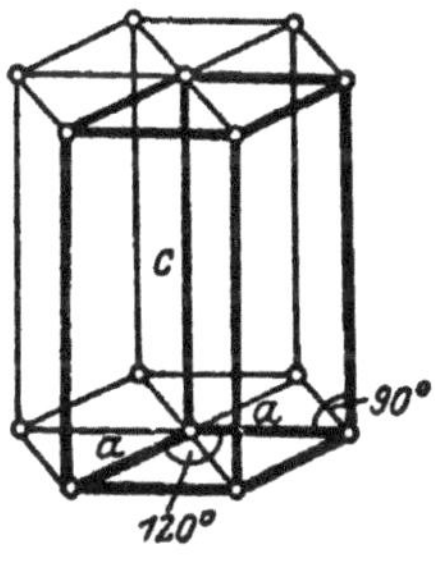

Abb. 22. Einfachprimitive hexagonale Zelle.

[1] International Tables for X-Ray Crystallography; Vol. I: Symmetry Groups, Birmingham 1952.

Rhomboedrisches System. Die Atomanordnung des rhomboedrischen Systems ist dadurch gekennzeichnet, daß sich senkrecht zur trigonalen Hauptachse flächenzentrierte, sechsseitige Netze vorfinden.

Translationsgitter ist daher zunächst die basiszentrierte hexagonale Säule bzw. das primitive Gitter P (Abb. 22) wie im hexagonalen System.

Da dem rhomboedrischen System keine horizontale Spiegelebene eigen ist, kann das der Struktur zugrundeliegende Gitter auch ein solches sein, wie es Abb. 23 zeigt. Wie man sieht, sind nun die horizontalen sechsseitigen Netze seitlich gegeneinander verschoben. Der Elementarkörper ist jetzt – bezogen auf unser gewöhnliches hexagonales Parallelepiped mit dem Rhombus als Grundfläche – *dreifachprimitiv:* Es liegen innerhalb dieser Zelle in der Höhe $^1/_3$ und $^2/_3$ mit den Eckpunkten identische Punkte, jeweils über den Schwerpunkten der beiden gleichseitigen Dreiecke, in die wir die rhombenförmige Grundfläche teilen können (s. Abb. 24). In diesem Falle ist es aber möglich, auch eine einfachprimitive Zelle anzugeben, die der trigonalen Symmetrie gleichfalls gerecht wird. Wie Abb. 23 zeigt, lassen sich schief zur trigonalen Hauptachse drei kürzeste, unter sich gleichwertige Translationen festlegen, die ein einfachprimitives Rhomboeder bestimmen; es ist dies das *Translationsgitter R* mit der Rhomboederkante r und den Polkantenwinkeln α (Tafel I, *l*).

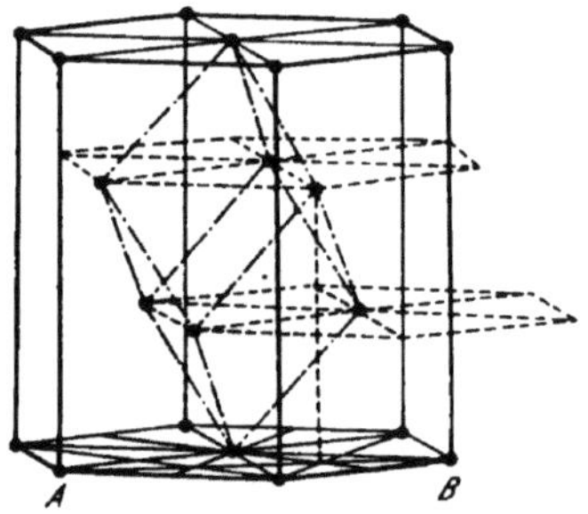

Abb. 23. Entwicklung des rhomboedrischen Gitters (nach *H. Mark*).

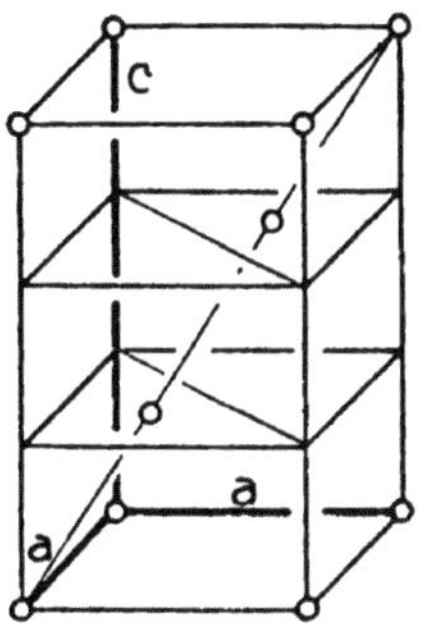

Abb. 24. Hexagonales Elementarparallelepiped der rhomboedrischen Translationsgruppe. Es ist dreifach primitiv. Der Winkel zwischen den beiden a-Achsen beträgt 120°.

Für das rhomboedrische oder, wie es auch heißt, trigonale System kommen beide Arten von Translationsgittern in Betracht, das hexagonale P und das rhomboedrische R. Jedes der beiden läßt sich sowohl mit hexagonalen (*Bravais*'schen) als auch mit rhomboedrischen (*Miller*'schen) Achsen beschreiben.

Wie für das primitive rhomboedrische Gitter die Darstellung als dreifachprimitives hexagonales Gitter möglich ist, so kann andererseits auch das primitive hexagonale Gitter in ein *dreifachprimitives Rhomboeder* überführt werden; ein solches zeigt Abb. 25.

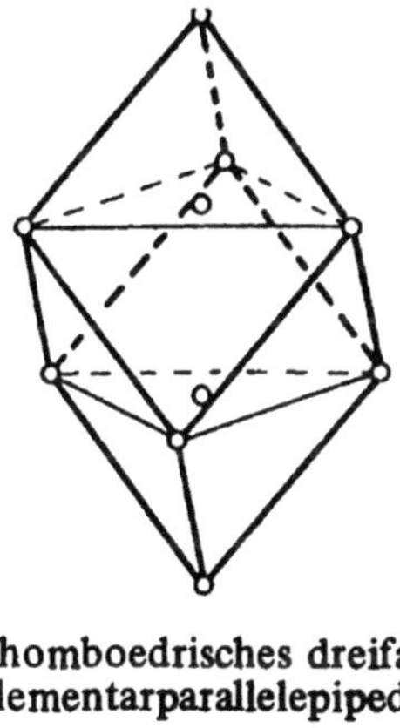

Abb. 25. Rhomboedrisches dreifach primitives Elementarparallelepiped.

Bezüglich des hexagonalen Systems hatten wir gleich einleitend erwähnt, daß für sämtliche sieben Klassen, also auch für die beiden „trigonotypen" Klassen[1], ausschließlich das hexagonale Translationsgitter in Betracht kommt.

In den fünf Klassen des rhomboedrischen Systems gibt es in jeder derselben sowohl Raumgruppen, denen das hexagonale Translationsgitter zugrundeliegt, als auch einzelne Raumgruppen mit rhomboedrischem Translationsgitter.

c) Bezeichnungsweise der Translationsgruppen

Die Kennzeichnung der Translationsgruppen durch lateinische Großbuchstaben, wie das bereits für die primitiven Gitter erörtert wurde, hat die früher üblich gewesene Symbolisierung durch den griechischen Buchstaben Γ („Gruppe") mit dem auf das Kristallsystem bezüglichen Index und – bei mehrfach-primitiven Gittern – einmal bis dreimal gestrichenem Γ verdrängt. Das war auch dringend notwendig, da die von den verschiedenen Autoren stammenden Vorschläge bezüglich Γ′, Γ″, Γ‴ uneinheitlich und daher unbrauchbar waren.

So zeigen beispielsweise die *Schoenflies*'schen Zeichen die Uneinheitlichkeit in der Symbolisierung deutlich auf: die *innenzentrierten Gitter* erhielten in folgenden Systemen *verschieden gestrichenes* Γ, u. zw. im rhombischen System Γ‴, im tetragonalen Γ′, im kubischen Γ″.

Aber außer der *Schoenflies*'schen Symbolik waren von anderen Autoren (*H. Mark*, Lehrb.[2], *E. Schiebold*, Raumgruppen-Atlas) wieder abweichende Kennzeichnungen vorgeschlagen worden. Am konsequentesten erscheint noch der *Schiebold*'sche Vorschlag: Innenzentrierte Gitter (wo solche vorhanden) einheitlich . . . Γ″; einfachflächenzentrierte Gitter . . . Γ′; allseitig-flächenzentrierte Gitter . . . Γ‴.

[1] Der Ausdruck war in der Absicht gewählt worden, die beiden dem hexagonalen System zugerechneten Klassen D_{3h} und C_{3h} nicht mit „trigonal" zu verwechseln.

[2] „Die Verwendung der Röntgenstrahlen in Chemie und Technik".

Dieser übersichtliche Bezeichnungsvorgang hat sich jedoch auch nicht durchgesetzt.

Die neue Symbolik der Internationalen Tabellen verwendet für die primitiven Translationsgruppen in allen Kristallsystemen – ausgenommen lediglich das Gitter R im rhomboedrischen System – den Buchstaben P. Die Innenzentrierung wird mit I gekennzeichnet, die allseitige Flächenzentrierung erhält F. Bezüglich der einseitigen Flächenzentrierung (s. rhombisches System) gilt A, B oder C, je nachdem die Querfläche a (100), die Längsfläche b (010) oder die Basisfläche c (001) zentriert ist. Monoklin-flächenzentriert erhält das Zeichen C, weil jene Fläche der Medianzone, die zentriert ist, grundsätzlich als Basisfläche c (001) gewählt wird.

Der Gebrauch im hexagonalen und rhomboedrischen System, die Symbolisierung durch die Buchstaben P bzw. R vorzunehmen, wurde bei Besprechung der betreffenden Translationsgitter eingehend erörtert.

d) Bravais-Gitter und Elementarkörper

Die Kenntnis der Translationsgruppe, also die Angabe, welches der 14 *Bravais*-Gitter vorliegt, ist für den weiteren Gang der Kristallstrukturermittlung von grundlegender Bedeutung.

Als Elementarkörper wurden jene Parallelepipede in Betracht gezogen, deren Kanten in Richtung der kristallographischen Achsen verlaufen: es sind also solche, die gleichzeitig die Translationsgruppe bestimmen. Demgemäß sind in erster Linie die 14 *Bravais*'schen Gitter selbst als Elementarkörper zur Strukturbeschreibung prädestiniert. Darüber hinaus können aber aus Zweckmäßigkeitsgründen auch größere Zellen[1] als Elementarkörper erwünscht sein, wie wir dies im Vorhergehenden ausführlicher dargelegt haben.

Jedenfalls bedeutet der Elementarkörper, den wir zur Beschreibung der dreidimensional-unendlichen Struktur angeben,

[1] Z. B. ein basiszentriertes oder ein allseitig-flächenzentriertes tetragonales Gitter, bzw. der dreifachprimitive hexagonale Elementarkörper für den rhomboedrischen Typus R!

jenen elementaren Volumbereich, der sich in Richtung der Kanten des Elementarkörpers in paralleler Stellung „identisch" wiederholt und so das gesamte Punktsystem aufbaut. Es genügt daher zur Beschreibung dieser charakteristische Ausschnitt der Struktur.

Der Elementarkörper – sei dieser nun eines der 14 *Bravais*'schen Gitter oder aber eine größer gewählte Zelle – umfaßt ein Einfaches oder kleinzahliges Vielfaches des Raumes der „Nichtidentität". Ein Einfaches ist es dann, wenn die identischen Punkte lediglich in den Ecken der Parallelepipede liegen; ein Vielfaches, wenn Zentrierungen von Begrenzungsflächen oder von Diagonalflächen vorliegen (Innenzentrierung!) durch Punkte, die mit den Eckpunkten identisch sind. Diese mehrfachprimitiven Gitter, in welchen nicht alle drei kristallographischen Achsen gleichzeitig auch primitive Translationen sind, lassen sich – auf den Raum des Nullpunktgitters (primitive Zelle) bezogen – nur noch als Ineinanderstellung zweier oder mehrerer kongruenter, strukturell identischer Gitter deuten.

Durch die bisherigen Darlegungen gewannen wir die Einsicht, daß nicht alle *Bravais*-Gitter mit dem Bereich der Nichtidentität übereinstimmen, sondern nur die sieben einfachprimitiven. Die mehrfachprimitiven müßte man – um der Forderung nach Nichtidentität des Zellraumes zu genügen – mit jenen von der Kristallachsenrichtung abweichenden, schräg liegenden Translationsvektoren beschreiben, wie wir das schon im Falle des kubisch-flächenzentrierten und innenzentrierten Gitters aufgezeigt hatten.

Bei den mehrfachprimitiven *Bravais*'schen Gittern wäre mithin das eigentliche „Translationsgitter" in jener „Stammfigur"[1] zu suchen, die den kleinsten, den primitiven Ausschnitt des Raumgitters darstellt.

[1] „Stammfigur" nennt *Schoenflies* das aus den primitiven Translationen gebildete Parallelepiped, so die Rhomboeder im Beispiel des flächenzentrierten und des innenzentrierten kubischen Gitters.

Wenn wir gleichwohl aus Symmetriegründen eine Ineinanderstellung von mehreren Translationsgittern bevorzugen, so stellen diese mehrfachprimitiven *Bravais*-Gitter im strengen Sinne keine eigentlichen Translationsgitter dar, sondern bedeuten vielmehr einen bestimmten Elementarkörper der Struktur, von dem wir allerdings wissen, daß er auf ein einfaches Translationsgitter rückführbar ist.

Allgemein kann gesagt werden: Liegt ein mehrfachprimitives Gitter vor, so ist grundsätzlich zu entscheiden, ob es dennoch eines der 14 *Bravais*-Gitter ist, oder ob es eine andere, gegebenenfalls größere Zelle darstellt. In letzterem Falle läßt sich das Gitter in eines der *Bravais*'schen Typen überführen. Ist es aber ein mehrfachprimitives Gitter, das unter den 14 *Bravais*-Gittern vorkommt, dann würde der Übergang zur einfachprimitiven Zelle bereits ein den Kristallachsen nicht mehr parallel liegendes Strukturparallelepiped ergeben; hier behält man also die mehrfachprimitive Zelle bei.

Mit den vorangegangenen Erläuterungen sollte klar gemacht werden, daß sich die Begriffe „Translationsgruppe" und „Elementarkörper" keineswegs decken. Bei einer Strukturbestimmung muß vor allem die zugrundeliegende Translationsgruppe ermittelt werden. Welchen Elementarkörper man dann zur zweckmäßigen Beschreibung der Struktur heranzieht, ist von anderen Gesichtspunkten aus zu beurteilen.

Die Netzebenenabstände eines Raumgitters (Abstände der parallelen Strukturebenen des einfachprimitiven Elementarparallelepipeds) werden durch das Hineinstellen kongruenter Gitter in gesetzmäßigerweise geändert, worauf bereits S. 35 hingewiesen wurde. Dieser Umstand ist für die Strukturbestimmung mit Röntgenstrahlen von großer Bedeutung.

e) Beziehungen zwischen kubischer und hexagonaler Punktanordnung

Wir haben im Teilkapitel III b), Pkt. 2, die Einsicht gewonnen, daß hexagonale und rhomboedrische Gitter ineinander überführbar sind, und zwar in dem Sinne, daß eine gewisse dreifachprimitive hexagonale Zelle ein einfaches rhomboedrisches Gitter ergibt (s. Abb. 23). Es muß dann gleichwohl möglich sein, die Metrik der betreffenden hexagonalen Zelle so zu wählen, daß das entstehende Rhomboeder ein solches mit dem Polkantenwinkel 90° wird, also einen Würfel darstellt. Um das zu erreichen, ist es erforderlich, daß die horizontalen Netzschichten in Richtung ihres senkrechten Abstandes entsprechend verschoben werden. In Abb. 23 – wo es sich um eine gestreckte Form des Rhomboeders handelt (Polkanten $\sphericalangle\ \alpha < 90°$) – müssen die horizontalen Netze einander genähert werden bis der Punktabstand a_h, der doch als Sechseckseite unverändert bleibt, statt zur Diagonale der bisherigen Rhombusfläche, nun zur Diagonale eines Quadrates wird, nämlich jenes Quadrates der entstehenden Würfelfläche mit der Würfelkante a_w.

Also muß $a_h = a_w \sqrt{2}$ sein.

Dann ist $a_w = \frac{1}{2} a_h \sqrt{2}$.

Die *Körperdiagonale dieses Würfels* $a_w \sqrt{3}$ ist aber identisch mit der Höhe c_h der dreifachprimitiven Zelle:

$$c_h = a_w \sqrt{3} = \frac{1}{2} a_h \sqrt{2} \cdot \sqrt{3}$$

oder $c_h = \frac{1}{2} \sqrt{6}$, wenn $a_h = 1$ gesetzt wird.

Aber auch noch eine andere Metrik unseres dreifachprimitiven Gitters ist von bemerkenswerter Bedeutung, nämlich jene, die zu dem gestreckten Rhomboeder führt, das wir als *Stammfigur des allseits flächenzentrierten kubischen Gitters* kennen gelernt haben (s. Abb. 19b). Hier ergibt sich die Höhe der dreifachprimitiven Zelle zu $c_h = \sqrt{6}$, also doppelt so groß als im vorhergehenden Falle, was in den anschließenden Betrachtungen über „Dichteste Kugelpackungen" entwickelt werden wird.

Dichteste Kugelpackungen

Es möge hier ein Begriff erläutert werden, der sich in der Kristallchemie in vielen Fällen als fruchtbar erwiesen hat, nämlich die Vorstellung bzw. das Vorhandensein einer sogenannten *dichtesten Kugelpackung.*

Betrachten wir die Punkte eines einfachen Raumgitters (einer einzigen Atomsorte) als die Schwerpunkte kugelförmiger materieller Teilchen, z. B. der Atome, und stellen wir uns vor, daß es durch Anwachsen dieser kugeligen Gebilde bis zu einer möglichen Berührung gleich groß gewordener Kugeln kommen könnte, dann läge eine gewisse Kugelpackung vor. Eine „dichteste" Kugelpackung jedoch ist es nur dann, wenn die Anordnung der Massenpunkte, die zu gleich großen Kugeln anwachsen, eine solche ist, daß sich eine Raumerfüllungszahl von 0,741 ergibt, d.h. pro Raumeinheit 0,741 für die Kugelvolumina, und nur 0,259 für die Zwischenräume.

Eine solche Lagerung wird erzielt, wenn zunächst in der Ebene gleichgroße Kugeln dichtest gepackt sind. Dies ist der Fall, wenn ihre Mittelpunkte in den Eckpunkten der gleichseitigen Dreiecke liegen, in die ein hexagonales Punktnetz zerfällt. Die darüberzulegende Schicht gleichgroßer Kugeln, die sich berührend in die Vertiefungen zwischen je drei Kugeln legen, bilden eine mit der Grundschicht I kongruente Schicht, allerdings gegen diese seitlich verschoben, so daß die Kugelmitten der Schicht II genau über den Dreieckschwerpunkten der Schicht I zu liegen kommen; das ist nur möglich bei alternierender Besetzung der Positionen über den Dreiecksmittelpunkten: eine Hälfte der letzteren bleibt also immer außer Betracht (s. Abb. 26 b). Die Schicht III liegt dann in entsprechender Weise auf der Schicht II, und zwar so, daß die Horizontalverschiebung von II gegen I wieder rückgängig gemacht wird. So kommt Schicht III konform über die Kugeln von Schicht I zu liegen (translatorisch-identisch in der Richtung der Z-Achse). Die zwischengeschaltete Schicht II hat ihre Kugelmittelpunkte zwar in halber Höhe des hexagonalen Parallelepipeds, jedoch nicht in dessen Körpermitte (s. Abb. 26 a);

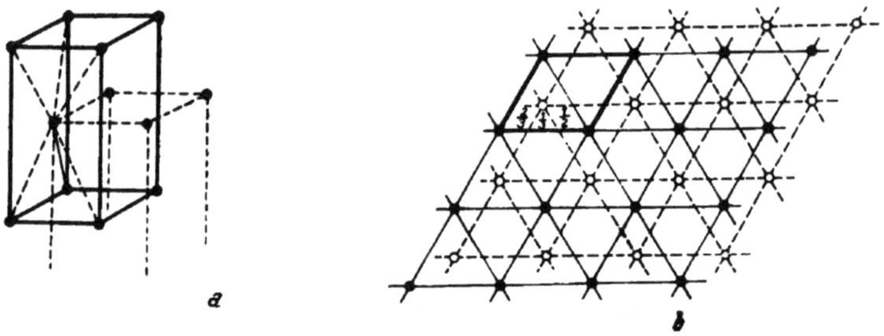

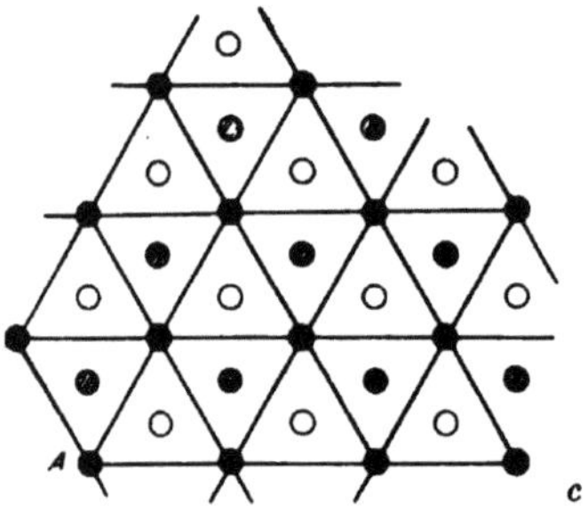

Abb. 26.

a) Hexagonal-dichteste Kugelpackung: zwei einfache, kongruente, hexagonale Gitter sind parallel ineinander geschoben.
b) Grundrißprojektion der hexagonal-dichtesten Kugelpackung.
c) Grundrißprojektion der kubisch-dichtesten Kugelpackung (nach *P. P. Ewald*).

die Zelle ist also nicht „körperzentriert“ im üblichen Sinne. Die Berechnung ergibt, daß ein solches Parallelepiped *hexagonal-dichtester Kugelpackung* die Metrik $\frac{c}{a} = \frac{2}{3}\sqrt{6}$ besitzt.

Auch die Anordnung der Kugelschwerpunkte in einem *flächenzentrierten kubischen Gitter* entspricht einer *dichtesten Kugelpackung.* Es handelt sich hier um den Aufbau der Kugelschichten nach der Oktaederfläche, wo dieselbe Dreieckseinteilung vorliegt wie vorher in der Basisfläche einer hexagonalen Zelle. Der Unterschied im Aufbau liegt nur darin, daß im Falle einer kubischen Kugelpackung nach Schicht II noch eine Schicht III folgt, deren Kugelschwerpunkte über den bisher unbesetzt gelassenen Dreiecksmitten liegt (s. Abb. 26c: auch die Positionen der schraffierten Ringelchen sind nun besetzt). Vergleiche dazu auch die dreifachprimitiven hexagonalen Zellen, die primitive Rhomboeder ergeben (Abb. 23): nur in dem Falle, daß das Achsenverhältnis der dreifachprimitiven

Zelle $\frac{c_h}{a_h}$ gleich $\sqrt{6}$ wird – gegenüber der hexagonal-dichtesten Kugelpackung mit $\frac{c}{a} = \frac{2}{3}\sqrt{6}$ – ist nun das fehlende Drittel ergänzt!

So entsteht jenes gestreckte Rhomboeder, die Stammfigur des flächenzentrierten kubischen Gitters, das wir oben als zweites spezialisiertes Rhomboeder der dreifachprimitiven hexagonalen Zelle angeführt haben; ein solches kubisches F-Gitter ist also bei Anwachsen aller Massenpunkte bis zu durchwegs gleichgroßen, sich berührenden Kugeln immer eine „dichteste Kugelpackung“: es ist die *kubisch-dichteste Kugelpackung,* zum Unterschied von der hexagonal-dichtesten, die wir zuerst entwickelten und die nur bei Vorliegen der speziellen Metrik $\frac{c}{a} = \frac{2}{3}\sqrt{6}$, d. i. 1,633, exakt Bestand hat.

IV. Die Weiterentwicklung der Strukturtheorie

Durch die *Frankenheim-Bravais*'sche Theorie war erstmalig ein Strukturbild geschaffen, das den geometrischen und physikalischen Eigenschaften der Kristalle gerecht wurde und tatsächlich imstande war, die sieben Kristallsysteme einwandfrei zu erklären.

Noch gab es jedoch eine große Schwierigkeit. Alle diese 14 Raumgitterarten konnten jeweils immer nur die Vollform (die holoedrische Klasse) des betreffenden Kristallsystems erklären, nicht aber war es möglich, die Mindersymmetrien damit zu deuten. Die morphologische Kristallographie hatte aber durch einwandfreie Beobachtung der vorhandenen Kristallformen oder durch die beim Auflösungsvorgang zutage tretenden Symmetrieeigenschaften (Ätzfiguren!) mit Sicherheit die von *Hessel* theoretisch abgeleiteten 32 Kristallklassen in den weitaus meisten Fällen als tatsächlich in der Natur realisiert bereits erwiesen.

So muß eine Anordnungsmöglichkeit gesucht werden, um die an den Kristallen tatsächlich beobachteten Mindersymmetrien aus der Konfiguration der Raumgitter selbst zu erklären. Diesem Ziele galten die Bemühungen *L. Sohncke*'s.

a) Die Sohncke'schen Punktsysteme

1. Grundgedanke der Sohncke'schen Konzeption

L. Sohncke versuchte eine Erweiterung der *Bravais*'schen Theorie durch Ineinanderstellung mehrerer kongruenter Gitter zu regelmäßigen Punktsystemen (von allseitig unendlicher Ausdehnung). Schon bei *Bravais* sind eine Anzahl von Gittern nicht einfachprimitiv, sondern durch Körperzentrierung bzw. Flächenzentrierung aus zwei oder mehreren ineinander gestellten Gittern entstanden. Während diese *Bravais*'schen Gitter immerhin noch ganz spezielle Fälle von Ineinanderstellungen kongruenter und parallel gestellter Einzelgitter verkörpern, verallgemeinerte *Sohncke* schon 1867[1] das Prinzip der Punktverteilung in dem Sinne, daß alle möglichen Einschaltungen neuer Gitterpunkte vorgenommen werden können, lediglich unter Beachtung des Grundsatzes, die Anordnung um jeden Massenpunkt müsse dieselbe sein wie um jeden anderen derselben Gitterschar. Dabei war stillschweigend noch immer die Parallellagerung der Molekeln (anstelle der Massenpunkte) vorausgesetzt worden.

Zunächst sei ganz allgemein der Einbau weiterer Gitterpunkte in das primitive Translationsgitter demonstriert.

Die Ineinanderstellung bzw. gegenseitige Durchdringung zweier Gitter, also zweier Identitätsscharen von Gitterpunkten A und B, zeigt Abb. 27, wobei aber nach der damaligen *Sohncke*'schen Annahme das A-Gitter und das B-Gitter materiell aus den gleichen Bausteinen bestehen sollten, die Gitter also nur parallel zueinander verschoben wären.

[1] *L. Sohncke,* Die Gruppierung der Moleküle in den Kristallen. Poggendorffs Annalen, 1867.

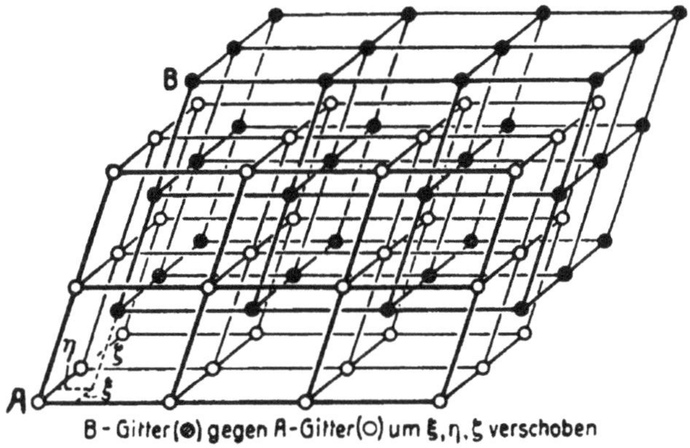

Abb. 27. Ineinanderstellung zweier Raumgitter: zwei Identitätsscharen von Punkten (nach *P. Niggli*).

Ein solcher in das Gitter eingesetzter Ursprungspunkt einer neuen Gitterschar liege innerhalb des primitiven Parallelepipeds (s. Abb. 28) an beliebiger Stelle, so daß wir seine Lage durch die Koordinaten x, y, z festlegen müssen; dies geschieht in Bruchteilen der Kantenlängen τ_1, τ_2, τ_3 des Elementarparallelepipeds.

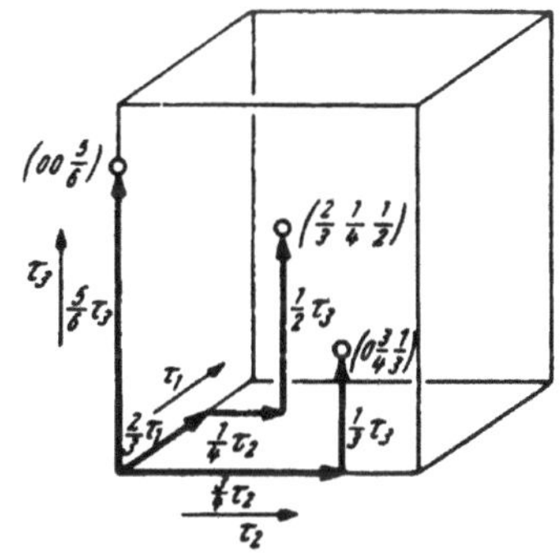

Abb. 28. Einbau weiterer Gitterpunkte in das primitive Parallelepiped und Koordinatendarstellung (nach *E. Brandenberger*).

Es sei $x = \xi \cdot \tau_1$; $y = \eta \cdot \tau_2$; $z = \zeta \cdot \tau_3$, wobei ganz allgemein die *Bruchzahlen* ξ, η, ζ theoretisch durchaus keine rationalen Zahlenwerte sein müssen. Oft werden sie in Hundertsteln der Kantenlängen – hinreichend genau – angegeben.

Als Nullpunkt wird konventionell die Körperecke hinten-links-unten der Zelle angenommen. In unserer Abb. 28 (und auch Abb. 27) ist jedoch aus Gründen der zeichnerischen Verdeutlichung der Eckpunkt vorn-links-unten gewählt worden.

2. Strukturparallelepipede: „Gitter mit Basis"

Wie Abb. 28 zeigt, ist außer dem Einbau eines zusätzlichen Punktes im Innern der Zelle ein weiterer Punkt auf der vorderen Fläche sowie ein dritter auf einer der vertikalen Kanten eingesetzt worden.

Ein derartiges Parallelepiped eines zwar zusammengesetzten Gitters, das jedoch von jeder vorhandenen Identitätsschar immer nur *einen einzigen Punkt* innerhalb der Zelle enthält, gilt als *„primitives Strukturparallelepiped"*[1].

Sämtliche dem Strukturparallelepiped zugehörigen, einander *nicht identischen Punkte* stellen –bezogen auf den Nullpunkt der Zelle – die *Basisgruppe* des Punkthaufens dar. Man spricht von einem *„Gitter mit Basis"*.

Ein *primitives Parallelepiped* enthält nach *Niggli* (s. Fußnote [1]) von jeder Punktsorte einen *einzigen* Punkt in der Zelle.

Liegt der Struktur eine mehrfach-primitive Translationsgruppe zugrunde, dann kann sich der Ausdruck „primitives Strukturparallelepiped" sinngemäß nur auf jenen Gitterausschnitt mit primitivem Translationstripel beziehen (siehe dazu flächenzentriertes kubisches Gitter mit primitiver Stammfigur, Abb. 19b).

[1] *Niggli* gebraucht dafür einfach den Ausdruck „primitives Parallelepiped". P. Niggli, Kristallographische und strukturtheoretische Grundbegriffe, p. 5/6 (Akad. Verl.-Ges., Leipzig 1928).

3. Erweiterung der ursprünglichen Konzeption

Das von *Sohncke* zunächst beibehaltene Prinzip der Parallelstellung auch der zusätzlichen Ursprungspunkte der Basis – im gleichen Sinne wie bei den mehrfachprimitiven *Bravais*gittern (Ineinanderstellung von 2 oder 4 Gittern) – wurde nun aufgegeben. Es hatte nämlich *Chr. Wiener*[1] schon 1863 die Forderung nach Parallelstellung der konstruktiven Bausteine (Ursprungspunkte neuer Gitterscharen) fallen gelassen. So hat nun *Sohncke* die hinzutretenden verschiedenen Punkte der „Basis" unabhängig voneinander auch *in gedrehter Stellung* zugelassen.

Natürlich blieb innerhalb der Identitätsscharen die Parallelität der zugehörigen Punkte aufrecht, d.h. sämtliche Punkte der Schar befinden sich in derselben gedrehten Stellung wie der betreffende Ursprungspunkt.

Die Orientierung der einzelnen Gitterscharen zueinander und gegenüber dem Grundgitter bleibt naturgemäß parallel.

Um das Gesagte zu veranschaulichen, sei der Einfachheit halber ein Beispiel im Zweidimensionalen vorgeführt. Betrachten wir ein quadratisches Gitternetz, wie sich ein solches als horizontaler Querschnitt eines tetragonalen Raumgitters ergeben kann (Abb. 29a). Eingesetzt sind in den Seitenmitten der Elementarmaschen doppelatomige Gebilde; sie wiederholen sich bei jeder Masche viermal, und zwar von einer Quadratseite zur anderen um 90° gedreht. Die Verbindungsstriche der Doppelatome sind an sich bedeutungslos; sie dienen lediglich dazu, die Drehung der punktförmigen Atome erkennbar zu machen. In der Mitte der Maschen stechen also Tetragyren senkrecht aus, desgleichen aber auch an allen Eckpunkten der Elementarquadrate, wie der Weiterbau der Konfiguration ohne weiteres erkennen läßt. Außer den Tetragyren sind in unserem Punktsystem, ebenfalls senkrecht zur Bildebene, auch Digyren durch alle Seitenmitten der Grundrißquadrate vorhanden; die eingesetzten Zweiergruppen bezeugen es.

[1] *Christian Wiener*, Grundzüge der Weltordnung. Leipzig und Heidelberg 1863.

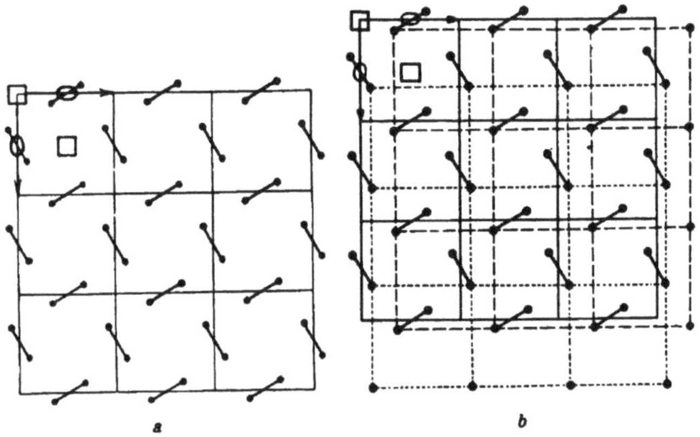

Abb. 29. a) Quadratisches Gitternetz (nach *P. P. Ewald*).
b) Ineinanderstellung mehrerer Translationsgitter.

Die vorgeführte Struktur mit zweiatomigen Baugruppen ist aber auch in isoliert gedachte Einzelelemente auflösbar, was Abb. 29b) demonstrieren soll. In dieser Figur sind von zwei Atomen *innerhalb* der Grundzelle ausgehend, die unter sich kongruenten Translationsgitter eingezeichnet (strichliert und punktiert); zwei weitere wären noch zu ergänzen. So handelt es sich im ganzen um eine Ineinanderstellung von vier Translationsgittern ein- und derselben Atomsorte; es ist aber klar, daß die Anfangspunkte dieser vier Gitter entsprechend den vorhandenen Symmetrieelementen um 90° gegeneinander gewendet sind (beachte die Wirkungsweise der Tetragyre in der Quadratmitte!). Was hier für die quadratische Masche im Zweidimensionalen erläutert wurde, gilt sinngemäß im Dreidimensionalen für die parallelepipedische tetragonale Elementarzelle.

Nehmen wir das aufgefundene Symmetriegerüst als das primär Gegebene an, so genügt das Einsetzen eines *einzigen* Konstruktionspunktes (des einen der Zweiergruppe) in einer der Elementarzellen, um durch Betätigung der Symmetrieelemente die vorgeführte Punktkonfiguration zu erzeugen. Der angenommene Punkt heißt daher „*konstituierender Punkt*".

Aus unserer Betrachtung folgt die wichtige Erkenntnis: *dem Elementarkörper* der Struktur *kommen Symmetrieelemente zu,* wovon bisher noch nie die Rede war. Die Lage der Ursprungspunkte der ineinander gestellten Gitter sind demnach durch ein Symmetriegerüst des Elementarkörpers geregelt. In unserem Falle ist das Nullpunktgitter (an dessen Ecken und Basismitten vierzählige Drehungsachsen ausstechen) von Atomen unbesetzt geblieben.

Die Gesamtheit der Ursprungspunkte innerhalb des Parallelepipedes – bezogen auf dessen Nullpunkt – bezeichnen wir, wie schon gesagt, als die *„Basis der Struktur"*.

Die von *Wiener* aufgezeigte Möglichkeit auch anderer Strukturformen als nur Gittertypen mit parallel gestellten Bausteinen wurde von *C. Jordan* 1868/69 auf allgemeinster Grundlage als ein Problem aus der Geometrie der Bewegung gelöst.

Sohncke unternahm es in seinem Hauptwerke „Entwicklung einer Theorie der Kristallstruktur" (Leipzig 1879), die *Jordan*'schen Bewegungsgruppen den Forderungen der Gesetze kristallisierter Körper anzupassen und gelangte so zu 65 Punktsystemen (in dem zitierten Hauptwerke sind es noch 66). Dabei wurde an Symmetrieoperationen außer der Drehung auch die Kombination von Drehung und Translation, d. i. die *Schraubung* verwendet.

Nicht zugelassen war die *spiegelbildliche Wiederholung* der Bausteine, weder in Form der Inversion durch ein Symmetriezentrum noch als normale Spiegelung an einer Symmetrieebene. Denn sowohl *Wiener* als auch vorläufig noch *Sohncke* hielten an der Illusion fest, man müsse bei jeder Substanz mit einer *einzigen* Molekelsorte auskommen; das bedeutet durchwegs kongruente Bausteine! Das Prinzip der Spiegelung aber würde zweierlei, nämlich *enantiomorphe* Gestalten der Bausteine erforderlich machen.

Es ist ein eigentümliches Verhängnis, das über diesen sonst so scharfsinnigen Überlegungen waltete! Durch den Umstand, daß die Spiegelung – jenes in der morphologischen Kristallographie so eindrucksvoll in Erscheinung tretende Symmetrieprinzip – nicht in Erwägung gezogen wurde, gelang es mit den 65 *Sohncke*'schen Punktsystemen noch immer nicht, sämtliche 32 Kristallklassen strukturell restlos zu deuten, so daß *Sohncke* 1888 eine Modifizierung seiner Theorie ins Auge faßte: es könnten möglicherweise auch zwei oder mehrere verschiedene Bausteine an einem *„allgemeineren Punktsystem"* beteiligt sein. *Sohncke* bemerkt schon damals, daß die Bausteine doch auch *Atome* (statt Moleküle) sein könnten, eine Auffassung, die *Paul von Groth* seit Beginn des 20. Jahrhunderts auf das Nachdrücklichste vertreten hat.

b) Symmetrieelemente im Feinbau der Kristalle

Ein wesentlicher Unterschied gegenüber den Punktsymmetrieelementen des sichtbaren Kristallbaues ist im Feinbau hervorzuheben. Wie Abb. 29 bezüglich der dort vorhandenen vierzähligen und zweizähligen Drehungsachsen deutlich macht, treten diese *scharenweise,* jeweils in paralleler Lage durch die entsprechenden identischen Punkte im dreidimensional-unendlichen Diskontinuum auf; das gilt gleichermaßen für alle Symmetrieelemente des Feinbaues, wie sich später zeigen wird. Im makroskopischen Kristallbau hingegen gehen alle vorhandenen Symmetrieelemente bekanntlich durch ein- und denselben Punkt, den gemeinsamen Schnittpunkt der sämtlichen Symmetrieelemente (daher der Name *„Punktsymmetrieelemente"*).

Was die normalen Drehungsachsen im Feinbau anbelangt, so ist zu sagen, daß in Richtung einer solchen die Gitterpunkte in einem bestimmten Identitätsabstande aufeinanderfolgen. Denn jede Symmetrieachse ist einer Gittergeraden, einer Punktreihe parallel. So ergibt sich für eine zweizählige Drehungsachse im Diskontinuum eine Punktanordnung wie sie in nachfolgender Abb. 33 a dargestellt ist. Für eine höherzählige Achse ist die Konfiguration eine dieser Zähligkeit entsprechende.

Während im makroskopischen Bau der Kristalle nur Gyren und Drehachsen II. Art, das Symmetriezentrum und die normale Spiegelebene in Betracht kommen, spielen in der submikroskopischen Anordnung der Elementarteilchen auch Verschiebungen in der Größenordnung von Atomabständen eine Rolle.

1. Schraubenachsen

Wir wiesen bereits darauf hin, daß bei der *Sohncke*'schen Entwicklung der Punktsysteme auch die Kombination von Drehung und Translation parallel der Achsenrichtung, nämlich die *Schraubung* von Bedeutung sei. Es kommen somit außer den normalen Drehungsachsen auch Schraubenachsen zur Anwendung. Abb. 30 zeigt vierzählige Schraubenachsen; der Sinn einer solchen Schraubenachse ist nun folgender: Ein Ausgangsatom würde durch die Tätigkeit einer vierzähligen Drehungsachse nach 90°-Drehung wieder aufscheinen. Bei der vierzähligen Schraubenachse ist dies jedoch nicht der Fall, sondern das Atom in der Ausgangsstellung (am unteren Ende der Schraubenachse) wird während der Drehung um ein Viertel des Identitätsabstandes in der Richtung der Schraubenachse gleiten und daher erst um diesen Betrag gehoben wieder auftauchen. Die Weiterdrehung um 90° mit gleichzeitiger Schiebung hebt das Atom um ein weiteres Viertel des Identitätsabstandes, also in die Halbierung, die nächste Vierteldrehung in drei Viertel und erst die vierte Vierteldrehung (die bei einer gewöhnlichen Drehachse das Atom zur Ausgangslage

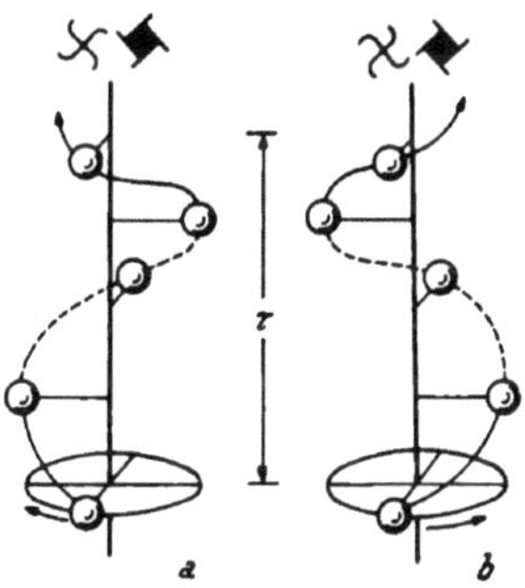

Abb. 30. Vierzählige Schraubenachsen.
a) Linksschraubenachse;
b) Rechtsschraubenachse.

zurückbrächte) bringt es jetzt in eine neue Lage, genau oberhalb der Anfangsstellung, aber um den Betrag τ (Translation oder Identitätsabstand) längs der Achse verschoben.

Je nachdem der *Windungssinn der Schraubung* (von oben gesehen) im Sinne des Uhrzeigers (vom vorn gelegenen Ausgangsatom nach links) oder im entgegengesetzten Sinne (nach rechts) erfolgt, spricht man von einer Links- oder Rechtsschraubenachse, s. Abb. 30 a und b.

Bei den tetragonalen Achsen (Abb. 31 a–d) gibt es außer der vorgeführten Links- und Rechtsschraubenachse auch eine *Zweipunktschraubenachse,* wo ein hantelförmiger Zweipunkt-Komplex (wie ihn eine Digyre hervorbringt) nun einer Schraubungsbewegung mit 90°-Drehung und Gleitkomponente $\tau/2$ unterworfen zu sein scheint. In Wirklichkeit müssen wir auch hier von einem einzigen Punkte ausgehen und mit der Schraubungskomponente $2/4\,\tau$ oder $\tau/2$ die anderen Punkte erzeugen; die Numerierung in der Abb. 32 mit 1, 2, 3, 4 . . . erläutert die Entstehung der Punkte, wobei beispielsweise zum Punkte 3 unterhalb und oberhalb im Identitätsabstande τ gleichwertige Punkte ergänzt werden können (ebenso zum Punkte 2 der bei unserem Schraubungsvorgang nicht erzielte Punkt 2′ usw.).

Was hier am Beispiel der vierzähligen Schraubenachsen erläutert wurde, gilt in analoger Weise auch für die Achsen ande-

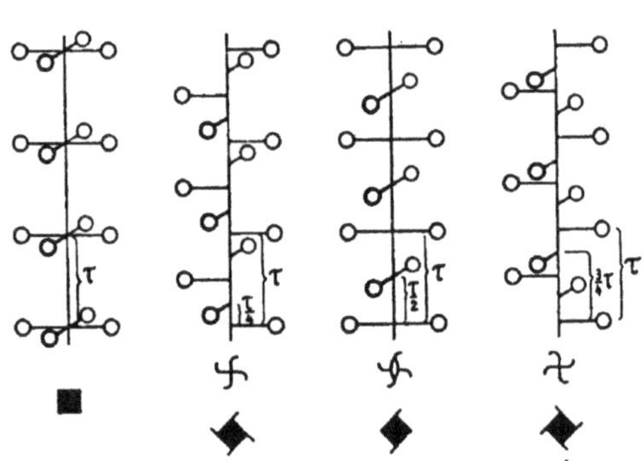

Abb. 31. a–d: Vierzählige Drehungsachse und Schraubenachsen.

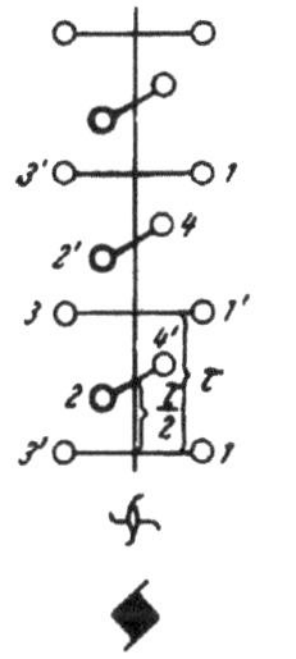

Abb. 32. Vierzählige Zweipunktschraubenachse

rer Zähligkeit. Wenn wir die normale Symmetrieachse, die naturgemäß auch für die feinbauliche Konfiguration gilt, mitrechnen, läßt sich sagen: zweizählige Achsen des Feinbaues gibt es zwei, dreizählige drei, vierzählige vier und sechszählige sechs. Abb. 33 a, b stellt die zweizählige Drehungsachse und Schraubenachse dar.

Von dreizähligen Achsen des Feinbaues gibt es außer der Trigyre nur eine Links- und eine Rechtsschraubenachse (s. Abb. 34 a, b, c).

Hingegen gibt es bei den sechszähligen Schraubenachsen (Abb. 35 b–f) außer einer Links- und Rechtsschraubenachse (b bzw. f) auch Zweipunktschraubenachsen, u. zw. sowohl eine links- als auch eine rechtsgewundene (s. Abb. 35 c bzw. e).

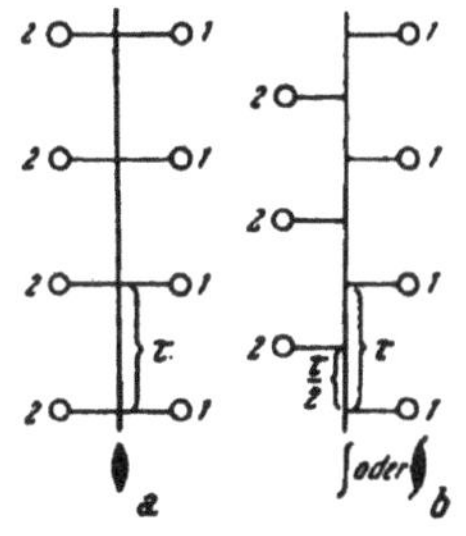

Abb. 33. a) Zweizählige Drehungsachse;
b) zweizählige Schraubenachse.

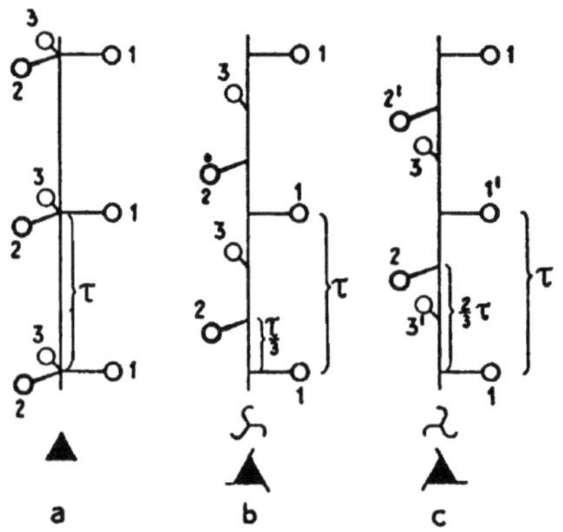

Abb. 34. a) Dreizählige Drehungsachse; b) und c) linke und rechte dreizählige Schraubenachse.

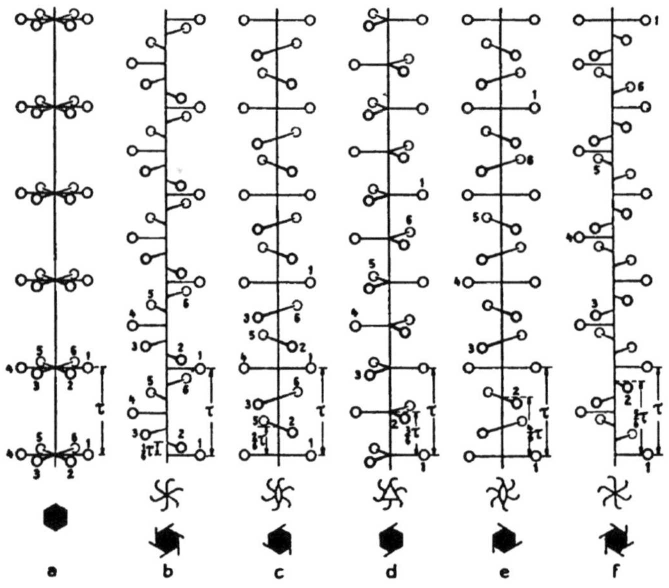

Abb. 35. Sechszählige Achsen des Feinbaues: a) Sechszählige Drehungsachse; b)–f) Sechszählige Schraubenachsen.

Äußerlich macht eine solche *sechszählige Zweipunktschraubenachse* den Eindruck einer dreizähligen Achse, bei der ein hantelförmiger Zweipunkter nach *trigonalem* Rhythmus der Schraubung unterworfen wird. Im hexagonalen System gibt es aber auch noch eine *Dreipunktschraubenachse* mit der Gleitkomponente $3/6\,\tau$ oder $\tau/2$, bei der ein Windungssinn nicht in Betracht kommt (Dreipunkter mit digonalem Schraubungsrhythmus, s. Abb. 35 d).

Die Schraubungskomponente ist zur Symbolisierung der Schraubenachsen durch einen Index kenntlich gemacht, der der Zähligkeitsziffer beigefügt wird, z. B.: 4_1, 4_3 (linke und rechte vierzählige Schraubenachse); dabei ist für die Symbolisierung in unserer Darstellung der Windungssinn immer links angenommen[1].

Hier sei ausdrücklich darauf hingewiesen, daß in den Internationalen Tabellen bezüglich der Signatur durch Ziffern, deren Index sich auf die Schraubungskomponente bezieht, die *Rechtsdrehung* (entgegen dem Uhrzeigersinn) der Zählung zugrundegelegt ist, während in unseren hiesigen Darlegungen (der Darstellung bei *Niggli* folgend) die Drehung im Sinne des Uhrzeigers (die Linksdrehung) beibehalten wurde.

2. Gleitspiegelebenen

Wie wir im Falle der Schraubung mit einer Deckschiebung parallel der Achsenrichtung kombinierten, so möge anschließend auch die Gleitspiegelung behandelt werden, bei der die Spiegelung mit einer Translation parallel der spiegelnden Ebene, einer „Gleitung" verbunden ist. Im nächsten Teilkapitel c) wird sich nämlich herausstellen, daß schließlich auch die Deckoperation der Spiegelung im Feinbau der Kristalle zugelassen werden muß, womit dann alle Symmetrieelemente – einschließlich Schraubenachsen und Gleitspiegelebenen – im Symmetriegerüst des Elementarkörpers vertreten sind.

[1] 4_3 links gewunden ergibt nämlich die Rechtsschraubenachse Abb. 31 d mit $\tau/4$ Schraubungskomponente rechts gewunden.

Bei der Gleitspiegelung ist ein Atom 1 nicht direkt jenseits der spiegelnden Ebene an seinem normalen Platz realisiert (wie in Abb. 36 a), sondern ist um die Hälfte des Identitätsabstandes parallel der Spiegelebene nach 2 geglitten (s. Abb. 36 b), um erst wieder bei der nächsten Rückspiegelung plus Translation $\tau/2$ in die neue Identitätslage 1 zu gelangen.

Die Gleitung parallel der spiegelnden Ebene kann in der Richtung einer der beiden in Betracht kommenden kristallographischen Achsen erfolgen, oder aber in diagonaler Richtung. Die Gleitkomponente muß stets die Hälfte einer echten, selbständigen Translation τ sein, also $\tau/2$.

Ist bei einer Gleitspiegelebene beispielsweise // (010) (vgl. Abb. 36 b) die Translation $c_0/2$ (also in Richtung der c-Achse), dann erhält die Gleitkomponente das Symbol c. Man bezeichnet aber auch die Gleitspiegelebene selbst kurzweg mit dem Buchstaben der Richtung der Gleitkomponente, also ebenfalls mit c. Analoges gilt für a und b.

Das Symbol n bedeutet eine Gleitkomponente in der Richtung einer Diagonale.

Bei einer Gleitspiegelebene // (010) und einer Gleitkomponente diagonaler Richtung ist letztere von der Größe $\frac{a_0 + c_0}{2}$ (im vektoriellen Sinne!); ist die Gleitspiegelebene // (100), dann hat eine diagonal gerichtete Gleitkomponente die Größe

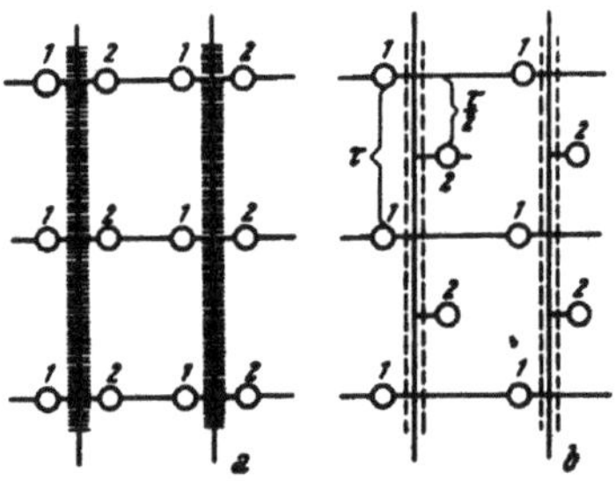

Abb. 36. Gleitspiegelung.
a) Echte Spiegelebenen im Diskontinuum; b) Gleitspiegelebenen.

$\frac{b_0 + c_0}{2}$; im Falle einer Gleitspiegelebene // (001) ist

$n = \frac{a_0 + b_0}{2}$.

Im tetragonalen und kubischen System tritt n auch mit der Gleitkomponente $\frac{(a_1 + a_2) + c}{2}$ bzw. $\frac{(a_1 + a_2) + a_3}{2}$ auf.

Mit d werden Gleitspiegelebenen bezeichnet, wenn Flächenzentrierungen vorhanden sind; die Gleitkomponenten betragen dann $\frac{a_0 + b_0}{4}, \frac{a_0 + c_0}{4}, \frac{b_0 + c_0}{4}$.

Gleitspiegelebenen d mit der Gleitkomponente $\frac{(a_1 + a_2) + c}{4}$ bzw. mit $\frac{(a_1 + a_2) + a_3}{4}$ gibt es bei körperzentrierten Gittern im tetragonalen und kubischen System.

Eine Gleitspiegelebene a kann nur parallel (010) oder (001) sein, b entsprechend nur bei einer Gleitspiegelebene parallel (100) oder (001), c schließlich nur eine Gleitspiegelebene parallel (100) oder (010).

c) Die Vollendung der klassischen Strukturtheorie

Wie erwähnt, gelangte *Sohncke* durch Heranziehung der Drehung und Schraubung zu seinen 65 Punktsystemen, was noch immer nicht ausreichte, die Symmetrie aller 32 Kristallklassen aufzuklären. So kam es zu der neuerlichen Erweiterung der *Sohncke*'schen Theorie, nämlich die Zulassung verschiedenartiger Bausteinsorten – gedacht ist an Atome – zu erwägen.

Unter dieser Voraussetzung fallen jedoch die früheren Bedenken, die Spiegelung betreffend, weg. Denn jetzt bedarf es nicht mehr – wie ehemals angenommen – zweier enantiomorpher Molekülgestalten, weil sich diese nun in Konfigurationen von Atomen auflösen; solche können aber ohneweiters durch spiegelbildliche Anordnung der konstituierenden Punkte enantiomorphe Gebilde erzeugen. Man denke an die in Silikaten vertretenen tetraedrischen SiO_4-Komplexe[1], wobei je zwei auch spiegelbildlich angeordnet sein können; anstatt solcher Gruppen in Tetraederform (die geometrisch nicht enantiomorph wären, sondern kongruente Gebilde sind), sei beispielsweise an Konfigurationen nach Art rhombischer Bisphenoide erinnert. Die Zulassung der Spiegelung gilt eo ipso auch für das Symmetriezentrum[2].

Durch Hinzunahme der Spiegelung und Gleitspiegelung sowie des Symmetriezentrums zu den übrigen Symmetrieelementen gelang es 1891 dem deutschen Mathematiker *A. Schoenflies* in strenger Form nachzuweisen, daß es *230 Raumsysteme* des Feinbaues gibt, *„Raumgruppen"* genannt.

Auf ganz anderem Wege – nämlich durch seine Untersuchungen über Raumteilungen und Kugelpackungen – war auch der russische Kristallograph *E. v. Fedorow* 1890 zu dem gleichen Resultat gelangt.

So lösen sich die 32 Kristallklassen, die die morphologische Kristallographie kennt, in 230 Raumgruppen auf, indem zu den Symmetrieelementen des makroskopischen Kristallbaues noch die Translation für die feinbaulichen Teilchen hinzukommt: somit zur Drehung die Schraubung, zur Spiegelung die Gleitspiegelung. Durch Wegfall dieser nur im Mikrokosmos sich auswirkenden zusätzlichen Translationen gelangt man jeweils auf die Symmetrie der betreffenden Kristallklasse.

Eine „Raumgruppe" ist demnach charakterisiert durch eine Kombination von Symmetrieelementen des Feinbaues, wie ihrerseits die Kristallklasse das Symmetriegerüst der äußeren Kristallform repräsentiert.

[1] S. Abb. 46.
[2] Das Symmetriezentrum erzeugt gleichfalls spiegelbildliche Konfigurationen.

V. Die Schoenflies'schen Raumgruppen[1]. Symmetriegerüste einiger Raumgruppen als Beispiele

Durch die Darlegungen im Kap. IV hatten wir verständlich gemacht, daß die *Bravais*'schen Gitter die Mindersymmetrien des betreffenden Kristallsystems zu erklären nicht imstande sind – es sei denn, daß die in Erscheinung tretende Symmetrieverminderung dem Baustein selbst schon zugeschrieben wird. Jetzt aber haben wir erkannt, daß dem Elementarkörper an sich ein Symmetriegerüst eigen ist, das die Art und Weise der Ineinanderstellung der verschiedenen, am Aufbau der Struktur teilnehmenden Translationsgitter bestimmt. Die Ursprungspunkte derselben in bezug auf das Nullpunktsgitter bezeichneten wir als die „Basis der Struktur"; diese ist somit von den dem Elementarkörper zukommenden Symmetrieelementen beherrscht. Zu jenen des morphologischen Kristallbaues kommen, wie wir hörten, noch Schraubenachsen und Gleitspiegelebenen hinzu. Durch Wegfall der diese letzteren charakterisierenden zusätzlichen Translationen reduziert sich das Symmetriegerüst des Diskontinuums zu einem solchen der Punktsymmetrie (s. S. 66), wie sie der äußerlich wahrnehmbare Kristall besitzt.

So ist nun erreicht, was erstrebt wurde: die 32 Kristallklassen, die die morphologische Kristallographie kennt, finden ihre restlose Erklärung im Aufbau der 230 Raumgruppen. Die konstituierenden Punkte in allgemeinster Lage können daher als symmetrielos (d. h. mit keinen Symmetriebesonderheiten begabt) aufgefaßt werden.

Zur Illustrierung des Gesagten möge noch eine kleine Auswahl von Symmetriegerüsten der 230 Raumgruppen – und zwar je ein Beispiel für jedes Kristallsystem – wiedergegeben werden (Abb. 37 bis 43)[2]. Daraus ist zu ersehen, wie mannig-

[1] Internationale Tabellen zur Bestimmung von Kristallstrukturen. Berlin, Gebr. Borntraeger, 1935. – Neuausgabe: International Tables for X-Ray Crystallography; Vol. I: Symmetry Groups. Birmingham 1952.

[2] Diese Abbildungen sind dem Raumgruppen-Atlas von *E. Schiebold* entnommen (Leipzig 1929). Bezüglich der verwendeten Signaturen für einzelne Symmetrie-Elemente sei auf die Legende von Abb. 45 hingewiesen.

faltig sich bereits ein einziger angenommener Punkt („konstituierender Punkt") durch die Wirksamkeit der Raumgruppensymmetrie innerhalb des Elementarkörpers wiederholt. Hinsichtlich der Bezeichnung der vorgeführten Raumgruppen siehe Teilkapitel c) und d).

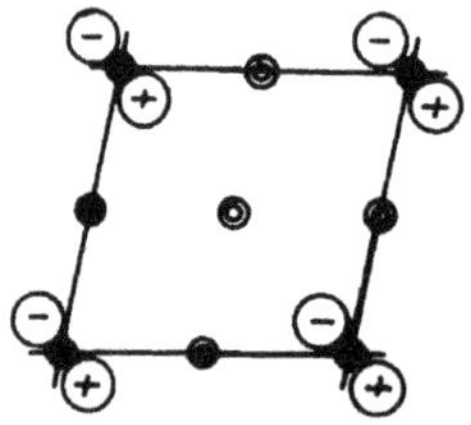

Abb. 37. Trikline Raumgruppe $C_i^1 - P\bar{1}$: Symmetriezentren ◎ in der Höhe 0 und $^1/_2$ c.

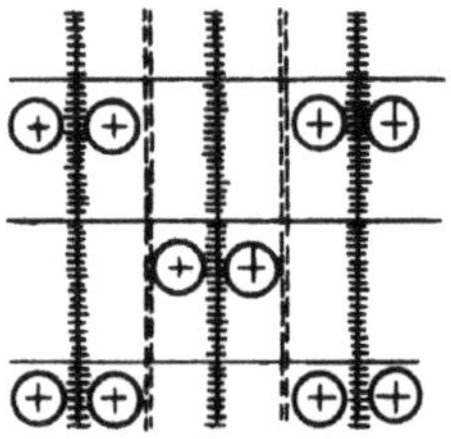

Abb. 38. Monokline Raumgruppe C_s^3–Cm: Spiegelebenen und Gleitspiegelebenen // (010).

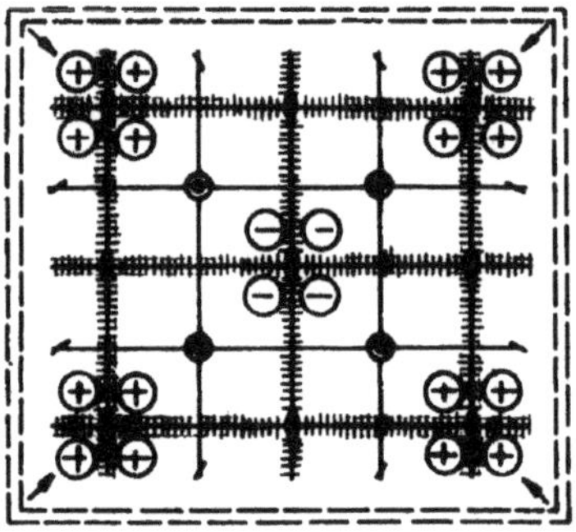

Abb. 39. Rhombische Raumgruppe D_{2h}^{13}–Pmmn: Vertikale Spiegelebenen, horizontale Gleitspiegelebenen (in 0 und $^1/_2$ c Höhe) mit diagonaler Gleitkomponente; zweizählige Drehungsachsen und Schraubenachsen sowie Symmetriezentren.

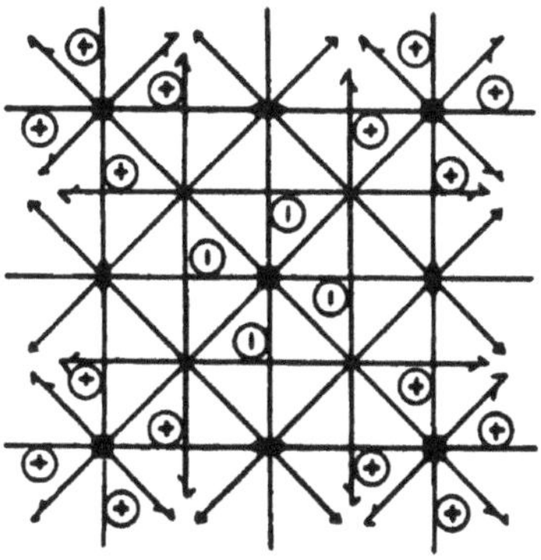

Abb. 40. Tetragonale Raumgruppe D_4^2–$P42_12$: Lediglich Drehungsachsen und Schraubenachsen.

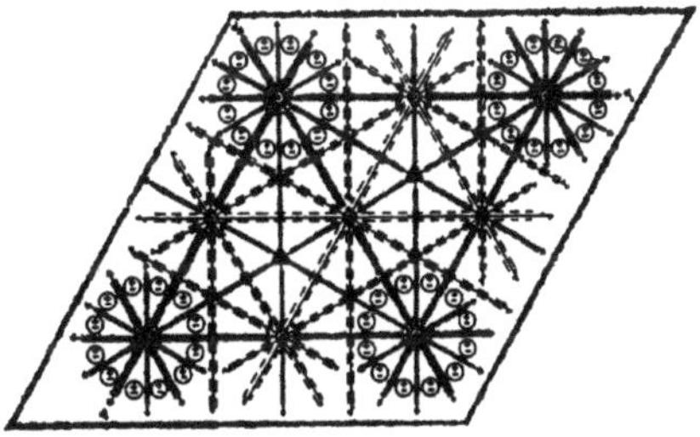

Abb. 41. Hexagonale Raumgruppe D_{6h}^1–P6/m mm: Vertikale Drehachsen, darunter auch sechszählige; zweizählige horizontale Dreh- und Schraubenachsen; Spiegelebenen und Gleitspiegelebenen sowie Symmetriezentren.

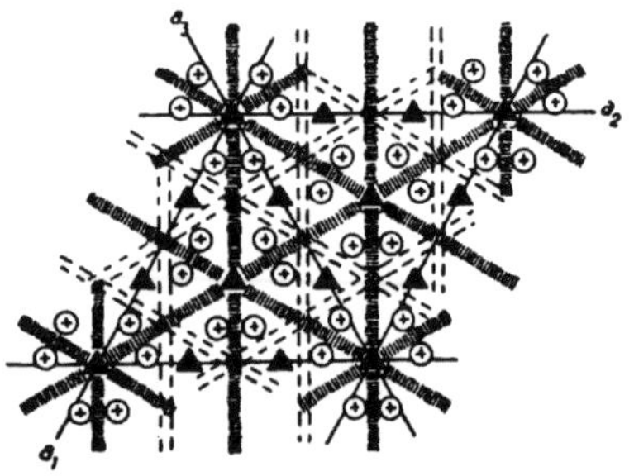

Abb. 42. Rhomboedrische Raumgruppe C_{3v}^2–P31m: Vertikale dreizählige Drehachsen ▲, Spiegelebenen und Gleitspiegelebenen.

Abb. 43. Kubische Raumgruppe O_h^5–Fm3m: Verschiedene Arten von Dreh- und Schraubenachsen, Spiegel- und Gleitspiegelebenen; außerdem Symmetriezentren.

a) Punktlagen: Zähligkeit und Eigensymmetrie. Freiheitsgrade

Nun besteht aber im Elementarkörper einer Raumgruppe nicht nur die Möglichkeit, den konstituierenden Punkt – wie in den aufgezeigten Beispielen – in „allgemeinster Lage" anzunehmen (d.h. auf keinem der vorhandenen Symmetrieelemente placiert, so daß bezüglich aller drei Raumkoordinaten Variationsmöglichkeit besteht), sondern der konstituierende Punkt kann ebensogut auf einem der Symmetrieelemente gelegen sein.

Betrachten wir zum Verständnis dieser Verhältnisse eine Tetragyre innerhalb einer Raumgruppe (Abb. 44). Ein konstituierender Punkt liege seitlich von ihr. Durch die Wirksamkeit dieser Symmetrieachse wird der angenommene Punkt noch dreimal wiederholt, so daß nun vier Punkte im Winkelabstand von 90° vorhanden sind. Die Gesamtzahl strukturell gleichwertiger Punkte im Elementarkörper bezeichnet man als *Zähligkeit der Punktlage.* Verschieben wir nun den Punkt derart, daß er auf die Tetragyre zu liegen kommt: Jetzt bewirkt dieselbe keinerlei Vervielfältigung des Punktes mehr, sondern er kommt im Verlaufe einer Volldrehung nur viermal mit sich selbst zur Deckung. Dem Punkte muß also jetzt eine entsprechende *Eigensymmetrie* zukommen.

Die Zähligkeit in bezug auf die Tetragyre ist nun nur noch eins, wogegen sie im ersten Fall vier war. Diesem Verlust an Zähligkeit entspricht ein bestimmter Gewinn an Eigensymme-

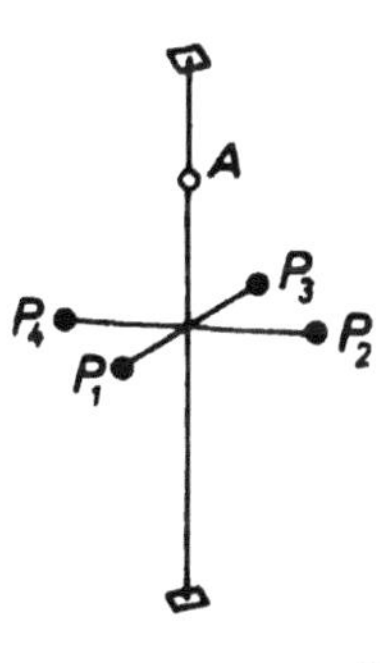

Abb. 44. Zähligkeit einer Punktlage.

trie; denn das Gebilde (wenn es sich um einen materiellen Baustein handelt) muß notwendigerweise tetragonale Symmetrie besitzen. Ist es eine chemische Molekel, so kann es nur eine solche von der Form beispielsweise AB_4 (nicht aber AB_5) sein. Die abseits der Tetragyre liegenden Punkte konnten asymmetrisch sein. Während der Punkt P abseits der Tetragyre drei Freiheitsgrade (x, y, z) besaß – er konnte nach den drei Koordinatenrichtungen frei bewegt und an beliebiger Stelle angenommen werden – hat ein auf der Tetragyre befindlicher Punkt nur mehr einen Freiheitsgrad; denn er kann jetzt, ohne seine Zähligkeit zu verändern, nur noch längs der Tetragyre selbst verschoben werden.

Der geringeren Anzahl an Freiheitsgraden entspricht eine geringere Zähligkeit der betreffenden Punktlage, die dafür an Eigensymmetrie gewinnt.

Um ein konkretes Beispiel zu geben, sei das Symmetriegerüst einer tetragonalen Raumgruppe im Grundriß zur Darstellung gebracht (Abb. 45); es ist die Raumgruppe mit dem *Schoenflies*'schen Symbol D_{2d}^3, nach *Hermann-Mauguin* $P\bar{4}2_1m$.

An Symmetrieelementen bemerken wir vierzählige Inversionsachsen, die (in vertikaler Richtung) durch die Eckpunkte und Basismitten des Elementarkörpers verlaufen. Weiters sind vorhanden horizontale zweizählige Schraubenachsen // [100] durch $0\frac{1}{4}0$, $0\frac{3}{4}0$ sowie $0\frac{1}{4}\frac{1}{2}$, $0\frac{3}{4}\frac{1}{2}$, und analog auch solche // [010]; ferner zweizählige vertikale Drehachsen durch $\frac{1}{2}00$, $0\frac{1}{2}0$. Von Spiegelebenen finden sich diagonal durch die Mitte des Elementarkörpers Gleitspiegelebenen n mit der Gleitkomponente $\tau/2$ – und nicht $\tau/4$; denn der Basismittelpunkt ist mit den Eckpunkten translatorisch nicht identisch, sondern nur spiegelbildlich gleich! Außerdem gibt es vertikale (echte) Spiegelebenen diagonal durch die Viertelquader.

Der in diesem Raumgruppenschema eingesetzte Punkt in allgemeinster Lage ist achtzählig, d. h. innerhalb der Grenzen eines einzigen Elementarkörpers kommt er achtmal vor. In der

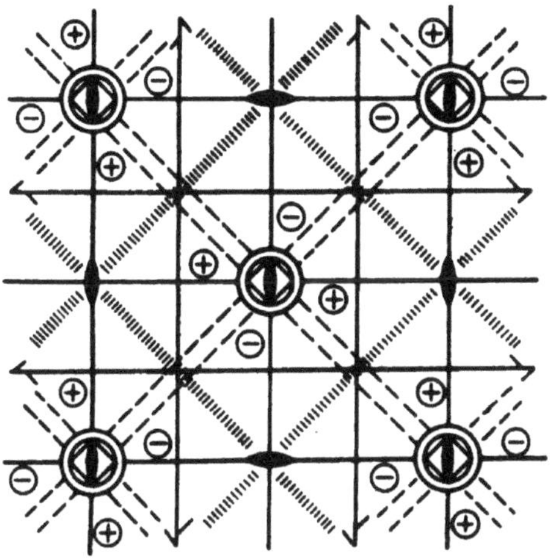

Abb. 45. Symmetriegerüst der tetragonalen Raumgruppe $D_{2d}^3 - P\bar{4}2_1m$ im Grundriß. (Symbol) Vertikale vierzählige Inversionsachsen; (Symbol) vertikale zweizählige Drehachsen; ←——→ horizontale zweizählige Schraubenachsen; ||||||||||| Spuren vertikaler Spiegelebenen; = = = = Gleitspiegelebenen in vertikaler Lage.

Zeichnung ist die Konfiguration der Punkte an den Ecken über den in Betracht kommenden Bereich hinaus in die Nachbarzellen ergänzt worden; je drei dieser Punkte zählen also nicht für unseren Elementarkörper. Die Ringelchen mit ⊕ bedeuten die Punkte oberhalb der Grundfläche der Zelle, jene mit ⊖ wären solche mit gleichem Betrage unterhalb der Grundfläche; oder, was dasselbe ist: unterhalb der Decke (obere Basisfläche). Also zählen sowohl die betreffenden ⊕ als auch die ⊖ für den Bereich unserer Grundzelle; so sind es im Ganzen acht.

Wenn nun aber der konstituierende Punkt spezielle Lagen einnimmt, d.h. auf irgendwelchen Symmetrieelementen der Raumgruppe liegt, dann vermindern sich in entsprechender

Weise die ihm zukommenden Freiheitsgrade, und ebenso wird auch seine Zähligkeit herabgesetzt.

Jeder Raumgruppe kommt eine gewisse Anzahl möglicher Punktlagen zu, deren jede ihre bestimmte Zähligkeit und ihre charakteristische Eigensymmetrie besitzt. Die Punktlagen werden fortlaufend mit den Buchstaben des Alphabets bezeichnet (allenfalls in runde Klammer gesetzt), dem die Kennziffer der Zähligkeit vorangestellt wird. So sind 2(a), 2(b), 2(c) zweizählige Punktlagen; 4(d), 4(e) vierzählige Punktlagen und 8(f) eine achtzählige.

In der Tabelle 2 sind die Punktlagen der Raumgruppe D_{2d}^3–$P\bar{4}2_1m$ mit ihren allgemeinen Koordinaten verzeichnet; in der letzten Kolumne ist die Punktsymmetrie angegeben, ausgedrückt durch das *Schoenflies*'sche Symbol (identisch mit den Symbolen der Kristallklassen, deren Symmetriegerüst der betreffenden Punktlage eigen ist).

Tabelle 2.

Bezeichnung nach Wyckoff	Koordinatensymbol des Punktkomplexes	Symmetrie der Punktlage
2 (a)	$\{000\}$	S_4
2 (b)	$\left\{00\frac{1}{2}\right\}$	S_4
2 (c)	$\left\{0\frac{1}{2}u\right\}$	C_{2v}
4 (d)	$\{00u\}$	C_2
4 (e)	$\left\{u, \frac{1}{2}+u, v\right\}$	C_s
8 (f)	$\{xyz\}$	C_1

Anmerkung: Als erste Punktlagen (a) und (b) figurieren solche ohne Freiheitsgrad; es folgen jene mit einem und zwei Freiheitsgraden und entsprechend ihrer Zähligkeit; am Schluß steht die Punktlage mit drei Freiheitsgraden, die sog. allgemeinste Punktlage.

Wie ersichtlich, haben die zweizähligen Punktlagen 2 (a) und 2 (b) gar keinen Freiheitsgrad; es sind festliegende Plätze. Die Punktlage 2 (c), auf den vertikalen digonalen Achsen, besitzt einen Freiheitsgrad in der z-Richtung, nämlich u. Die vierzählige Punktlage 4 (d) hat ebenfalls einen Freiheitsgrad. Der vierzähligen Punktlage 4 (e) – Positionen auf den Spiegelebenen – kommen zwei Freiheitsgrade zu (u, v). Die allgemeinste Punktlage 8 (f), die in unserem Raumgruppenschema Abb. 45 als einzige markiert ist, besitzt naturgemäß drei Freiheitsgrade: x, y, z.

Interessant ist es, in dieser Raumgruppe die Eigensymmetrie der Punktlagen zu studieren:

2 (a) . . . $\{000\}$ — Dieser Punktlage, welche die acht Ecken und die zwei Basismitten des Elementarkörpers besetzt hält, kommt die Symmetrie S_4 zu; ebenso der Punktlage 2 (b) . . . $\left\{00\frac{1}{2}\right\}$, in halber Höhe der z-Achse. Diese Lagen haben ihren Platz auf den vierzähligen Inversionsachsen an der Stelle, die ein fiktives Inversionszentrum besitzt $\left(000 \text{ und } 00\frac{1}{2}\right)$. Dementsprechend ist ihre Eigensymmetrie tetragonal-disphenoidisch, also S_4.

2 (c) . . . $\left\{0\frac{1}{2}u\right\}$ — Diese Punktlage auf den digonalen Achsen wird von den zwei durch sie gelegten, senkrecht aufeinanderstehenden Symmetrieebenen geschnitten und hat dementsprechend das Symmetriegerüst von C_{2v}.

4 (d) . . . $\{00u\}$ — Auf den gleichen vierzähligen Inversionsachsen gelegen wie 2 (a) und 2 (b), besitzt jedoch einen Parameter

in der z-Richtung (u). Diese Punktlage ist nicht mehr zweizählig sondern vierzählig, schon infolge der Wirksamkeit der vierzähligen Inversionsachse, dessen fiktives Inversionszentrum sich in 000 und $00\frac{1}{2}$ befindet. Ihre Symmetrie ist demnach nicht mehr S_4 wie bei 2(a) und 2(b), sondern C_2, da der Punktlage lediglich die Symmetrie einer Digyre zukommt.

4(e) . . . $\left\{u, \frac{1}{2} + u, v\right\}$ Dieser Punktlage, einer Position auf den echten Spiegelebenen, ist die Symmetrie C_s eigen.

8(f) . . . $\{x, y, z\}$ Dies die allgemeine Punktlage, deren Punkte frei im Raum placiert werden können (drei Freiheitsgrade!), wobei sie aber auf keinem der Symmetrieelemente liegen dürfen. Sie hat dementsprechend auch keine Symmetriebesonderheiten: ihre Eigensymmetrie ist C_1.

In jeder Raumgruppe gibt es also eine bestimmte Anzahl *möglicher* Punktlagen. Welche davon mit Atomen besetzt sind, muß die weitere Untersuchung lehren. Naturgemäß können Punktlagen mit Freiheitsgraden in verschiedener Weise mit Bausteinsorten besetzt sein, da sie ja keine bestimmten festliegenden Plätze innehaben, wie es bei den Punktlagen ohne Freiheitsgrad der Fall ist.

b) Beispiel einer Struktur

Um sich ein Bild von der Atombesetzung in einer Raumgruppe machen zu können, sei der Elementarkörper eines Calcium-Aluminium-Silikates mit der Summenformel $Ca_2Al_2SiO_7$ wiedergegeben, eines Minerals „Gehlenit"; es ist dies das eine Endglied der isomorphen Mischungsreihe der Melilithe. Ihm kommt das Symmetriegerüst der soeben besprochenen Raumgruppe D_{2d}^3–$P\bar{4}2_1m$ zu.

Es handelt sich um eine stabile Verbindung mit kongruentem Schmelzpunkt (1590°) aus dem Dreistoffsystem CaO-Al_2O_3-SiO_2 und zwar jene von der stöchiometrischen Zusammensetzung $2\,CaO \cdot Al_2O_3 \cdot SiO_2$.

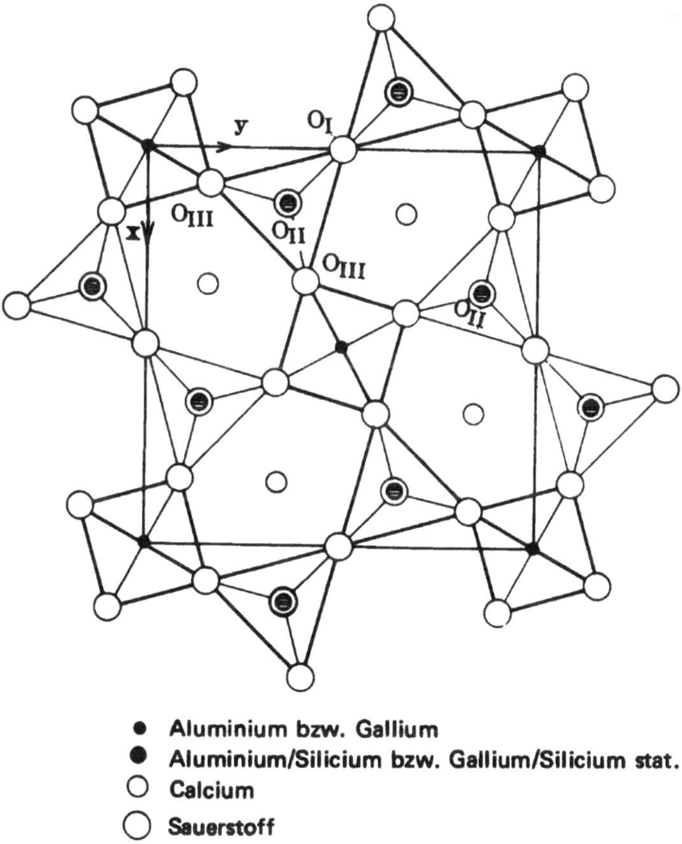

Abb. 46. Projektion einer Elementarzelle der Gehlenit-Struktur auf die (001)-Ebene.

Der materielle Zellinhalt ist immer ein ganzes Vielfaches der chemischen Bruttoformel. In unserem Falle sind 2 Moleküle $Ca_2Al_2SiO_7$ im Elementarkörper enthalten (s. S. 255); also sind folgende Atome unterzubringen:

2 Si, 4 Al, 4 Ca, 14 O .

Die Abb. 46 gibt die Struktur im Grundriß wieder[1]. Die 2(a)-Punktlage – es sind dies die Eckpunkte des Parallelepipeds und die Mittelpunkte der 001-Flächen – wird von Aluminiumatomen besetzt. Acht Ecken zu je $^1/_8$ gezählt + zwei Flächenmitten zu je $^1/_2$ ergeben für den Elementarkörper 2 Al-Atome.

Jedes dieser Aluminiumatome ist tetraedrisch von 4 O-Atomen umgeben. (In der Grundrißprojektion zeigen diese Tetraeder quadratischen Umriß.) Auch die übrigen 2 Al – es sind doch 4 Al in der Zelle vorhanden – sind tetraedrisch von je 4 O umgeben[2]. Sie nehmen aber nur gemischt mit 2 Si („diadoch" besetzt!) die 4(e)-Lage ein: (2 Al + 2 Si), als ob es 4 gleichartige Atome wären. Diese vom Standpunkt der Strukturtheorie aus anomale Erscheinung hat sich in der Kristallchemie der Silikate schon mehrfach gezeigt. Durch die neuere Röntgenanalyse unter Benützung einer elektronischen Rechenanlage konnte beim Gehlenit der Nachweis erbracht werden, daß (Al + Si) diadoch die 4(e)-Lage besetzen (s. Fußn. 1).

Das Ca – ebenfalls auf den Spiegelebenen gelegen, also auch Punktlage 4(e) – nimmt die Mitte des freien Raumes zwischen der oberen und unteren Tetraederschichte ein und ist von 8 O-Atomen umgeben (8er Koordination!); es liegt ungefähr in Höhenmitte (+ 0,51 bzw. + 0,49 von c_0).

[1] *P. Korczak* u. *F. Raaz:* Verfeinerung der Kristallstruktur von Gehlenit unter Zugrundelegung des Gallium-Gehlenites. – Anzeiger österr. Akad. Wiss., Jg. 1967/Nr. 13, S. 383.

[2] Hier liegt aber eine der Tetraederflächen horizontal (parallel der Projektionsebene) und projiziert sich daher als gleichseitiges Dreieck; die Spitze der Tetraeder ragt bei der einen Hälfte abwärts, bei der anderen nach oben: zusammen sind es also im E.K. 4 Sauerstoffatome als Tetraederspitzen, vierzählige Punktlage 4 (e)!

Was nun die 14 Sauerstoffatome anbelangt, so liegen sie auf keiner einheitlichen Punktlage; eine 14zählige Punktlage gibt es in dieser Raumgruppe nicht. Vier O-Atome, die die erwähnten Spitzen der 4 (e)-Tetraeder bilden, liegen somit (wie das Zentralatom Al/Si) auf den Symmetrieebenen; also gleichfalls Punktlage 4 (e). Je ein Sauerstoff-Eck dieser Tetraeder befindet sich ersichtlicherweise auf den in den Kantenmitten der Basisflächen ausstechenden zweizähligen Drehachsen. Zwei dieser mit O_I bezeichneten O-Atome, projiziert auf den Kantenmitten des Grundrißquadrates (oben und unten), gehören Tetraedern an, deren Spitzen abwärts gerichtet sind (jene Tetraeder mit stark gezeichneter Kontur); weitere zwei O_I-Atome (ihr Grundriß auf den horizontalen Kantenmitten rechts und links) gehören zu Tetraedern, deren Spitzen aufwärts zeigen (es sind jene Tetraeder mit dünn gezeichnetem Umriß). Diese vier in den Seitenflächen des Elementarkörpers sitzenden O_I-Atome zählen für unsere Zelle je nur zur Hälfte, sind also zweizählig (Punktlage 2 (c)).

Die übrigen acht O-Atome nehmen die achtzählige Punktlage 8 (f) ein.

Die Tabelle 3 bringt die Parameterwerte für die verschiedenen Atomsorten (Koordinaten in Hundertsteln von a_0 und c_0) und bietet damit einen Überblick über die hier erörterte Struktur.

Tabelle 3. Parameterwerte der Gehlenit-Struktur

Atom		Punktlage	x	y	z
Al		2 (a)	0,00	0,00	0,00
Al/Si		4 (e)	0,358	0,50 + x	0,958
Ca		4 (e)	0,161	0,50 + x	0,511
Sauerstoffatome	O_I	2 (c)	0,00	0,50	0,183
	O_{II}	4 (e)	0,357	0,50 + x	0,271
	O_{III}	8 (f)	0,091	0,166	0,186

Bei flüchtiger Betrachtung dieses Strukturbildes könnte man den Eindruck gewinnen, daß dieser Struktur ein basiszentriertes tetragonales Gitter als Translationsgruppe zugrundeliegt; denn die 2(a)-Punktlage hält außer den acht Körperecken des Elementarkörpers auch die Mittelpunkte der 001-Flächen besetzt. Aber schon die Betrachtung der Konfiguration von Atomen um die Zentralpunkte der Tetraeder lehrt uns, daß diese Bausteingruppen nicht translatorisch identisch, sondern nur spiegelbildlich angeordnet sind. Die Wiederholung dieser Punktgruppe um die Tetraedermittelpunkte – und die Besetzung der Zentralatome selbst mit jenen den Eckpunkten gleichartigen Atomen – ist das Resultat der Spiegelung durch die die Viertelquader halbierenden Spiegelebenen. Eine basiszentrierte Translationsgruppe liegt also dieser Struktur *nicht* zugrunde. Das Translationsgitter ist die einfach-tetragonale Zelle in dieser Größe und Aufstellung. Es ist wichtig, sich solche Verhältnisse klar zu machen, um für die Durchführung von Strukturanalysen entsprechend vorbereitet zu sein. Denn, wie wir später sehen werden, ergibt die experimentelle Röntgenuntersuchung in der Gitterrichtung [110] als Translationsperiode die ganze Flächendiagonale; erweist somit keine Besetzung der Flächenmitte durch einen translatorisch-identischen Punkt.

Wir haben in dem soeben besprochenen Beispiel ein sogenanntes „Gitter mit Basis“ vor uns, d.h. durch periodische Wiederholung in den Richtungen der drei Grundtranslationen gelangen wir zur dreidimensional-unendlichen Struktur.

c) Bezeichnungsweise der Kristallklassen und Raumgruppen

Wie bei den Symbolen der Kristallklassen sowohl die *Schoenflies*'schen als auch jene von *C. Hermann* und *Ch. Mauguin* zur Zeit noch nebeneinander Verwendung finden, ist es auch hinsichtlich der Bezeichnung der Raumgruppen. Ihre Symbole fußen auf den Bezeichnungen der Kristallklassen nach beiden Arten der Symbolisierung.

1. Die Schoenflies'schen Symbole

Was die *Schoenflies*'schen Klassensymbole anbelangt, sind sie die unmittelbare Grundlage auch für die Bezeichnung der Raumgruppen, die als Differenzierung in der betreffenden Klasse enthalten sind; denn durch Wegfall der nur im Diskontinuum sinnvollen Translationen bei Schraubenachsen und Gleitspiegelebenen erhält man jeweils die betreffende Kristallklasse mit einfachen Symmetrieachsen und Spiegelebenen.

Die Raumgruppen nach der *Schoenflies*'schen Bezeichnungsart werden innerhalb jeder Kristallklasse mit deren Symbol bezeichnet und fortlaufend beziffert nach einem bestimmten Prinzip der Herleitung, wobei die betreffende Kennziffer hochgestellt dem Klassensymbol beigesetzt wird.

2. Die Hermann-Mauguin'schen Symbole

Außer der unter Pkt. 1 behandelten *Schoenflies*'schen Symbolik der Kristallklassen und Raumgruppen hat sich in neuerer Zeit eine andere, die *C. Hermann-Ch. Mauguin*'sche eingebürgert, die vom Internationalen Nomenklaturausschuß in Zürich 1930 angenommen und in den „Internationalen Tabellen" (seit 1935) neben der *Schoenflies*'schen Bezeichnungsweise gebraucht wird; und die in den angelsächsischen Sprachgebieten jetzt fast ausschließlich in Verwendung steht.

Es wurden die sog. „vollständigen" und die „gekürzten" Symbole eingeführt.

Die Symmetrieachsen werden durch eine ihre Zähligkeit kennzeichnende Ziffer dargestellt: 1 für die fiktive einzählige Achse (d.h. das Fehlen jeglichen Symmetrieelementes), 2, 3, 4 und 6 für die Achsen der betreffenden Zähligkeit. Von Achsen der zusammengesetzten Symmetrie (Achsen II. Art) sollen nun ausschließlich Inversionsachsen verwendet werden. Symbolisiert werden sie (siehe Int. Tab.) durch den Drehungsindex mit Querstrich darüber.

Es sei ausdrücklich darauf hingewiesen, daß von Symmetrieachsen II. Art früher zwei Arten verwendet wurden: Plangyroiden und Zentrogyroiden, zu deutsch „Spiegelachsen" und „Inversionsachsen". Im tetragonalen System (also bezüglich der vierzähligen Achsen) ergibt die Wirkungsweise beider Arten dasselbe Resultat; nicht aber bei den sechszähligen Achsen II. Art. Daher muß bei der Symbolisierung der Gyroiden sorgfältig unterschieden werden. In älteren Auflagen von Lehrbüchern kann es vorkommen, daß noch Plangyroiden verwendet werden, u. zw. mit ihrem alten Symbol (Ziffer überstrichen). Nunmehr werden jedoch grundsätzlich *Zentrogyroiden* (Inversionsachsen) verwendet; als Symbol für diese wurde aber in den Internationalen Tabellen gleichfalls die *überstrichene Ziffer verfügt* ($\bar{4}$ bzw. $\bar{6}$), wogegen man früher dafür vielfach $\dot{4}$ bzw $\dot{6}$ gesetzt hat. Gegebenenfalls ist also darauf zu achten.

Für Spiegelebene setzt man m (englisch mirror); ist diese senkrecht einer Achse, ihre Normale also mit dieser gleichlaufend, werden sie durch einen Bruchstrich getrennt, das Symbol der Achse im Zähler, m im Nenner.

Das Symmetriezentrum ($\bar{1}$) wird – außer in der Klasse C_i – für sich nicht symbolisiert: es ergibt sich entweder aus dem Symbol $\bar{3}$ (= A^3 + Z) oder aus der Darstellung einer geradzähligen Achse mit darauf senkrechter Symmetrieebene, z. B. $^2/m$, $^4/m$ oder $^6/m$.

Die Reihenfolge der Zeichen – sowohl bei den Klassensymbolen als auch bei den Raumgruppen – bezieht sich auf die in den betreffenden Kristallsystemen ausgezeichneten Richtungen. Das gilt für die Achsen wie für die Symmetrieebenen; bei letzteren wird ihre Lage durch die Ebenen-Normale gekennzeichnet. Sind Achse und Ebenennormale von gleicher Richtung, dann werden sie (wie schon gesagt) durch Bruchstrich geschieden.

Die Reihenfolge ist in den verschiedenen Systemen folgende:

1. Im monoklinen System ist die charakteristische Richtung die Querachse (y-Achse).
2. Im rhombischen System ist es der Reihe nach die x-, y- und z-Achse.

3. In den wirteligen Systemen – tetragonal, hexagonal und rhomboedrisch – gilt die Reihenfolge: Hauptachse, Nebenachse, Zwischenachse.
4. Im kubischen System die Reihung: [100], [111], [011].

Es ergeben sich bei den vollständigen Symbolen der Kristallklassen höchstens drei Zeichen, wenn man die Bruchstrichsymbole jeweils als *ein* Zeichen rechnet.

Das kubische System erkennt man sofort daran, daß an zweiter Stelle die Ziffer 3 steht.

Während die vollständigen Symbole alle Symmetrieelemente der betreffenden Klasse abzulesen gestatten, sollten die Symbole der gekürzten Form nur jene Auswahl derselben wiedergeben, die ausreicht, die übrigen zu ergänzen. Dabei werden von den vorhandenen Spiegelebenen (m) grundsätzlich alle Arten zur Darstellung gebracht, auch wenn dies zur Ermittlung der resultierenden Symmetrieelemente nicht erforderlich wäre; z. B. würde bei D_{6h} statt $^6/m\,m\,m$ das Symbol $^6/m\,m$ genügen (weil sich die Zwischen-Symmetrieebenen automatisch einstellen); bei D_{4h} wäre $^4/m\,m$ ausreichend. Auch wird bei D_2 (V) das vollständige Symbol 2 2 2 ungekürzt beibehalten, obwohl als gekürzte Form 2 2 genügen würde; desgleichen bleibt bei C_{2v} m m 2 auch als „gekürzte" Form. Im tetragonalen und hexagonalen System bleiben bei den Kristallklassen D_4 und D_6 4 2 2 und 6 2 2 auch als gekürzte Symbole, obwohl 4 2 und 6 2 ausreichend wäre. Das nämliche im kubischen System, wo die vollständige Form 4 3 2 für die Klasse 0 auch als „gekürzte" belassen wird.

Diese Angleichungen, z. T. erst in der Neuausgabe der International Tables von 1952 herbeigeführt, haben in der überwiegenden Mehrzahl der Fälle Übereinstimmung zwischen „vollständigen" und „gekürzten" Symbolen erzielt, so daß derzeit nur noch bei folgenden sechs Klassen (hauptsächlich den holoedrischen) Unterschiede bestehen:

rhombisch:	$^2/m\ ^2/m\ ^2/m$, gekürzt m m m;
tetragonal:	$^4/m\ ^2/m\ ^2/m$, gekürzt $^4/m\,m\,m$;

hexagonal:	$^6/m\ ^2/m\ ^2/m$,	gekürzt $^6/m\ m\ m$;
rhomboedrisch:	$\bar{3}\ ^2/m$,	gekürzt $\bar{3}\ m$;
kubisch:	$^4/m\ \bar{3}\ ^2/m$,	gekürzt $m\ 3\ m$;
	und nur noch in der Klasse $T_h\ ^2/m\ \bar{3}$ gibt es ein gekürztes Symbol $m\ 3$.	

Die Bezeichnungsweise der Raumgruppen nach *Hermann-Mauguin* folgt den gleichen Prinzipien wie bei den Kristallklassen, d.h. es werden die charakteristischen Symmetrieelemente zur Kennzeichnung herangezogen. Aber man ist von der ursprünglich eingeführten Zweiteilung in vollständige und gekürzte Symbole abgekommen. Es gibt in der englischen Neuausgabe der International Tables (1952) nur noch eine einheitliche Symbolisierung bezüglich der Raumgruppen. Diese ist im Vergleich mit den Kristallklassensymbolen natürlich relativ kompliziert, da hier auch die Signaturen für Schraubenachsen und Gleitspiegelebenen hinzukommen. Bezüglich der Schraubenachsen sei an das erinnert, was schon S. 71 betont wurde: nämlich, daß der der Zähligkeitsziffer beigefügte Index, gebrochen durch die vorliegende Zähligkeit die Schraubungskomponente darstellt. Gemäß den Internat. Tabellen ist dieselbe *entgegen* dem Uhrzeigersinne zu verstehen, also *rechtsgewunden* und zwar bei Betrachtung von oben gesehen, bzw. vom positiven Ast der Schraubenachse her. Somit bedeutet 4_1 eine vierzählige Rechtsschraubenachse, 4_3 jedoch eine Linksschraubenachse, beide mit $^1/_4$ Schraubungskomponente.

Den Symmetrieelementen des Feinbaues vorangestellt wird das Zeichen der zugrundeliegenden *Translationsgruppe* durch einen der zur Kennzeichnung eingeführten, S. 53 erwähnten Großbuchstaben P, I, F; A, B, C; und R.

d) Tabelle der 230 Raumgruppen

Zur Erläuterung. Bezüglich der Reihenfolge der Zeichen in den Raumgruppensymbolen sei daran erinnert, was S. 91 ausgeführt wurde. Speziell hinsichtlich der wirteligen Systeme – tetragonal, hexagonal und rhomboedrisch – soll nochmals hervorgehoben werden, daß hier die Reihenfolge „Hauptachse, Nebenachse, Zwischenachse" gilt. Das trifft für die Achsen ebenso wie für alle Arten von Symmetrieebenen zu. In einzelnen Raumgruppen des rhomboedrischen Systems (C_{3v}, D_3 und D_{3d}) wird an der betreffenden Stelle (2. oder 3. Zeichen des Symbols), falls weder Symmetrieebene noch eine Achse dort zu verzeichnen ist, die Ziffer 1 verwendet – Symbol für „einzählige Achse" (also Leerstelle!).

Die *Gleitspiegelebenen* werden gemäß den Ausführungen im Kap. IV b, 2 je nach der Richtung der Gleitkomponente mit a, b, c bezeichnet (Gleitkomponente $^a/2$, $^b/2$ oder $^c/2$); hingegen in diagonaler Richtung mit n, wenn Gleitkomponente die halbe Flächendiagonale ist, bzw. mit d, wenn die halbe Flächendiagonale Translationsperiode ist, somit $^1/_4$ Diagonalenlänge Gleitkomponente wird. Die *Schraubenachsen* erhalten gemäß Kap. IV b, 1 einen der Zähligkeitszahl beigefügten Index, der die „Schraubungskomponente" angibt (letztere ist gleich Index dividiert durch Zähligkeit).

Aus dem Raumgruppensymbol läßt sich – wie ersichtlich – ohneweiters das vollständige *Hermann-Mauguin*'sche Symbol der Kristallklasse ermitteln, indem statt der verschiedenen Arten von Spiegelebenen im Feinbau: m, a, b, c, n, d alle einheitlich mit m bezeichnet werden, und bei Schraubenachsen der Index fortfällt. Desgleichen bleibt natürlich der Großbuchstabe für die Translationsgruppe weg.

Die im Anschluß wiedergegebene Tabelle der 230 Raumgruppen im Zusammenhang mit den 32 Kristallklassen dokumentiert die weitgehende Verfeinerung durch Differenzierung der Symmetriemöglichkeiten im Diskontinuum. So wird durch diese Gegenüberstellung die „Isomorphie der Symmetriesysteme" des morphologischen Kristallbaues und des atomaren Feinbaues augenfällig und eindrucksvoll.

Tabelle 4. **Die 230 Raumgruppen**
gegenübergestellt den 32 Kristallklassen

System	Kristallklasse	Internat. Symbol	Raumgruppensymbole	
			Hermann – Mauguin	*Schoenflies*
Triklin	C_1	1	*P*1	C_1^1
	C_i	$\bar{1}$	*P*$\bar{1}$	C_i^1

System	Kristall-klasse	Inter-nat. Symbol	Raumgruppensymbole					
			Hermann – Mauguin			*Schoenflies*		
Monoklin	C_s	m	*Pm*	*Pc*		C_s^1	C_s^2	
			Cm	*Cc*		C_s^3	C_s^4	
	C_2	2	*P*2	*P*2_1	*C*2	C_2^1	C_2^2	C_2^3
	C_{2h}	2/m	$P\frac{2}{m}$	$P\frac{2_1}{m}$	$C\frac{2}{m}$	C_{2h}^1	C_{2h}^2	C_{2h}^3
			$P\frac{2}{c}$	$P\frac{2_1}{c}$	$C\frac{2}{c}$	C_{2h}^4	C_{2h}^5	C_{2h}^6
Rhombisch	C_{2v}	mm2	*P*mm2	*P*mc2_1		C_{2v}^1	C_{2v}^2	
			*P*cc2	*P*ma2		C_{2v}^3	C_{2v}^4	
			*P*ca2_1	*P*nc2		C_{2v}^5	C_{2v}^6	
			*P*mn2_1	*P*ba2		C_{2v}^7	C_{2v}^8	
			*P*na2_1	*P*nn2		C_{2v}^9	C_{2v}^{10}	
			*C*mm2	*C*mc2_1		C_{2v}^{11}	C_{2v}^{12}	
			*C*cc2	*A*mm2		C_{2v}^{13}	C_{2v}^{14}	
			*A*bm2	*A*ma2		C_{2v}^{15}	C_{2v}^{16}	
			*A*ba2	*F*mm2		C_{2v}^{17}	C_{2v}^{18}	
			*F*dd2	*I*mm2		C_{2v}^{19}	C_{2v}^{20}	
			*I*ba2	*I*ma2		C_{2v}^{21}	C_{2v}^{22}	
	D_2	222	*P*222	*P*222_1	*P*2_12_12	D_2^1	D_2^2	D_2^3
			P$2_12_12_1$	*C*222_1	*C*222	D_2^4	D_2^5	D_2^6
			*F*222	*I*222	*I*$2_12_12_1$	D_2^7	D_2^8	D_2^9

System	Kristall-klasse	Inter-nat. Symbol	Raumgruppensymbole					
			Hermann – Mauguin			*Schoenflies*		
Rhombisch	D_{2h}	mmm	*P*mmm	*P*nnn		D_{2h}^{1}	D_{2h}^{2}	
			*P*ccm	*P*ban		D_{2h}^{3}	D_{2h}^{4}	
			*P*mma	*P*nna		D_{2h}^{5}	D_{2h}^{6}	
			*P*mna	*P*cca		D_{2h}^{7}	D_{2h}^{8}	
			*P*bam	*P*ccn		D_{2h}^{9}	D_{2h}^{10}	
			*P*bcm	*P*nnm		D_{2h}^{11}	D_{2h}^{12}	
			*P*mmn	*P*bcn		D_{2h}^{13}	D_{2h}^{14}	
			*P*bca	*P*nma		D_{2h}^{15}	D_{2h}^{16}	
			*C*mcm	*C*mca		D_{2h}^{17}	D_{2h}^{18}	
			*C*mmm	*C*ccm		D_{2h}^{19}	D_{2h}^{20}	
			*C*mma	*C*cca		D_{2h}^{21}	D_{2h}^{22}	
			*F*mmm	*F*ddd		D_{2h}^{23}	D_{2h}^{24}	
			*I*mmm	*I*bam		D_{2h}^{25}	D_{2h}^{26}	
			*I*bca	*I*mma		D_{2h}^{27}	D_{2h}^{28}	
Tetragonal	C_4	4	$P4$	$P4_1$	$P4_2$	C_4^1	C_4^2	C_4^3
			$P4_3$	$I4$	$I4_1$	C_4^4	C_4^5	C_4^6
	C_{4h}	4/m	$P\frac{4}{m}$	$P\frac{4_2}{m}$	$P\frac{4}{n}$	C_{4h}^1	C_{4h}^2	C_{4h}^3
			$P\frac{4_2}{n}$	$I\frac{4}{m}$	$I\frac{4_1}{a}$	C_{4h}^4	C_{4h}^5	C_{4h}^6

System	Kristall-klasse	Inter-nat. Symbol	Raumgruppensymbole			
			Hermann – Mauguin		*Schoenflies*	
Tetragonal	C_{4v}	4mm	$P4mm$	$P4bm$	C_{4v}^{1}	C_{4v}^{2}
			$P4_2cm$	$P4_2nm$	C_{4v}^{3}	C_{4v}^{4}
			$P4cc$	$P4nc$	C_{4v}^{5}	C_{4v}^{6}
			$P4_2mc$	$P4_2bc$	C_{4v}^{7}	C_{4v}^{8}
			$I4mm$	$I4cm$	C_{4v}^{9}	C_{4v}^{10}
			$I4_1md$	$I4_1cd$	C_{4v}^{11}	C_{4v}^{12}
	D_4	422	$P422$	$P42_12$	D_4^{1}	D_4^{2}
			$P4_122$	$P4_12_12$	D_4^{3}	D_4^{4}
			$P4_222$	$P4_22_12$	D_4^{5}	D_4^{6}
			$P4_322$	$P4_32_12$	D_4^{7}	D_4^{8}
			$I422$	$I4_122$	D_4^{9}	D_4^{10}
	D_{4h}	4/m mm	$P\frac{4}{m}mm$	$P\frac{4}{m}cc$	D_{4h}^{1}	D_{4h}^{2}
			$P\frac{4}{n}bm$	$P\frac{4}{n}nc$	D_{4h}^{3}	D_{4h}^{4}
			$P\frac{4}{m}bm$	$P\frac{4}{m}nc$	D_{4h}^{5}	D_{4h}^{6}
			$P\frac{4}{n}mm$	$P\frac{4}{n}cc$	D_{4h}^{7}	D_{4h}^{8}
			$P\frac{4_2}{m}mc$	$P\frac{4_2}{m}cm$	D_{4h}^{9}	D_{4h}^{10}
			$P\frac{4_2}{n}bc$	$P\frac{4_2}{n}nm$	D_{4h}^{11}	D_{4h}^{12}
			$P\frac{4_2}{m}bc$	$P\frac{4_2}{m}nm$	D_{4h}^{13}	D_{4h}^{14}
			$P\frac{4_2}{n}mc$	$P\frac{4_2}{n}cm$	D_{4h}^{15}	D_{4h}^{16}
			$I\frac{4}{m}mm$	$I\frac{4}{m}cm$	D_{4h}^{17}	D_{4h}^{18}
			$I\frac{4_1}{a}md$	$I\frac{4_1}{a}cd$	D_{4h}^{19}	D_{4h}^{20}

System	Kristall-klasse	Inter-nat. Symbol	Raumgruppensymbole: *Hermann – Mauguin*	Raumgruppensymbole: *Schoenflies*
Tetragonal	S_4	$\bar{4}$	$P\bar{4}$ $I\bar{4}$	S_4^1 S_4^2
	D_{2d}	$\bar{4}2m$	$P\bar{4}2m$ $P\bar{4}2c$	D_{2d}^1 D_{2d}^2
			$P\bar{4}2_1m$ $P\bar{4}2_1c$	D_{2d}^3 D_{2d}^4
			$P\bar{4}m2$ $P\bar{4}c2$	D_{2d}^5 D_{2d}^6
			$P\bar{4}b2$ $P\bar{4}n2$	D_{2d}^7 D_{2d}^8
			$I\bar{4}m2$ $I\bar{4}c2$	D_{2d}^9 D_{2d}^{10}
			$I\bar{4}2m$ $I\bar{4}2d$	D_{2d}^{11} D_{2d}^{12}
Hexagonal	C_6	6	$P6$ $P6_1$ $P6_5$	C_6^1 C_6^2 C_6^3
			$P6_2$ $P6_4$ $P6_3$	C_6^4 C_6^5 C_6^6
	C_{6h}	6/m	$P\frac{6}{m}$ $P\frac{6_3}{m}$	C_{6h}^1 C_{6h}^2
	C_{6v}	6mm	$P6mm$ $P6cc$	C_{6v}^1 C_{6v}^2
			$P6_3cm$ $P6_3mc$	C_{6v}^3 C_{6v}^4
	D_6	622	$P622$ $P6_122$	D_6^1 D_6^2
			$P6_522$ $P6_222$	D_6^3 D_6^4
			$P6_422$ $P6_322$	D_6^5 D_6^6
	D_{6h}	6/m mm	$P\frac{6}{m}mm$ $P\frac{6}{m}cc$	D_{6h}^1 D_{6h}^2
			$P\frac{6_3}{m}cm$ $P\frac{6_3}{m}mc$	D_{6h}^3 D_{6h}^4
	C_{3h}	$\bar{6}$	$P\bar{6}$	C_{3h}^1
	D_{3h}	$\bar{6}m2$	$P\bar{6}m2$ $P\bar{6}c2$	D_{3h}^1 D_{3h}^2
			$P\bar{6}2m$ $P\bar{6}2c$	D_{3h}^3 D_{3h}^4

System	Kristall-klasse	Inter-nat. Symbol	Raumgruppensymbole					
			Hermann – Mauguin			*Schoenflies*		
Rhomboedrisch	C_3	3	$P3$		$P3_1$	C_3^1	C_3^2	
			$P3_2$		$R3$	C_3^3	C_3^4	
	C_{3i}	$\bar{3}$	$P\bar{3}$		$R\bar{3}$	C_{3i}^1	C_{3i}^2	
	C_{3v}	3m	$P3m1$	$P31m$	$P3c1$	C_{3v}^1	C_{3v}^2	C_{3v}^3
			$P31c$	$R3m$	$R3c$	C_{3v}^4	C_{3v}^5	C_{3v}^6
	D_3	32	$P312$		$P321$	D_3^1	D_3^2	
			$P3_112$		$P3_121$	D_3^3	D_3^4	
			$P3_212$	$P3_221$	$R32$	D_3^5	D_3^6	D_3^7
	D_{3d}	$\bar{3}$m	$P\bar{3}1m$	$P\bar{3}1c$	$P\bar{3}m1$	D_{3d}^1	D_{3d}^2	D_{3d}^3
			$P\bar{3}c1$	$R\bar{3}m$	$R\bar{3}c$	D_{3d}^4	D_{3d}^5	D_{3d}^6
Kubisch	T	23	$P23$	$F23$	$I23$	T^1	T^2	T^3
			$P2_13$	$I2_13$		T^4	T^5	
	T_h	m3	$Pm3$	$Pn3$	$Fm3$	T_h^1	T_h^2	T_h^3
			$Fd3$	$Im3$	$Pa3$	T_h^4	T_h^5	T_h^6
			$Ia3$			T_h^7		
	T_d	$\bar{4}$3m	$P\bar{4}3m$		$F\bar{4}3m$	T_d^1	T_d^2	
			$I\bar{4}3m$		$P\bar{4}3n$	T_d^3	T_d^4	
			$F\bar{4}3c$		$I\bar{4}3d$	T_d^5	T_d^6	

System	Kristall-klasse	Inter-nat. Symbol	Raumgruppensymbole			
			Hermann – Mauguin		*Schoenflies*	
Kubisch	O	432	*P*432	*P*$4_2$32	O^1	O^2
			*F*432	*F*$4_1$32	O^3	O^4
			*I*432	*P*$4_3$32	O^5	O^6
			P$4_1$32	*I*$4_1$32	O^7	O^8
	O_h	m3m	*P*m3m	*P*n3n	O_h^1	O_h^2
			*P*m3n	*P*n3m	O_h^3	O_h^4
			*F*m3m	*F*m3c	O_h^5	O_h^6
			*F*d3m	*F*d3c	O_h^7	O_h^8
			*I*m3m	*I*a3d	O_h^9	O_h^{10}

Das Interferenzphänomen am Kristallgitter und die Erschließung der Kristallstruktur

VI. Das Laue-Verfahren

a) Experimentelle Durchführung und Versinnbildlichung als Reflexion an inneren Strukturebenen

Wie in den Einführungsworten dieses Buches bereits angedeutet, gelang es im Jahre 1912 dem Münchner Physiker *Max von Laue* und seinen beiden Mitarbeitern *Friedrich* und *Knipping*, Röntgenstrahlen am Kristall zur Interferenz zu bringen. Ohne auf die speziellen experimentellen Erfordernisse an dieser Stelle näher einzugehen, soll hier nur das physikalische Prinzip schematisch skizziert werden. Wie die beigegebene Zeichnung (Abb. 47) erkennen läßt, fällt von der Antikathode

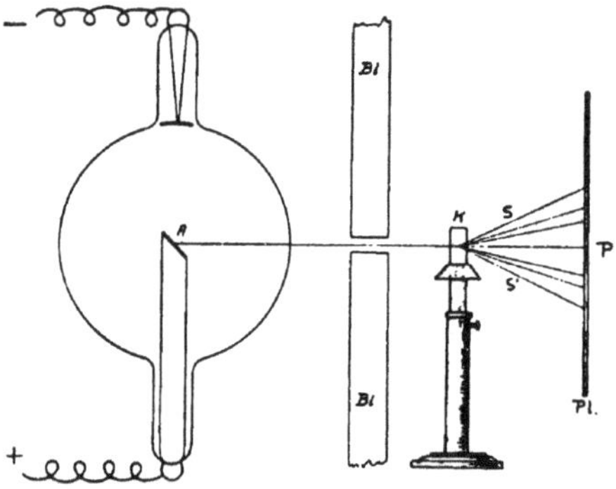

Abb. 47. *Laue*-Apparatur (nach *P. P. Ewald*). A Antikathode; Bl Blende; K Kristall; Pl photographische Platte; P Primärfleck; S, S' Sekundärstrahlen. Links: ursprüngliche Form der Röntgenröhre.

A kommendes, durch eine Bleiblende Bl ausgebündeltes Röntgenlicht auf die senkrecht zum Einfallsstrahlenbündel stehende Kristallplatte K; es wurde eine Kristallplatte von Zinkblende verwendet. In einiger Entfernung davon war eine photographische Platte Pl (gegen gewöhnliches Licht durch Bedeckung geschützt) senkrecht zum Primärstrahl aufgestellt.

Das Ergebnis des Versuches war, daß nach photographischer Entwicklung der Platte sich außer dem stark in Erscheinung tretenden Primärfleck P des direkt den Kristall durchsetzenden Strahls ein Beugungsmuster von Sekundärstrahlen S, S' . . . vorfand, das entsprechend der Symmetrie der senkrecht durchstrahlten Kristallfläche aufschien. Durchstrahlt wurde das eine Mal die Tetraederfläche – Primärstrahl // [111] – das andere Mal die Würfelfläche, Durchstrahlung // [100]. Die Abb. 48 a) und b) zeigen das Resultat des Versuches: Abb. 48 a) ist das Interferenzbild bei einer Durchstrahlung // [111]; es war also eine Tetraederfläche (111) senkrecht zum Primärstrahl eingestellt. Abb. 48 b) ist das Interferenzmuster bei Durchstrahlung // [100] (eine Würfelfläche der Zinkblende wurde senkrecht durchstrahlt).

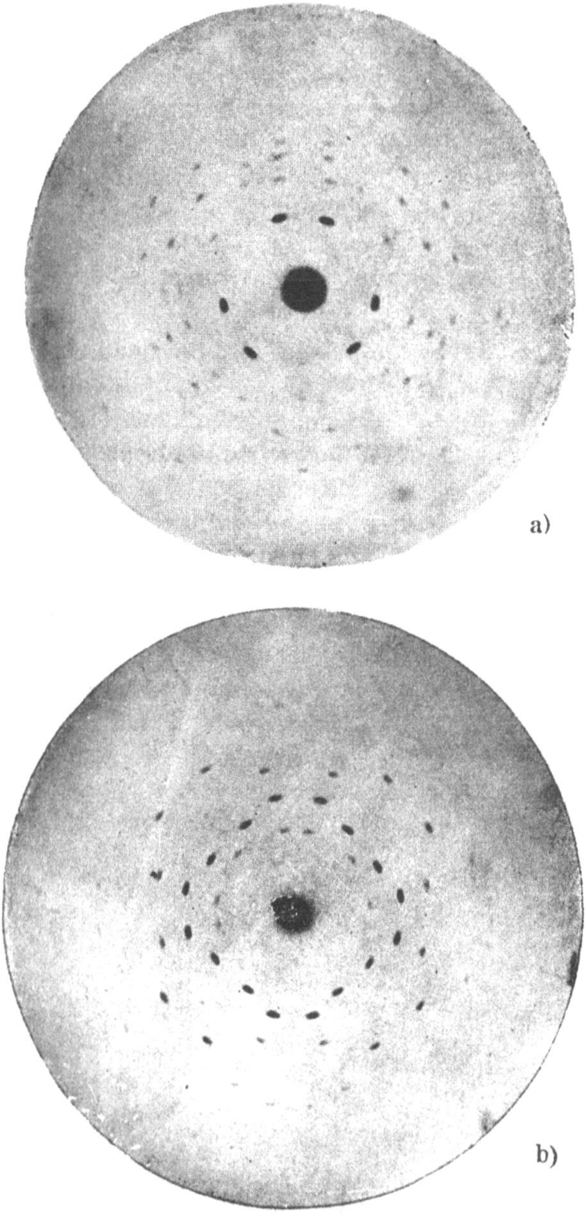

Abb. 48. *Laue*-Diagramme von Zinkblende (nach *v. Laue, Friedrich* und *Knipping*). a) Bei Durchstrahlung // [111], dreizählig; b) bei Durchstrahlung // [100], vierzählig.

In der Mitte beider Bilder sehen wir den intensiven Schwärzungsfleck des unabgelenkt den Kristall durchsetzenden Primärstrahlenbündels. Die Anordnung der abgebeugten Sekundärstrahlen entspricht der Symmetrie der senkrecht getroffenen Fläche: Die Durchstrahlung in der Richtung der Körperdiagonale des Würfels ergibt ein trisymmetrisches Bild. Im zweiten Fall aber erkennen wir tetrasymmetrische Verteilung der Interferenzflecken[1].

Die folgende Skizze Abb. 49 soll das für eine herausgegriffene Netzebenenschar illustrieren: Der von links einfallende Primärstrahl p erzielt auf der photographischen Platte (Ph. Pl.) den Primärfleck P. Da der Primärstrahl unter einem Winkel (ϑ) die in Betracht gezogene Netzebenenschar trifft, wäre nach den elementaren Gesetzen der Optik ein reflektierter Strahl s zu erwarten, der in die photographische Platte im Punkte S einsticht; so könnte also die gezeichnete Netzebenenschar einen „abgebeugten" Sekundärstrahl liefern (die Bedingung, ob sie es tut, wird im folgenden erörtert werden!). Da wir aber in dem durchstrahlten Kristall eine beträchtliche Zahl von Netzebenen mit entsprechender Besetzungsdichte annehmen müssen, erhalten wir beim *Laue*-Versuch ein ganzes Interferenzmuster von Sekundärflecken, wie es uns die wiedergegebenen Originalaufnahmen an der Zinkblende zeigen.

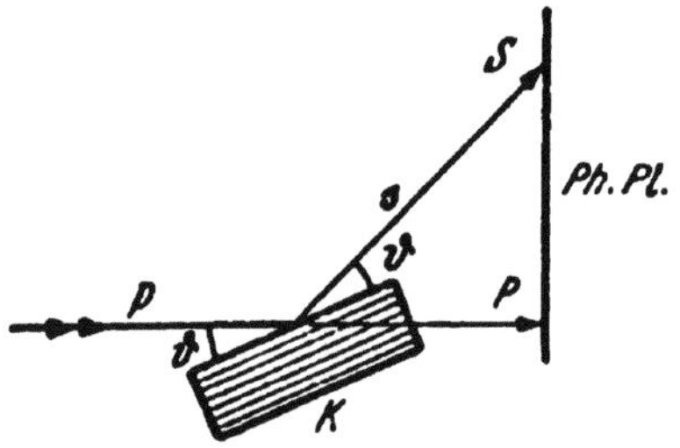

Abb. 49. Reflexion an einer Netzebenenschar.

[1] Die Würfelfläche der kubisch-hemiëdrischen Zinkblende ist zwar nur disymmetrisch, das *Laue*-Diagramm jedoch tetrasymmetrisch! Bei Durchstrahlungsvorgängen kommt nämlich ein Symmetriezentrum automatisch hinzu, so daß der Effekt ein solcher ist, als handle es sich um einen kubisch-holoedrischen Kristall.

Die schematische Darstellung der Abb. 50 a) und b) soll zur Verdeutlichung des Reflexionsvorganges an inneren Strukturebenen dienen: Figur a) zeigt ein einfaches kubisches Gitter in Grundrißprojektion (xy-Ebene). Die eingesetzten Gitterlinien stellen demnach die Spuren von Netzebenen dar, die senkrecht auf der Bildebene stehen, also durch die z-Achse hindurchgelegt sind. Ohne Rücksicht auf die Vorzeichen der Indizes (der zweite müßte negativ sein!) ergeben sich die Netzebenensymbole 110, 120, 130 usw. Der Primärstrahl trifft von links kommend senkrecht auf die Würfelfläche (100) auf; er verläuft also in Richtung der x-Achse.

Die Abb. 50 b), ganz entsprechend der Abb. a), demonstriert das Entstehen von Sekundärstrahlen, die von den Netzebenen 120, 130, 140 usw. herrühren, während der an (110) erzielte Sekundärstrahl parallel der photographischen Platte verläuft und daher nicht aufgefangen werden kann.

Der Winkel ϑ, den der Primärstrahl mit einer Netzebene bildet und den wir in der Röntgenographie als „Glanzwinkel" bezeichnen (es ist der Komplementärwinkel zu dem in der Optik verwendeten „Einfallswinkel" gegenüber dem Einfallslot!) ist für jede der reflektierenden Netzebenen von vorgegebener, feststehender Größe; der Kristall ist jedoch ruhend dem Primärstrahl entgegengestellt.

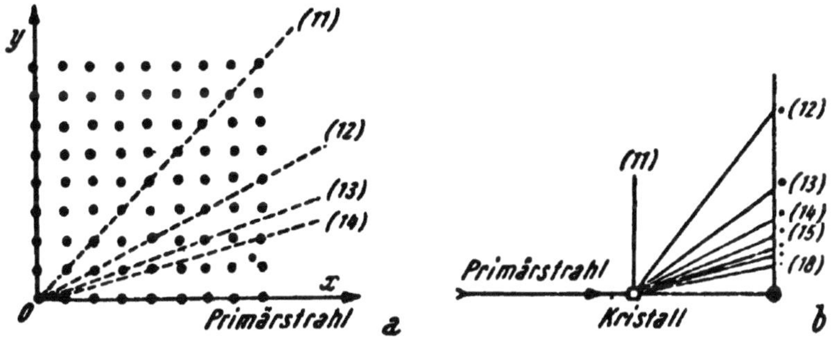

Abb. 50. Reflexionsvorgang an inneren Strukturebenen eines Kristalls (nach *Schleede–Schneider*). a) Zweidimensionales Gitter mit Spurlinien von Netzebenen; b) Entstehung des Interferenzbildes.

Um das Zustandekommen von Interferenzerscheinungen richtig zu verstehen, müssen wir uns jene fundamentalen Tatsachen der Wellenlehre ins Gedächtnis rufen, die bereits *Huygens* klar erkannt und festgestellt hat. Nach seiner Theorie breitet sich Licht vom Erregungszentrum kugelförmig aus, d. h. radial nach allen Richtungen des Raumes ausstrahlend. Die Einhüllende der Elementarwellen bildet die resultierende Wellenfront.

Beim Auftreffen eines Röntgenstrahles auf die Atome eines Kristalls sind es in Wirklichkeit die Elektronen des Atomgebildes, die den Anlaß zur Streuung des Röntgenlichtes geben. Diese Elektronen werden nämlich durch die periodischen Zustandsänderungen des über sie hinwegstreichenden elektromagnetischen Feldes zu Eigenschwingungen angeregt und sind so selbst wieder die Ursache neuer elektromagnetischer Erregung. Das Atom, das im neutralen Zustand ebensoviele Elektronen aufweist wie die Ordnungszahl im Periodischen System angibt, ist bereits ein komplexes Gebilde aus einer mehr oder weniger großen Anzahl von Elektronen, die sich um den positiv aufgeladenen Kern in verschiedenen Sphären bewegen. Den Kern selbst können wir in bezug auf das Streuungsphänomen außer Betracht lassen, da er infolge seiner ungleich größeren Masse zu keinen nennenswerten Schwingungen beiträgt. Hingegen ist es der Summationseffekt des Elektronenschwarmes, den wir als „schwingungsfähige Atome“ ansprechen und von dem wir bei unseren Betrachtungen der Röntgenstrahl-Interferenzen ausgehen. Die sekundären Wellen sind von gleicher Frequenz und Wellenlänge wie die einfallende Strahlung.

Die theoretische Erklärung für das Entstehen der Sekundärstrahlen gab *M. von Laue* gleichzeitig mit der Veröffentlichung seiner grundlegenden Entdeckung über die Interferenz der Röntgenstrahlen am Kristallgitter.

b) Die Interferenzbedingungen

1. Ableitung der drei *Laue*'schen Gleichungen

Trifft Röntgenlicht auf einen Kristall, den wir als ein Raumgitter von schwingungsfähigen Atomen ansehen, so wird jedes von der Röntgenstrahlung getroffene Atom zum Ausgangspunkt neuer Kugelwellen werden. Diese Elementarwellen fließen bei weiterer Ausbreitung zu neuen Wellenfronten zusammen, die in verschiedenen Richtungen den Kristall verlassen. Um diese Erscheinung der Abbeugung am dreidimensionalen Kristallgitter geometrisch zu fassen, wollen wir vorerst die Wirkungsweise eines *linearen Gitters* – das es isoliert natürlich nicht gibt – für das Zustandekommen von Interferenzerscheinungen studieren.

Wir betrachten zunächst eine auf die Gitterlinie senkrecht zustrebende Wellenfront von Röntgenstrahlung (Abb. 51). Die Atome der Punktreihe (in horizontaler Lage) werden von der sich von unten nähernden, mit der Gitterlinie parallelen Wellenfront insgesamt im gleichen Augenblick getroffen und zur Aussendung von Elementarwellen angeregt, die sich nach allen Seiten fortpflanzen.

Wie die Zeichnung erläutert, bilden sich bei weiterem Fortschreiten der Elementarwellen ausgeglichenere sekundäre Wellenfronten, so vor allem in der Fortsetzung des einfallenden Strahlenbündels: Interferenz nullter Ordnung. Aber auch abgebeugte Interferenzstrahlen ergeben sich. Wir erkennen die Bildung einer Wellenfront I. Ordnung und bemerken, daß hier bei den Elementarwellen, die von zwei benachbarten Atomen der Punktreihe herrühren, eine ganze Wellenlänge Gangunterschied auftritt; bei der Interferenz II. Ordnung sind es 2 λ, bei der III. Ordnung 3 λ. Die eingezeichneten Tangenten an die

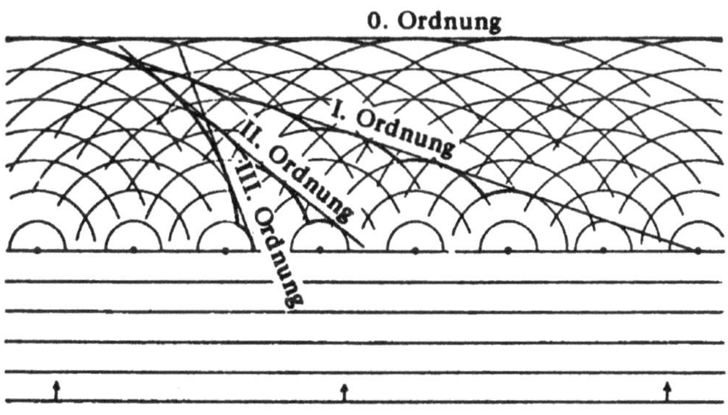

Abb. 51. Interferenz am linearen Gitter, illustriert durch Elementarwellen bei senkrechtem Einfall der Wellenfront.

betreffenden Elementarwellen bilden die „Einhüllende" an die Kugelwellen und somit die Wellenfronten der Interferenzstrahlen I. und höherer Ordnung, die das lineare Gitter verlassen.

Den allgemeinen Fall schiefer Inzidenz wollen wir in unserer schematischen Abb. 52 nun näher ins Auge fassen. Wir sehen unsere Gitterlinie – ihren Identitätsabstand $\overline{P_1 P_2} = a$. Das Strahlenbündel von bestimmter Wellenlänge λ fällt schief, diesmal von links oben, auf die Gitterlinie ein und zwar unter dem $\sphericalangle\, \alpha_0$. In einer bestimmten Abbeugungsrichtung (es sei dies unter dem $\sphericalangle\, \alpha$ zwischen Gitterlinie und dem jeweiligen abgebeugten Strahl)[1] entsteht ein Sekundärstrahl: das ist aber nur möglich, wenn der erzielte Gangunterschied eine ganze Anzahl von Wellenlängen beträgt.

Geometrisch stellt sich der Gangunterschied dar als Differenz der Wegstrecken zwischen abgebeugter Wellenfront und einfallender Strahlung, d. i. in unserem Falle

$$\overline{P_1 P_2'} - \overline{P_1' P_2} = a \cdot \cos\alpha - a \cdot \cos\alpha_0 \ ;$$

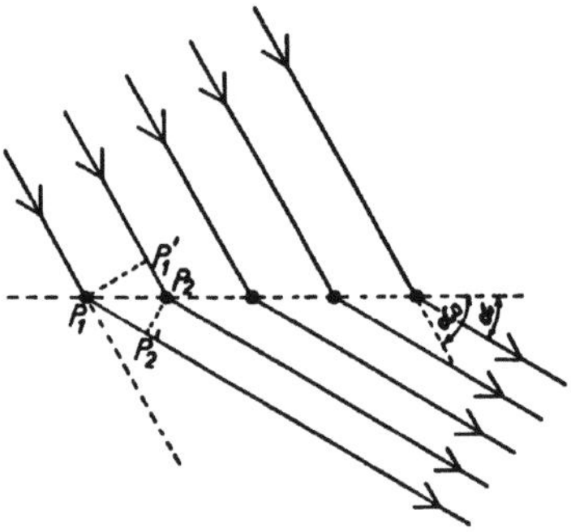

Abb. 52. Interferenz an einer Gitterlinie bei schiefem Einfall der Röntgenstrahlung. Bedingung $P_1 P_2' - P_1' P_2 = n\lambda$.

[1] Entgegen den in der Abb. 52 ersichtlich gemachten Winkeln α und α_0 werden dieselben grundsätzlich *entgegen* dem Uhrzeigersinne gezählt: ausgehend vom positiven Ast der Gitterlinie, gedreht bis zur positiven Strahlenrichtung.

und diese Wegdifferenz muß ein ganzzahliges Vielfaches H der Wellenlänge sein. So erhalten wir die erste *Laue*'sche Gleichung:

$$\text{(I)} \quad a \cdot (\cos\alpha - \cos\alpha_0) = H \cdot \lambda \, ,$$

wobei H = 0, ± 1, ± 2, ± 3 . . . ist und Ordnungszahl der Interferenz genannt wird.

Da aber die abgebeugten Strahlen – wie wir das durch die Abb. 51 und 52 illustriert haben – als Resultat zusammenfließender Kugelwellen sich nicht nur in einer Ebene (der dortigen Zeichnungsebene) fortbewegen, so müssen wir feststellen, daß als Resultat der Abbeugung am linearen Gitter ein ganzer Kegelmantel von Sekundärstrahlen, mit α als halbem Öffnungswinkel, die Gitterlinie verläßt, entstanden durch Rotation des abgebeugten Strahles um die Gitterlinie. Es ist wohl klar, daß die Strahlen des abgebeugten Bündels, die von benachbarten Atomen der Punktreihe ausgehen (s. Abb. 52) de facto nur einen *einzigen* Sekundärstrahl vorstellen; dieser – um die Gitterlinie rotierend gedacht – ergibt für jede Ordnung der Interferenz einen ganzen Kegelmantel.

Könnten wir dieses Phänomen der Interferenz an einer einzelnen Gitterlinie – es ist nur eine idealisierte Vorstellung! – realisieren, indem wir das Interferenzmuster auf einem ebenen Schirm (Mattscheibe, photographische Platte) auffangen, so würden wir folgende Erscheinungen erzielen:

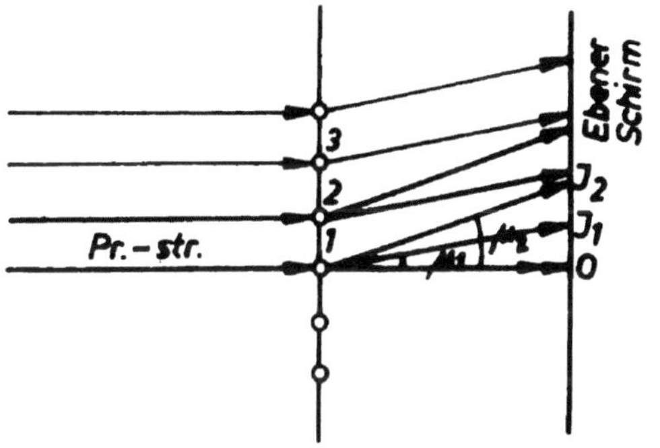

Abb. 53. Interferenzerscheinung am linearen Gitter bei senkrechter Inzidenz.

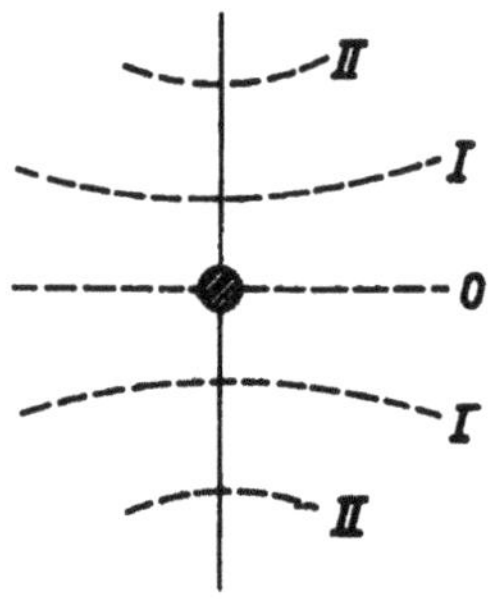

Abb. 54. Hyperbeläste als Interferenzmuster eines linearen Gitters auf ebenem Schirm // Gitterlinie.

Nehmen wir zur Erläuterung des Falles den Primärstrahl wieder senkrecht auf die Gitterlinie an, wie dies in Abb. 53 dargestellt ist[1], so wird der ungebeugt durchgehende Strahl (Sekundärstrahl nullter Ordnung) bei der Rotation um die Gitterlinie eine Ebene beschreiben, die Sekundärstrahlen erster und höherer Ordnungen aber Kegelmäntel.

Annahme 1. Der Projektionsschirm sei parallel zum linearen Gitter gestellt. Dann erhalten wir als Resultat des Abbeugungsvorganges die ebenen Schnittkurven unserer Kegelmäntel, jede eine bestimmte Ordnung der Interferenz darstellend: ein System von Hyperbeln, ferner eine Gerade (für die 0. Ordnung), wie es Abb. 54 zum Ausdruck bringt.

Annahme 2. Ist der auffangende Schirm senkrecht zur Gitterlinie gestellt, so ergibt sich ein System von Kreisen als Schnittlinien der zur Kegelachse senkrechten Ebene mit den Kegelmänteln verschiedener Öffnungswinkel (s. Abb. 56 g).

Diese beiden Fälle (Annahme 1 und 2) vermitteln uns eine Einsicht, die wir im folgenden benötigen werden.

Die nächste Frage ist, wie sich ein Punktnetz dem einfallenden Strahlenbündel gegenüber auswirkt. In Abb. 55 ist ein solches Netzgitter eines rhombischen Kristalls anstelle eines

[1] Vgl. auch Abb. 51, wo dieser Fall hinsichtlich der Elementarwellen verdeutlicht wurde.

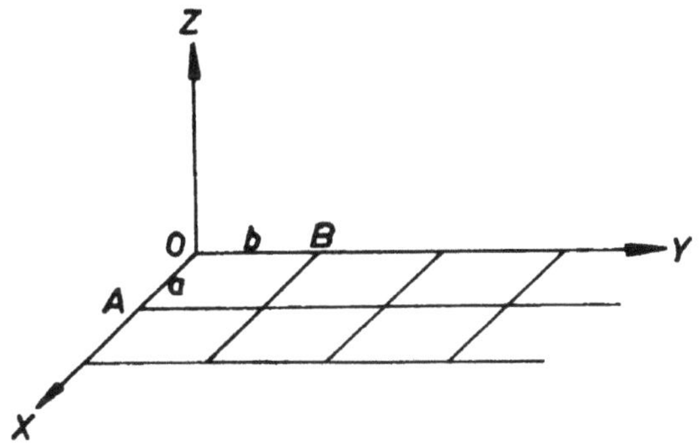

Abb. 55. Zweidimensionales rhombisches Punktnetz XY (perspektivisch).

linearen Gitters angenommen, das von einem Primärstrahl getroffen wird. Dieser in Abb. 55 von oben einfallende Strahl ist senkrecht auf die Netzebene gerichtet, steht also auch senkrecht auf den Gitterlinien X und Y.

Das Punktnetz können wir uns in der Weise entstanden denken, indem wir die zwei sich schneidenden Gittergeraden OA und OB als konstruktive Elemente zugrunde legen.

Somit tritt zu der einen Schar von Interferenzkegeln (Abb. 56a, b) koaxial zur Gitterline a (in der Abb. 56a vertikal gezeichnet) eine zweite Schar von Kegeln, die von der Gitterlinie b (horizontal) herrühren (Abb. 56c und d). Die in Abb. 55 gezeichnete Netzebene XY ist in Abb. 56a und c um die Y-Achse 90° gedreht angenommen.

Die erste Schar von Interferenzkegeln entspricht der I. *Laue*'schen Gleichung

$$\text{(I)} \quad a(\cos\alpha - \cos\alpha_0) = H \cdot \lambda \ ;$$

die zweite Kegelschar in bezug auf die andere Gitterlinie mit dem Identitätsabstand b gehorcht einer ganz analogen Gleichung

$$\text{(II)} \quad b(\cos\beta - \cos\beta_0) = K \cdot \lambda \ ,$$

wobei K wiederum eine ganze positive oder negative Zahl (bzw. 0) bedeutet, natürlich unabhängig vom Werte H; die

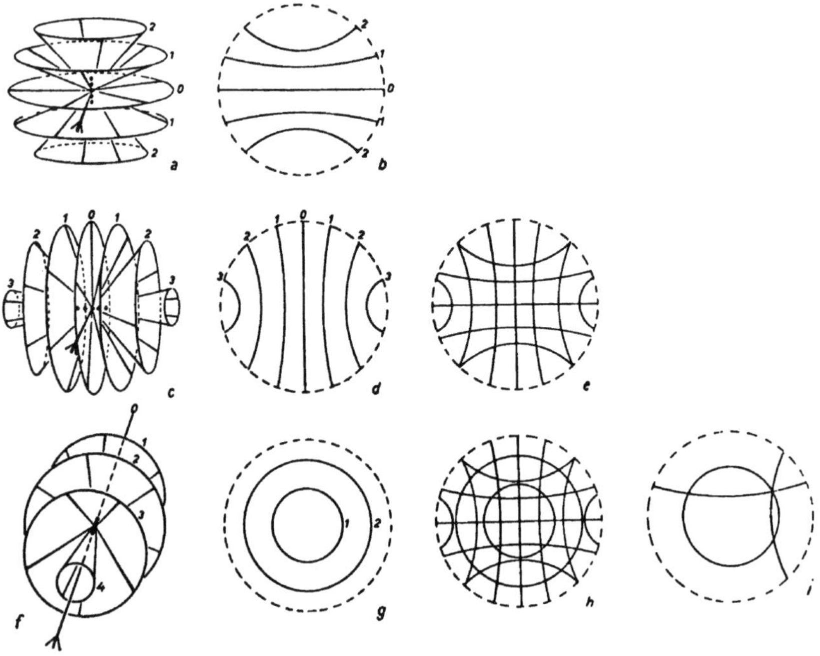

Abb. 56. Drei senkrecht aufeinander orientierte Gitterlinien mit ihren Scharen von Interferenzkegeln (nach *Bijvoet, Kolkmeijer* und *MacGillavry*). a)–e) Entwicklung eines Kreuzgitter-Spektrums. f)–i) Erweiterung zur Raumgitter-Interferenz.

β-Werte sind die halben Öffnungswinkel der Interferenzkegel verschiedener Ordnung um die Gitterlinie b, β_0 ist der Einfallswinkel gegenüber b.

Beide Scharen von Interferenzkegeln werden auf einem ebenen Schirm aufgefangen, der parallel der betrachteten Netzebene liegt, also sowohl zur Gitterlinie OA als auch OB parallel ist. Das Ergebnis der Interferenz besteht daher aus zwei Systemen von Hyperbelscharen (analog jener der Abb. 54), die sich hier durchkreuzen (s. Abb. 56e). Ein Interferenzstrahl kann nur dann entstehen, wenn beide Bedingungsgleichungen (I) und (II) gleichzeitig erfüllt sind. Das ist in den Richtungen der Schnittlinien je zweier Kegelmäntel der Fall; wie dies aus Abb. 57 zu erkennen ist. Dieses Bild, das die Durchdringung

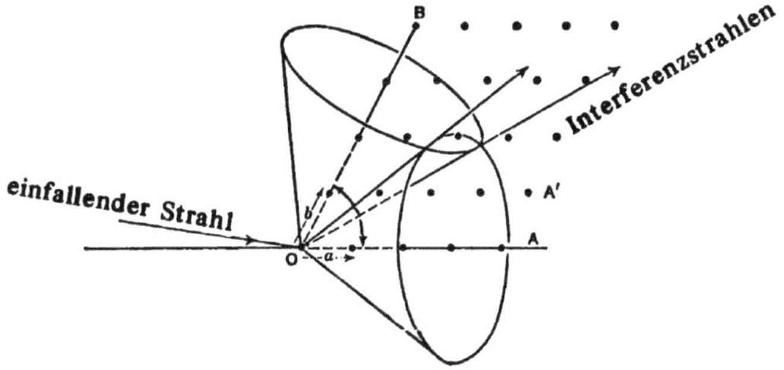

Abb. 57. Interferenzwirkung einer Netzebene (nach *M. J. Buerger*). Zusammenwirken zweier Gitterlinien OA und OB: die Schnittlinien der beiden Interferenzkegel ergeben die Interferenzstrahlen.

zweier Kegel veranschaulicht, und zwei Schnittlinien der Kegelmäntel aufweist (zwei gemeinsame Erzeugende der letzteren) wird das Raum-Vorstellungsvermögen unterstützen. Als Interferenzmuster auf der ebenen Platte (dem Projektionsschirm) bleibt daher nur ein Punktsystem übrig: es sind dies die Durchkreuzungspunkte der beiden Hyperbelscharen, *Kreuzgitterspektrum* genannt: Abb. 56 e zeigt ein solches, und zwar unter der Annahme senkrechter Inzidenz auf das Punktnetz; andernfalls wären die Spektren nullter Ordnung keine geraden Linien, sondern Kegelschnitte.

Vollziehen wir nun den Übergang zum dreidimensionalen Raumgitter: Der dritten Gitterlinie mit dem Identitätsabstand c entspricht ein drittes System von Interferenzkegeln (Abb. 56 f) mit den halben Öffnungswinkeln γ (für die verschiedenen Ordnungen verschieden!), wenn der Winkel zwischen Gitterlinie c und einfallendem Strahl γ_0 ist. Die Bedingungsgleichung für ihr Zustandekommen lautet:

$$\text{(III)} \quad c(\cos\gamma - \cos\gamma_0) = L\lambda ,$$

wobei $L = 0, \pm 1, \pm 2, \pm 3 \ldots$ ist.

Im allgemeinen Fall, wenn die Gitterlinie c als Achse unserer Kreiskegel nicht senkrecht auf der das Bild auffangenden

Projektionsebene steht, sind die Schnittkurven von Bildebene mit den Kegelmänteln der Interferenzerscheinung ein System von Ellipsen; nur im Sonderfalle, daß c senkrecht auf die Schirmebene gerichtet wäre, würden sich konzentrische Kreise ergeben (Abb. 56 g).

In Abb. 56 h sind nun die Kurvensysteme aller drei *Laue*'schen Gleichungen für eine *bestimmte* Wellenlänge zur Darstellung gebracht: zwei Hyperbelscharen und ein System von Kreisen (nach dem soeben erwähnten Sonderfall). Ein Sekundärstrahl kann aber nur in jenen Richtungen zustandekommen, für die alle drei Bedingungsgleichungen gleichzeitig erfüllt sind; das wäre in den Richtungen gemeinsamer Schnittlinien. Wie aber die Betrachtung unserer Abb. 56 h lehrt, gehen die Kreise nicht gerade durch die Schnittpunkte der Hyperbelscharen – die Punkte des Kreuzgitterspektrums. Es wäre vielmehr bei Anwendung monochromatischen Röntgenlichtes ein reiner Zufall, daß dies für irgendeinen der Hyperbelschnittpunkte zuträfe.

Wir können also auf diese Weise im dreidimensionalen Raumgitter keinen Interferenzeffekt bei monochromatischer Bestrahlung erwarten, da wir keine Richtungen vorfinden, in denen gleichzeitig alle drei *Laue*'schen Gleichungen erfüllt wären. Verwenden wir hingegen polychromatisches Röntgenlicht (z. B. das kontinuierliche Spektrum einer Wolfram-Antikathode), so handelt es sich dann nicht mehr um einzelne Kegelmäntel, sondern vielmehr um Kegelspektren mit Öffnungswinkel-*Bereichen.* Dementsprechend liefern ihre Schnittkurven Hyperbelbänder, deren einzelne Kurven sich *mit zunehmendem* λ in unserem Bilde nach außen hin bewegen (Abb. 56 h, i); die Kreisschnitte hingegen wandern in diesem Falle in der Richtung nach innen zu.

So wird es möglich sein, für ein bestimmtes λ auf dem Projektionsschirm (photographische Platte) einen Schnittpunkt zu erzielen; nur werden die verschiedenen Schnittpunkte von verschiedenen Wellenlängen herrühren.

Als Ergebnis unserer Untersuchung können wir feststellen, daß wir bei gegebener, unveränderlicher Einfallsrichtung eines Primärstrahls auf das dreidimensionale Raumgitter nur dann einen Interferenzeffekt erwarten können, wenn wir statt monochromatischen Röntgenlichtes mit bestimmter Wellenlänge λ, polychromatisches Röntgenlicht einwirken lassen, das einen größeren Bereich von Wellenlängen gleichzeitig darbietet; denn bei gegebener Einfallsrichtung (feststehender Kristall!) ist für jeden Interferenzstrahl die Wellenlänge auf Grund der *Laue*'schen Gleichungen von vorbestimmter Größe. Jene Wellenlängen, die in Hinsicht auf die geforderten Bedingungen in das Raumgitter passen, um Sekundärstrahlen zu erzeugen, werden zur Abbeugung fähig sein; alle anderen werden sich durch Interferenz gegenseitig vernichten.

2. Zweidimensionale Kreuzgitterspektra und Übergang zur Raumgitter-Interferenz

Gehen wir nochmals auf den einfacheren Fall eines ebenen Gitters zurück – wo unter allen Umständen ein Kreuzgitterspektrum erzielt wird – und untersuchen wir die Wirkung eines Primärstrahlenbündels bei senkrechter Inzidenz. Die für die Beurteilung des Beugungsphänomens in Betracht kommenden Gleichungen

$$\text{(I)} \quad a \cdot (\cos\alpha - \cos\alpha_0) = H\lambda\ ,$$

$$\text{(II)} \quad b \cdot (\cos\beta - \cos\beta_0) = K\lambda$$

nehmen wegen $\alpha_0 = \beta_0 = 90^\circ$ die vereinfachte Form an:

$$\text{(I')} \quad H\lambda = a\cos\alpha \quad \text{und} \quad \text{(II')} \quad K\lambda = b\cos\beta\ .$$

In Abb. 58 sei das bestrahlte Kreuzgitter eines rhombischen Kristalls mit den Gitterkonstanten a und b perspektivisch dargestellt. Der einfallende Primärstrahl ist parallel der kristallographischen Z-Achse. Von sämtlichen entstehenden Sekundärstrahlen des Kreuzgitterspektrums sei in der Zeichnung nur ein einziger herausgegriffen, und zwar einer, der in der XZ-Ebene liegt. Die Austrittswinkel dieses Strahls in bezug auf

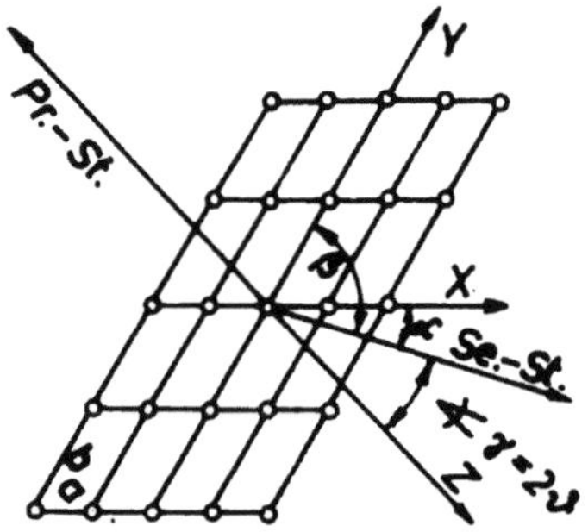

Abb. 58. Das Kreuzgitter a, b bei senkrechter Inzidenz (analog *Trey* und *Legat*). Der Sekundärstrahl bildet mit den Koordinatenachsen X, Y, Z die Winkel α, β, γ.

die kristallographischen Achsen sind der Reihe nach α, β und γ. Es ist ohneweiters ersichtlich, daß α und γ komplementär sind; γ ist gleichzeitig der Abbeugungswinkel χ zwischen Primärstrahl und Sekundärstrahl.

Mit Hilfe der Beziehung über die Richtungskosinus im *rechtwinkligen Koordinatensystem*

$$\cos^2\alpha + \cos^2\beta + \cos^2\gamma = 1 \tag{1}$$

läßt sich der Winkel γ ganz allgemein durch α und β zum Ausdruck bringen:

$$1 - \cos^2\gamma = \cos^2\alpha + \cos^2\beta$$
$$\sin^2\gamma = \cos^2\alpha + \cos^2\beta\,.$$

Setzen wir für die cos-Ausdrücke auf der rechten Seite der Gleichung obige, aus den *Laue*'schen Gleichungen abgeleiteten Werte aus (I′) und (II′) ein, so ergibt sich – indem wir statt γ jetzt den Abbeugungswinkel χ einführen –

$$\sin^2\chi = \frac{H^2\lambda^2}{a^2} + \frac{K^2\lambda^2}{b^2}$$

$$\sin^2\chi = \lambda^2\cdot\left(\frac{H^2}{a^2} + \frac{K^2}{b^2}\right), \tag{2}$$

eine Gleichung, die bei gegebener Wellenlänge λ den Abbeugungswinkel χ mit den *Laue*'schen Ordnungszahlen und den Gitterkonstanten verknüpft.

Wenden wir uns jetzt, vom zweidimensionalen Gitter ausgehend, dem Problem der Interferenz im Raumgitter zu, so müssen wir diesmal das Zusammenwirken einer ganzen Schar paralleler Netzebenen studieren, während wir vorher das dreidimensionale Raumgitter aus den Scharen dreier, nicht komplanarer Gitterrichtungen aufgebaut hatten (Ergebnis: die drei *Laue*'schen Gleichungen!).

Unsere nächste Frage lautet also: Stimmen die Wirkungen, die von untereinanderliegenden Netzebenen ausgehen, miteinander überein, so daß sie sich in ihrem Effekt addieren – oder stören sie sich gegenseitig, womöglich so weitgehend, daß es zur Vernichtung jeglichen Beugungseffektes kommt?

Wir wiederholen unseren vorherigen Fall der Abb. 58 und schalten jetzt eine Anzahl paralleler Netzebenen untereinander. Der Einfachheit halber legen wir jetzt ein *kubisches* Gitter

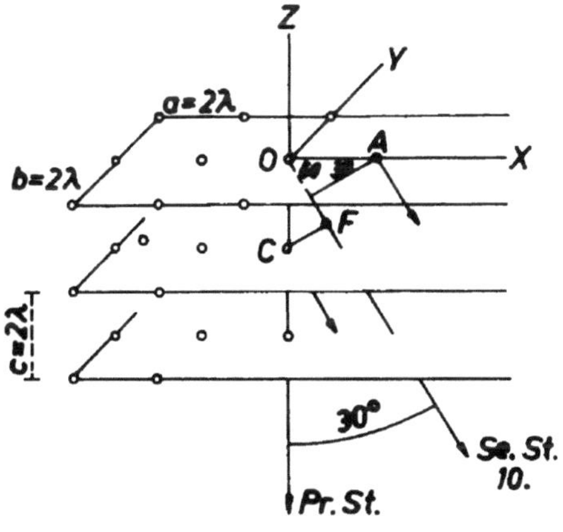

Abb. 59. Für a = b = c = 2 λ verstärken die Sekundärstrahlen 10. der einzelnen Netzebenen einander *nicht*. Daher geht bei senkrechter Inzidenz kein Sekundärstrahl in die Richtung von 30° (nach *Trey* und *Legat*).

(Abb. 59) unserer Betrachtung zugrunde (a = b = c). Die Wellenlänge des verwendeten monochromatischen Röntgenlichtes sei $\lambda = \frac{a}{2}$. Die Anwendung unserer Gleichung (2) auf das quadratische Gitternetz der Ebene XY ergibt

$$\sin\chi = \frac{\lambda}{a} \cdot \sqrt{H^2 + K^2}\ .$$

Der Sekundärstrahl I. Ordnung in der XZ-Ebene ist gekennzeichnet durch die Ordnungszahl H = 1 bezüglich der Gitterlinie X, und K = 0 bezüglich der Gitterlinie Y; denn nur beim Spektrum nullter Ordnung artet der Interferenzkegel für die Gitterlinie Y zu einer Ebene senkrecht Y aus. So ergibt sich aus obiger Gleichung

$$\sin\chi = \frac{1}{2} \cdot \sqrt{1^2 + 0^2} = \frac{1}{2}$$

$$\chi = 30^\circ .$$

Das Zusammenwirken zweier untereinander befindlicher, nächstbenachbarter Ebenen, die beide einen solchen 30° abgebeugten Sekundärstrahl entsenden, ist abhängig vom Netzebenenabstand d_{001}, also der Entfernung OC, weil der Primärstrahl die durch C gehende Netzebene entsprechend ihrem Netzebenenabstand später erreicht und zur Interferenz veranlaßt. Somit ergibt sich ein Gangunterschied zwischen den beiden von O und C ausgehenden Sekundärstrahlen, der sich aus dem rechtwinkligen Dreieck OCF zu OF = OC · cos 30 berechnet. Der Gangunterschied Γ (=OF) wird in unserem Falle, wo OC = d_{001} = a = 2λ, zu

$$\Gamma = a \cdot \frac{1}{2}\sqrt{3} = 2\lambda \cdot \frac{1}{2}\sqrt{3} = 1{,}73\,\lambda\ .$$

Die beiden, von benachbarten Netzebenen herstammenden Wellenbewegungen sind also miteinander *nicht in Phase* und kommen daher zur Interferenz. Ihr Gangunterschied ist zwar nicht etwa einer ungeraden Anzahl halber Wellenlängen

$\left(\frac{\lambda}{2}, \frac{3\lambda}{2}, \frac{5\lambda}{2}\right)$ gleich, in welchem Falle sich die beiden Strahlen an sich schon völlig vernichten würden. Aber bei der vielfachen Wiederholung paralleler Netzebenen im dreidimensional-unendlichen Raumgitter wird es immer zu irgendeiner herausgegriffenen Netzebene eine andere parallele geben mit einem Gangunterschied von einer *ungeraden* Anzahl halber Wellenlängen. Und da tritt eben Vernichtung der beiden Wellenzüge ein.

Also ist bei festgelegter Einfallsrichtung des Primärstrahls und einer vorgegebenen, bestimmten Wellenlänge $\left(\lambda = \frac{a}{2}\right)$ kein Interferenzstrahl zu erwarten. Diese Überlegung deckt sich vollkommen mit dem Ergebnis aus der Untersuchung mit Hilfe der *Laue*'schen Gleichungen. Es wäre ein ausgesprochener Zufall, die Bedingungen so getroffen zu haben, daß wir im dreidimensionalen Raumgitter bei festgelegter Einfallsrichtung des Primärstrahls und Verwendung monochromatischen Röntgenlichtes (vorgegebenes λ) einen Interferenzstrahl erhielten.

In unserem soeben betrachteten Falle eines kubischen Gitters mit Einfallsrichtung des Primärstrahls parallel Z würde sich dieser Zufall ergeben, wenn wir λ = a wählen (Abb. 60). Dann ist

$$\sin\chi = \frac{\lambda}{\lambda} \cdot \sqrt{H^2 + K^2} = 1 \cdot \sqrt{1^2 + 0} = 1$$

und $\chi = 90°$;

das heißt, der gesuchte, in der XZ-Ebene liegende Sekundärstrahl fällt mit der X-Achse zusammen. Die Wegdifferenz der beiden von O und A ausgehenden Interferenzstrahlen ist nun aber gleich a, also 1 λ; denn um diesen Betrag kommt das Atom in A später zur Anregung. Da der Gangunterschied zwischen aufeinanderfolgenden, in diesem Falle vertikalen Netzebenen mit $d_{(100)}$ gerade eine volle Wellenlänge λ = a ist, wird

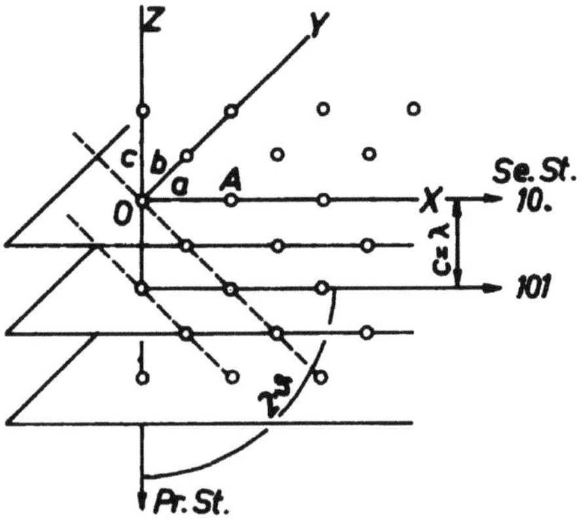

Abb. 60. Für a = b = c = λ ist bei senkrechter Inzidenz der Primärstrahlung der Ablenkungswinkel des Sekundärstrahles 10. in der XZ-Ebene ein rechter Winkel. Die Sekundärstrahlen aller Kreuzgitter verstärken einander. Das Raumgitter erzeugt in der Richtung des Ablenkungswinkels ($2\vartheta = 90°$) einen Sekundärstrahl 101, so als ob dieser an der (strichlierten) Netzebene (101) reflektiert worden wäre (analog *Trey* und *Legat*).

das räumliche Gitter tatsächlich in der angegebenen Richtung einen Interferenzstrahl entsenden.

Wie die Abbildung zeigt, macht es aber den Eindruck, als ob der Primärstrahl nun an einer Strukturebene (101) (deren Spur gestrichelt eingezeichnet ist) reflektiert worden wäre. Die Ordnungszahl dieser Interferenz in Bezug auf die Gitterlinie X ist 1 (Spektrum I. Ordnung!); da wir im dreidimensionalen Gitter diesen Interferenzstrahl wirklich erzielten, muß auch die Z-Gitterlinie ihren Anteil beigesteuert haben. Von welcher Ordnung er ist, erfahren wir aus der III. *Laue*'schen Gleichung:

$$L \cdot \lambda = c \cdot (\cos\gamma - \cos\gamma_0) .$$

N.B. Die Winkel sind entgegen dem Sinn des Uhrzeigers zu zählen, und zwar beträgt γ als Winkel zwischen + Z und dem positiven Ast des

Sekundärstrahls 270°; γ_0 (∢ zwischen + Z und positivem Ast des Primärstrahls) ist 180°. Wellenlänge λ gleich a, c ebenso gleich a. So ergibt sich:

$$L \cdot a = a \cdot (\cos 270 - \cos 180) ,$$

$$L = 0 - (-1) = 1 .$$

Der in der Richtung der X-Achse austretende Interferenzstrahl ist in Bezug auf die Gitterlinie Z von der I. Ordnung. Das *Laue*'sche Ordnungstripel HKL lautet somit 101; so aber lauten auch die *Miller*'schen Indizes jener Netzebene des Raumgitters, die den einfallenden Strahl in die Richtung des Sekundärstrahles scheinbar „reflektiert"!

Von den vielen Interferenzstrahlen, die die horizontal liegenden Gitterebenen als Kreuzgitterspektrum liefern könnten, ist bei unserer Annahme nur der Sekundärstrahl 101 übriggeblieben; der Symmetrie entsprechend treten natürlich auch die Sekundärstrahlen $\bar{1}01$, 011 und $0\bar{1}1$ auf. Alle anderen werden aber infolge Interferenz vernichtet.

c) Das Bragg'sche Beugungsgesetz

Die Spuren $E_1 E_2 \ldots$ der Netzebenenschar 101 sind in Abb. 61 horizontal gezeichnet; es sind jene, die in Abb. 60 strichliert angedeutet unter 45° liegen. Die Gesamtheit aller Schnittlinien $E_1 E_2 \ldots E_\infty$ ergeben die Netzebenenschar als solche, die senkrecht zur Zeichenebene steht.

Ein paralleles Strahlenbündel fällt schräg von links oben unter dem Winkel ϑ auf die Netzebenenschar. In der Zeichnung sind jene Einzelstrahlen herausgegriffen, die die aufeinanderfolgenden Netzebenen E_1, E_2, E_3, $E_4 \ldots$ in senkrecht untereinander liegenden Punkten Q, Q' ... treffen. Betrachten wir zwei solche benachbarte Strahlen, z. B. Strahl 1 und 2: Indem wir von Q aus das Lot auf den einfallenden Strahl 2 ziehen (L ist sein Fußpunkt) und ebenso auf den an E_2 reflektierten Strahl (Q L'), so läßt sich die Wegdifferenz zwischen Strahl 1 und 2 deutlich erkennen. Da im Vergleich zu der ungemein kleinen Wellenlänge der Röntgenstrahlung die Lichtquelle (Antikathode der Röntgenröhre) praktisch als unendlich weit entfernt zu betrachten ist, ist Q L als *ebene*

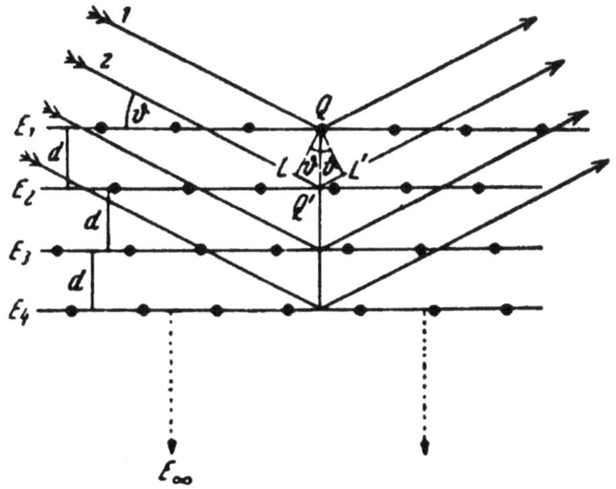

Abb. 61. *Bragg*sches Reflexionsgesetz.

Wellenfront anzusehen; von der Lichtquelle kommend, sind Strahl 1 und 2 dauernd in Phase bis zu den Punkten Q und L. Im reflektierten Strahlengang sind von Q und L′ aus wieder gleiche Wege zurückzulegen. Die Differenz im Strahlenweg von 1 und 2 ist also durch die Summe der Wegstrecken LQ′ und Q′L′ gegeben (letztere sind aus Symmetriegründen einander gleich). Aus dem rechtwinkligen Dreieck QQ′L bzw. QQ′L′ ist die Wegdifferenz ohneweiters berechenbar. QQ′ = = d_{hkl} (Netzebenenabstand); ∢ Q′QL bzw. Q′QL′ sind gleich ϑ (Normalenwinkel!).

$$\overline{LQ'} = \overline{Q'L'} = d \cdot \sin\vartheta \ .$$

Der Gangunterschied Γ zwischen zwei an aufeinanderfolgenden, identischen Netzebenen reflektierten Strahlen ist somit $2\,d\,\sin\vartheta$. Soll das reflektierte Strahlenbündel in Phase sein – denn nur dann kann es zu einem Sekundärstrahl kommen! – dann muß Γ ein ganzes λ betragen, oder ein Vielfaches davon. So ergibt sich die *Reflexionsbedingung,* das Beugungsgesetz für Röntgenstrahlen am Kristallgitter:

$$n \cdot \lambda = 2\,d\,\sin\vartheta \ ,$$

wobei n = 1, 2, 3, usw.

Diese Formulierung ist von den englischen Physikern *W. H.* und *W. L. Bragg* im Jahre 1913 bekanntgegeben worden und daher als *Bragg'sche Gleichung* in die Röntgenographie eingegangen[1]. Sie stellt die elementare Grundformel für die quantitative Auswertung der Röntgendiagramme dar, die in der Praxis freilich zweckentsprechend zu modifizieren sein wird.

Die *Bragg*'sche Auffassung der Röntgeninterferenz als Reflexion an den Strukturebenen des Kristalls ist – wie aus unserer Entwicklung hervorgeht – nur eine andere Form der Interpretation des Phänomens, freilich eine von besonders einfacher, anschaulicher Art.

Wenn aber in manchen kurz gefaßten Lehrbüchern der Sachverhalt so dargestellt wird, als sei mit der Aussendung eines reflektierten Strahls das Röntgenphänomen einer Netzebene erschöpfend gekennzeichnet, so wird diese Art der Vereinfachung den Gegebenheiten nicht gerecht.

Nun, die Betrachtung der Abb. 60 (mit $\lambda = a$) lehrte uns, daß weitaus die meisten der Nebenspektren, die in den einzelnen Kreuzgittern aufscheinen würden, durch Interferenz der übereinander geschichteten, horizontalen Punktnetze unterdrückt werden – bis auf jene Strahlen, die als „reflektiert" an anderen Strukturebenen (als jene Schar der horizontalen Punktnetze) gedeutet werden, nämlich als Sekundärstrahl 101 bzw. $\bar{1}01$, 011, $0\bar{1}1$.

Diese Auffassung ist nur dadurch möglich, weil der parallel Z von oben einfallende Primärstrahl bezüglich der Strukturebene (101) eine solche Neigung hat, daß der sich ergebende Glanzwinkel ϑ mit dem vorgegebenen λ und dem feststehenden d_{101} konveniert, d.h. der *Bragg*'schen Reflexionsbedingung entspricht:

$$n \cdot \lambda = 2\,d \cdot \sin\vartheta\ .$$

[1] Sie wurde bereits im November 1912 von *W. L. Bragg* in der Form $\lambda = 2\,d\,\cos\Theta$ publiziert, wobei Θ den zu ϑ komplementären Einfallswinkel bedeutet.

Denn eines ist klar: nicht in allen Einfallsrichtungen (wie dies in der Optik möglich wäre) kann nach dem *Bragg*'schen Beugungsgesetz Röntgenreflexion zustandekommen, sondern nur in jener Richtung, in welcher der Gangunterschied der reflektierten Strahlung ein ganzzahliges Vielfaches der Wellenlänge wird.

d) Die Bragg'sche Gleichung im Lichte der Laue'schen Betrachtungsweise

1. Deutung der Lauebilder nach Bragg'scher Auffassung

Jetzt ist es uns möglich, den *Laue*'schen Interferenzversuch, von dem wir ausgegangen sind, mit Hilfe der *Bragg*'schen Vorstellung sehr einfach zu interpretieren.

Erinnern wir uns an die Abb. 49 und 50, die den Effekt der Durchstrahlung einer Kristallplatte mit polychromatischem Röntgenlicht vor Augen führten. Jeder der Sekundärstrahlen, die auf der photographischen Platte Interferenzflecke ergeben, läßt sich deuten als reflektierter Strahl an einer der verschiedentlichen *inneren* Strukturebenen („Netzebenen") der Kristallplatte. Die zum Primärstrahl senkrecht gestellte, äußere Begrenzungsfläche des Kristalls (s. Abb. 50b) kann keinen abgebeugten Strahl ergeben, vielmehr durchsetzt der Primärstrahl unabgelenkt das Präparat und liefert auf der photographischen Platte den intensiven Primärfleck.

Für jede der wirksamen Netzebenen des Präparates gilt natürlich die *Bragg*'sche Gleichung $n \cdot \lambda = 2\, d_{hkl} \cdot \sin \vartheta$.

Die d-Werte sind jedenfalls unabänderlich; die betreffenden ϑ-Werte sind *bei feststehendem Kristall* – wie es hier der Fall ist – für jede der Netzebenen von vornherein bestimmt. Ein ebenso festgelegtes λ (monochromatisches Röntgenlicht!) würde keine Aussicht haben, an den verschiedenen Netzebenen „anzusprechen", da die *Bragg*'sche Gleichung (mit der Verknüpfung dieser drei Konstanten) nicht erfüllt wäre. Folglich kann der besprochene Effekt nur dadurch zustandekommen, daß polychromatisches Röntgenlicht (das kontinuierliche

Spektrum) verwendet wird. Es war eine glückliche Fügung, daß bei dem grundlegenden Versuch *M. von Laue*'s eine Röntgenröhre Verwendung fand, die bei den eingehaltenen Betriebsbedingungen (Kilovoltzahl!) das Bremsspektrum mit polychromatischem Licht lieferte. Dann aber ist jeder Interferenzfleck auf dem Lauediagramm von einer anderen Wellenlänge hervorgerufen worden – einer solchen nämlich, die jeweils die *Bragg*'sche Gleichung für die betreffende Netzebene erfüllt. Da wir aber die einzelnen zur Wirkung gelangenden Wellenlängen bei polychromatischem Röntgenlicht nicht kennen, ist eine quantitative Auswertung der Lauediagramme sehr erschwert.

2. Überführung der Laue'schen Gleichungen in das Bragg'sche Gesetz

In ähnlicher Weise, wie wir S. 114/116 für das *Kreuzgitterspektrum* den Abbeugungswinkel χ aus der I. und II. *Laue*'schen Gleichung entwickeln konnten (dort bei Annahme senkrechter Inzidenz!), können wir dies auch für das dreidimensionale Raumgitter tun: wir wollen also χ eines Sekundärstrahls bei bestimmter Wellenlänge durch die Gitterkonstanten und die *Laue*'schen Ordnungszahlen zum Ausdruck bringen – und so einen Übergang von den *Laue*'schen Gleichungen zum *Bragg*'schen Reflexionsgesetz versuchen.

Schreiben wir die Richtungskosinus der *Laue*'schen Gleichungen statt $\cos\alpha$, $\cos\alpha_0$ . . . kurz α, α_0 . . ., so haben wir in dieser vereinfachten Schreibweise die Form:

$$a(\alpha - \alpha_0) = H \cdot \lambda \ldots \quad \text{(I)}$$

$$b(\beta - \beta_0) = K \cdot \lambda \ldots \quad \text{(II)}$$

$$c(\gamma - \gamma_0) = L \cdot \lambda \ldots \quad \text{(III)}\,.$$

Wenn wir uns für unsere Ableitung aus Gründen der Einfachheit auf das *kubische* Kristallsystem beschränken, so ergibt sich:

$$\begin{aligned}\alpha - \alpha_0 &= \frac{\lambda}{a} \cdot H \\ \beta - \beta_0 &= \frac{\lambda}{a} \cdot K \\ \gamma - \gamma_0 &= \frac{\lambda}{a} \cdot L\,.\end{aligned} \tag{3}$$

Im rechtwinkligen Koordinatensystem gilt nach dem Pythagoras für die Richtungskosinus:

$$\begin{aligned}\alpha^2 + \beta^2 + \gamma^2 &= 1 \quad [1] \\ \alpha_0^2 + \beta_0^2 + \gamma_0^2 &= 1\,.\end{aligned} \tag{4}$$

Gleichungen (3) quadriert und addiert, ergibt unter Berücksichtigung von (4):

$$2 - 2(\alpha\alpha_0 + \beta\beta_0 + \gamma\gamma_0) = \left(\frac{\lambda}{a}\right)^2 (H^2 + K^2 + L^2)\,.$$

Da nach den Regeln der analytischen Geometrie der Klammerausdruck mit den Richtungskosinus gleich $\cos\chi$ ist, schreiben wir

$$2 \cdot (1 - \cos\chi) = \left(\frac{\lambda}{a}\right)^2 (H^2 + K^2 + L^2)$$

oder $$2 \cdot 2\sin^2\chi/2 = \left(\frac{\lambda}{a}\right)^2 (H^2 + K^2 + L^2)$$

bzw. $$\sin^2\chi/2 = \frac{\lambda^2}{4a^2} (H^2 + K^2 + L^2) \ldots \tag{5}$$

Der Winkel $\chi/2$ ist aber identisch mit dem Glanzwinkel ϑ in der *Bragg*'schen Gleichung $2d\sin\vartheta = n \cdot \lambda$; aus ihr ergibt sich

$$\sin^2\vartheta = \frac{\lambda^2}{4} \cdot \frac{n^2}{d^2} \ldots \tag{6}$$

Der Wert d_{hkl} ist aber in allen Kristallsystemen eine Funktion der Gitterkonstanten und der *Miller*'schen Indizes, wie

[1] Siehe die Schreibweise von Gleichung (1) auf S. 114.

wir S. 36/37 dargetan haben. Setzen wir den Wert für das kubische System[1]

$$\frac{1}{d^2} = \frac{h^2 + k^2 + l^2}{a^2}$$

in die quadrierte *Bragg*'sche Gleichung (6) ein, so ergibt sich

$$\sin^2 \vartheta = \frac{\lambda^2}{4} \cdot \frac{n^2 (h^2 + k^2 + l^2)}{a^2} \ldots \qquad (7)$$

Der Vergleich mit der aus den *Laue*'schen Gleichungen abgeleiteten Formulierung (5) erweist völlige Übereinstimmung unter der Voraussetzung, daß man für $(H^2 + K^2 + L^2)$ den Ausdruck $n^2 (h^2 + k^2 + l^2)$ setzen darf. Das aber würde bedeuten, daß die *Laue*'schen Ordnungszahlen in engstem Zusammenhang mit den *Miller*'schen Indizes der reflektierenden Netzebene stehen: letztere, mit der Ordnungszahl n der *Bragg*'schen Gleichung multipliziert, stellen nämlich die *Laue*'schen Ordnungszahlen dar! Die *Miller*'schen Indizes sind im Falle, daß eine höhere Ordnung als die erste vorliegt, zu verdoppeln, zu verdreifachen usw., während sie in der morphologischen Kristallographie doch teilerfremd sind. Es ist also offenbar $H = n \cdot h$, $K = n \cdot k$, $L = n \cdot l$ oder symbolisch: $(HKL) = n \cdot (hkl)$, was später noch bewiesen werden wird (s. S. 128).

3. Strukturelle Bedeutung der Vervielfachung Miller'scher Indizes

Es erhebt sich nun die Frage: hat es denn einen strukturellen Sinn, *Miller*'sche Indizes in verdoppelter, verdreifachter Form usf. zu gebrauchen?

In der morphologischen Kristallographie hätte es natürlich keinen Sinn. Denn hier wird mit den *Miller*'schen Zeichen lediglich die Lage einer Kristallfläche in Bezug auf das Achsenkreuz festgelegt, ohne Rücksicht auf ihren Abstand vom Nullpunkt (Schnittpunkt der kristallographischen Achsen).

[1] Für dieses speziell haben wir ja die Gleichung (5) abgeleitet!

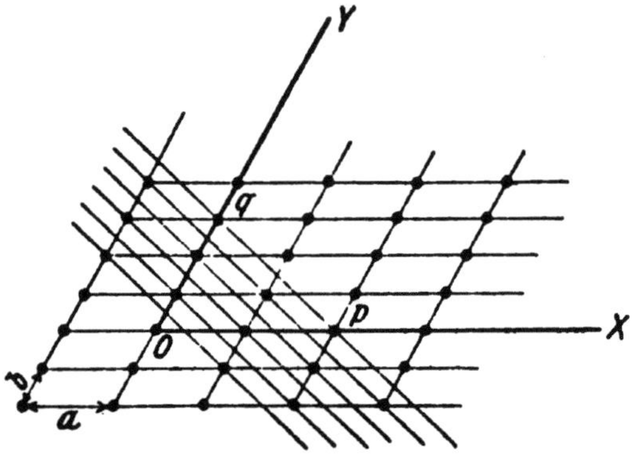

Abb. 62. Strukturebene pq mit Achsenabschnitten 0p = 2 a, 0q = 3 b. Die *Miller*'schen Indices stehen im Verhältnis 1/2 : 1/3, und lauten daher 32. Man erkennt, daß die Netzebenenschar (32.) die Achsenparameter a bzw. b in Abschnitte a/3 bzw. b/2 unterteilt (nach *Bijvoet* u. Mitautoren).

Sehen wir uns aber die Verhältnisse im Raumgitter an. Wir nehmen ein einfaches Translationsgitter zum Ausgangspunkt unserer Betrachtungen, begnügen uns aber hier mit der Darstellung des Gitters im Zweidimensionalen. Abb. 62 zeigt eine Netzebene unter Annahme einer X- und Y-Achse; eine dritte Achse (Z) könnten wir uns etwa senkrecht zur Zeichenebene denken. Eingezeichnet ist nun eine Gitterebene p q mit den Achsenabschnitten

$$0p = 2a \qquad 0q = 3b\ .$$

Zu Z sei diese Netzebene p q parallel, so daß sie sich in unserem Grundriß nur in ihrer Spur zu erkennen gibt. Parallel zu der angenommenen Ebene durch p und q haben wir natürlich noch unendlich viele Strukturebenen, die alle durch Punkte unseres Raumgitters gehen. Eine ganze Schar dieser Netzebenenlage ist in unserer Abbildung eingezeichnet, von p q bis zum angenommenen Ursprungspunkt 0 reichend.

Auf Grund der festgelegten Achsenabschnitte ergeben sich für die Flächenlage dieser Netzebenenschar die *Miller*'schen Indizes im Verhältnis von $^1/_2 : {}^1/_3$; $h : k = 3 : 2$.

Man erkennt aber, daß die *Strecken auf den Achsen* zwischen aufeinanderfolgenden Gitterebenen $\frac{a}{3}$ bzw. $\frac{b}{2}$ betragen, also $\frac{a}{h}$ bzw. $\frac{b}{k}$, wenn a und b die Parameter auf der X- bzw. Y-Achse sind. Aus dieser Betrachtung folgt die Erkenntnis, daß die Indizes einer Fläche die Bruchteile angeben, in denen die zugehörige Netzebenenschar die Grundparameterabschnitte durchsetzt: eine Ebenenschar hkl liefert auf den drei Achsen Streckenteile, die sich wie $\frac{a}{h} : \frac{b}{k} : \frac{c}{l}$ verhalten.

Beim Versuch weitergehender Unterteilung (etwa in 2h, 3h . . . Teile) durch Zwischenschaltung neuer Ebenen belehrt uns die Konstruktion, daß die neu hinzutretenden Linien (Spuren der zwischengeschalteten Ebenen) durch keine Gitterpunkte hindurchgehen, also keine wirklichen Netzebenen darstellen; sie sind lediglich *fiktiv*. Das aber besagt, daß im einfachen Translationsgitter eine Netzebenenschar $n(kkl)$ keinen realen Sinn hat. Da wir aber in der Röntgenometrie trotzdem immer mit den HKL-Werten rechnen – also mit dem unter Umständen vervielfachten Tripel der *Miller*'schen Indizes – muß dieser Vorgang einen besonderen Zweck verfolgen, den wir später kennen lernen werden. Schon jetzt aber läßt sich sagen, daß das *Laue*'sche Gleichungssystem und die *Bragg*'sche Reflexionsbedingung auf dasselbe hinauslaufen, wenn wir (HKL) als $n(hkl)$ auffassen können. Beweis dafür:
Nach *Bragg* ist die Differenz der Lichtwege bei einer Reflexion n-ter Ordnung an zwei nächst benachbarten Netzebenen (hkl) gleich $n \cdot \lambda$.

Dieser Betrag entspricht daher – wie wir oben gesehen haben – einer Versetzung der reflektierenden Ebene entlang der Achsen X, Y, Z um die Strecken $\frac{a}{h}, \frac{b}{k}, \frac{c}{l}$.

Symbolisieren wir diese *Bragg*'sche Interpretation durch die folgende Aufstellung (linker Teil!), dann ergibt sich, wenn wir die Verschiebungen längs der Achsen auf ganze Parameterwerte beziehen, die rechtsstehende Kolumne (weil es sich jetzt um h, k, *l* Vorrückungen der Ebene handelt).

$$\left.\begin{array}{ll} \frac{a}{h} \ldots n \cdot \lambda & a \ldots h n \cdot \lambda \\[1em] \frac{b}{k} \ldots n \cdot \lambda & b \ldots k n \cdot \lambda \\[1em] \frac{c}{l} \ldots n \cdot \lambda & c \ldots l n \cdot \lambda \end{array}\right\} \text{ nach } \textit{Bragg}$$

Durch die Verschiebung um ganze Elementarperioden gelangen wir aber zur *Laue*'schen Interpretation, wonach der Gangunterschied zwischen zwei benachbarten Atomen einer Gitterlinie, z. B. zwischen Atom O und Atom A auf der X-Achse, H · λ beträgt.

Wir vermerken diesen Sachverhalt symbolisch durch:

$$\left.\begin{array}{l} a \ldots H \cdot \lambda \\ b \ldots K \cdot \lambda \\ c \ldots L \cdot \lambda \end{array}\right\} \text{ nach } \textit{v. Laue}$$

Der Vergleich mit der *Bragg*'schen Interpretation (obige Zusammenstellung, rechts) beweist uns, daß tatsächlich H = n · h, K = n · k, L = n · *l* ist, was wir schon S. 125 erschlossen hatten.

e) Indizierung einer Laueaufnahme

1. Übertragung des Lauebildes in Gnomonische Projektion

Nach unseren früheren Darlegungen können wir das Zustandekommen der Interferenzpunkte einer Laueaufnahme nach *W. L. Bragg* deuten als Reflexionen des Primärstrahles an den inneren Strukturebenen des Kristalls. Also ist jedem Interferenzpunkt eine bestimmte Netzebenenschar zuzuordnen; mit anderen Worten: wir können das Lauediagramm *indizieren.*

Der geometrische Zusammenhang zwischen reflektierender Netzebene und der Reflexprojektion auf der photographischen Platte ist sehr einfach. Folgende Skizze (Abb. 63) soll ihn illustrieren. Dabei ist außer der Reflexprojektion auch das Zustandekommen der in der Kristallographie üblichen schematischen Projektionsarten – der stereographischen, im speziellen aber der gnomonischen Projektion – zur Darstellung gebracht.

K sei der Mittelpunkt eines Kristalls, BC bezeichne die Spur einer Netzebene desselben, die auf der Zeichenebene senkrecht steht. Der Primärstrahl AK (in der Zeichenebene gelegen) falle von unten her auf die genannte Netzebene ein und wird in Richtung J reflektiert. Senkrecht zur Primärstrahlenrichtung steht in der Entfernung D vom Mittelpunkt des Kristalls die photographische Platte, wo der Primärstrahl im Punkte O auftrifft; J ist der Einstichpunkt des Sekundärstrahls. Seine Entfernung von O, die aus der Aufnahme zu entnehmen ist, liefert sofort den Glanzwinkel ϑ; denn im Dreieck KOJ ist

$$\overline{OJ} = D \cdot \tan 2\vartheta \ .$$

(2ϑ als Winkel zwischen Primärstrahl und Sekundärstrahl ist der Abbeugungswinkel.)

Um aber die *Miller*schen Indizes der reflektierenden Netzebene zu ermitteln, bedienen wir uns einer der in der Kristallographie üblichen Projektionsverfahren, am zweckmäßigsten der gnomonischen Projektion. Nehmen wir als Projektionsebene eine Ebene im Abstande D′ von K (parallel der photographischen Platte) an, so stellt Punkt G die gnomonische Projektion der Netzebene BC dar, denn KG ist senkrecht BC. Die Entfernung des darstellenden Punktes G vom Mittelpunkt der gnomonischen Projektion – es ist dies der Punkt M – ergibt sich aus dem Dreieck KMG; der Winkel bei K ist ersichtlicherweise $(90 - \vartheta)$. Daher

$$\overline{MG} = D' \cdot \tan(90 - \vartheta) = D' \cdot \cot\vartheta \ .$$

Aber auch die stereographische Projektion der reflektierenden Netzebenenlage (N ihr Pol auf der Lagekugel – Augpunkt in A) läßt sich leicht finden; die Abb. 63 erläutert dies.

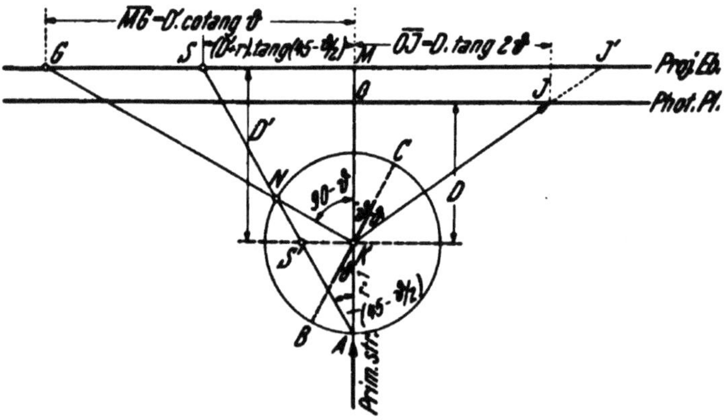

Abb. 63. Zusammenhang zwischen *Laue*bild und gnomonischer bzw. stereographischer Projektion.

Normalerweise wird als Projektionsebene für die stereographische Projektion die Äquatorebene der Projektionskugel angenommen, so daß S' den Projektionspunkt darstellt; auf unsere Projektionsebene im Abstande D' bezogen, ist S die stereographische Projektion.

Die Vermessung der Laueaufnahme liefert, wie wir gesehen haben, den jeweiligen Glanzwinkel ϑ. Mit seiner Hilfe kann also eine Umzeichnung in eine der beiden Projektionsarten vorgenommen werden. Die Projektionspunkte liegen immer diametral in Bezug auf J bzw. J' (jenseits O bzw. M); ihre Distanzen vom Mittelpunkt sind auf Grund obiger Formeln gegeben.

Da die Orientierung des aufgenommenen Kristalles zum Primärstrahl und also auch zur Projektionsebene bekannt ist, bietet die Anfertigung einer Projektion des Lauebildes keinerlei Schwierigkeiten. Die Übertragung in die gnomonische Projektion kann mit Hilfe eines gnomonischen Lineals (s. Abb. 64)[1] leicht bewerkstelligt werden. Eine solche Umzeichnung

[1] In der Abbildung ist der Abstand D' der Projektionsebene vom Kristall gleich dem Plattenabstand D angenommen worden.

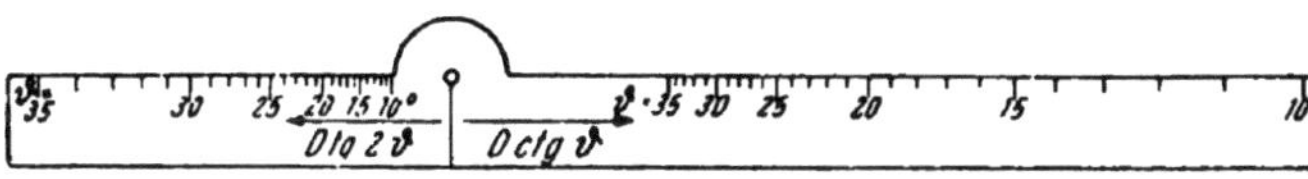

Abb. 64. Gnomonisches Lineal nach *Wyckoff.*

ist in Abb. 65 reproduziert. Das gnomonische Lineal wird zu diesem Zweck mit seinem Nullpunkt im Einstichpunkt des Primärstrahls drehbar befestigt, so daß jeder Lauepunkt durch Ablesung des ϑ-Winkels (linke Seite des Lineals) auf die andere Seite übertragen werden kann. Die Indizierung der auf den Schnittpunkten zweier Zonenlinien (h const., k const.) befindlichen Projektionspunkte ist ohneweiters ersichtlich – der dritte Index l ist gleich 1, weil die Durchstrahlung parallel Z

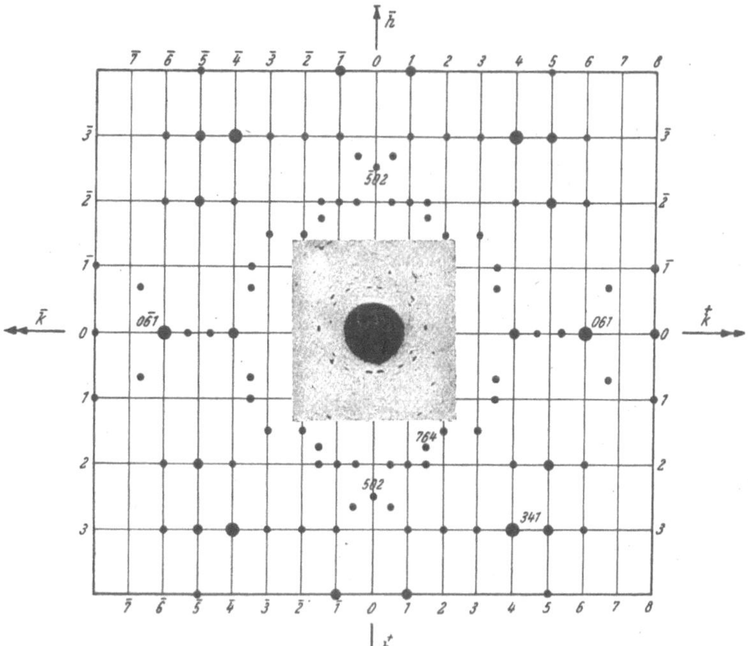

Abb. 65. Übertragung eines *Laue*-Bildes in gnomonische Projektion (nach einer Röntgenogramm-Umzeichnung von *R. Glocker*): Topas, in Richtung der Z-Achse durchstrahlt.

erfolgte. Die Punkte mit Bruchteilen ganzer Zahlen von h und k sind als solche festzustellen, z. B. $1^3/_4$, $1^1/_2$, 1, und dann ist das Verhältnis ganzzahlig zu machen: $^7/_4$, $^6/_4$, $^4/_4$, also 764 (s. diesen Punkt in der Projektion Abb. 65).

2. Ermittlung des Achsenverhältnisses aus der Gnomonischen Projektion des Lauebildes

In den Kristallsystemen mit rechtwinkligem Achsenkreuz – aber auch im hexagonalen und rhomboedrischen System – können wir aus der gnomonischen Projektion einer Laueaufnahme, wie sie Abb. 65 darstellt, ohneweiters das Achsenverhältnis entnehmen. Abb. 66 a) zeigt den Sachverhalt in perspektivischer Darstellung, und zwar bezüglich des Verhältnisses a : c.

Auf der Lagekugel um K ist das primäre Querprisma 101 eingetragen. Die Distanz seines gnomonischen Punktes vom Projektionsmittelpunkt M, also der Wert des konstanten Abstandes der horizontalen k-Linien, ist mit p bezeichnet.

$$p = D \cdot \text{tang}\, \rho_{101},$$

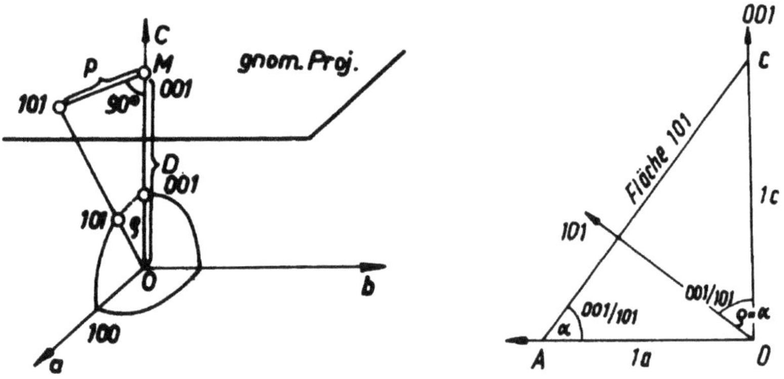

a) b)

Abb. 66. Ermittlung des Achsenverhältnisses a : c aus der gnomonischen Projektion. a) perspektivisch. b) Schnitt a/c.

wenn ρ_{101} die Poldistanz von 101 ist, also der Winkel entsprechend dem Bogen 001/101 auf der Lagekugel.

Stellen wir den für die Berechnung in Betracht kommenden ebenen Schnitt durch die Achsen a und c unserer perspektivischen Zeichnung in der Hilfsfigur 66 b) dar, so ergibt sich die Lage der Fläche 101, bzw. der Neigungswinkel α, durch deren Spurlinie.

Der Wert $\tan\rho_{101} = \tan\alpha$ (denn ρ und α sind Normalenwinkel); $\tan\alpha$ ist aber aus dem Dreieck AOC durch $\frac{c}{a}$ ausdrückbar. Somit ist die in obiger Formel für den Parameter p vorkommende Winkelfunktion $\tan\rho_{101}$ durch das Achsenverhältnis $\frac{c}{a}$ zu ersetzen:

$$p = D \cdot \frac{c}{a} .$$

Ganz analog ergibt der Schnitt durch die b- und c-Achse den Parameter q:

$$q = D \cdot \frac{c}{b} .$$

Daraus können die Achsenabschnitte a und b (in Bezug auf c) festgestellt werden. Setzen wir c = 1, dann haben wir – in einem rhombischen Kristall –

$$a = \frac{1}{p} \cdot D \qquad b = \frac{1}{q} \cdot D \qquad c = 1 .$$

Oder das Achsenverhältnis – wie üblich auf b = 1 bezogen – in der Form:

$$a : 1 : c = \frac{q}{p} : 1 : \frac{q}{D} .$$

Im tetragonalen System sind bei Durchstrahlung senkrecht (001) die Netzmaschen der gnomonischen Projektion Quadrate von der Seitenlänge p; daher finden wir das Achsenverhältnis c/a aus $p = D \cdot \frac{c}{a}$.

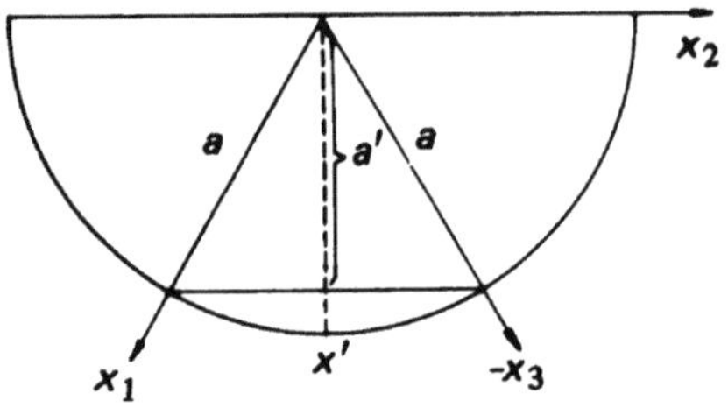

Abb. 67. Hilfsfigur für hexagonal.

Auch im hexagonalen System gilt diese Formel, und zwar in Bezug auf eine winkelhalbierende Hilfsachse x' zwischen $\overset{+}{x}_1$ und $\bar{x}_3$ (s. Hilfsfigur Abb. 67):

$$p = D \cdot \frac{c}{a'} .$$

Umgerechnet auf das *Bravais*'sche Achsenkreuz durch Substitution für a' $\left(= \frac{a}{2} \cdot \sqrt{3}\right)$ ergibt

$$p = \frac{2}{\sqrt{3}} D \cdot \frac{c}{a} .$$

f) Die im Lauebild direkt erkennbaren kristallographischen Gesetzmäßigkeiten

1. Der Zonenverband

Im vorhergehenden Teilkapitel e) haben wir dargetan, wie sich durch Umzeichnung der Laueaufnahme in gnomonische Projektion ein übersichtliches Bild der kristallographischen Verhältnisse ergibt und wie gerade hier der Zonenverband – der sich durch geradlinige Anordnung der die Netzebenen darstellenden Punkte kundtut – besonders klar hervortritt.

Aber auch schon das Lauediagramm selbst verrät durch die Anordnung der Interferenzflecken diesen Zusammenhang.

Greifen wir nochmals auf unsere Abb. 63 zurück, wo das Zustandekommen der Interferenzpunkte auf der photographischen Platte als Spiegelung des Primärstrahls an einer Netzebene dargestellt wurde. Stellen wir uns vor, die Netzebene, die durch ihre Spur BC versinnbildlicht wurde, rotiere um die Linie BC als Drehungsachse. Dann rotiert eben auch der Interferenzstrahl um diese Achse und beschreibt somit einen Kegelmantel, dessen Achse BC ist.

Dies sei in einer eigenen Abbildung – diesmal perspektivisch – zur Darstellung gebracht (Abb. 68). Die Linie BC ist nun aber zur Zonenachse zz geworden für alle jene Flächenlagen, die ihr parallel sind, d. h. die zusammen eine kristallographische Zone bilden. Der Schnitt unseres Interferenzkegels mit der photographischen Platte ist ein Kegelschnitt, in unserem Falle eine Ellipse. Das besagt aber: die Reflexpunkte von Netzebenen, die einer Zone angehören, ordnen sich im Lauebild in Kegelschnittlinien an. Wie wir bemerken, ist der Primärstrahl auch eine Erzeugende des betreffenden Interferenzkegels; die Kegelschnittlinien des Diagrammes gehen also durch

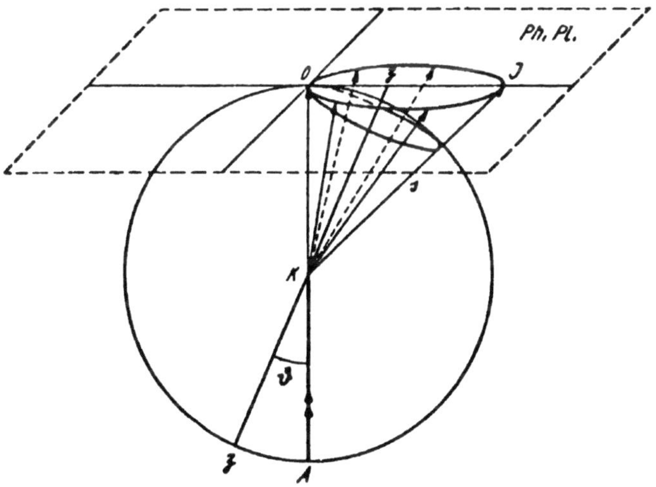

Abb. 68. Zonenverband im *Laue*-Diagramm. Der Winkel zwischen Primärstrahl und Zonenachse zz möge allgemein α heißen; er entspricht dem Glanzwinkel ϑ der Netzebene BC von Abb. 63.

den Primärfleck hindurch, wie das für die Ellipse in unserer Abb. 68 ersichtlich ist.

Nun ist folgendes leicht zu erkennen: Ist der Winkel zwischen Primärstrahl und Zonenachse[1] α kleiner als 45°, dann ist der maximale Abbeugungswinkel ($2\vartheta = 2\alpha$) des von O entferntesten Interferenzpunktes J (Reflex der Netzebene BC!) kleiner als 90°, d.h. der Interferenzstrahl kann die photographische Platte treffen. Die Kurve der tautozonalen Interferenzpunkte ist eine Ellipse.

Ist jedoch $\alpha = 45°$, somit $2\alpha = 90°$, d.h. der Interferenzstrahl parallel zur photographischen Platte, dann ist der Kegelschnitt ein solcher mit einem Punkt im Unendlichen – eine Parabel.

Bei Zonenkegeln mit α zwischen 45° und 90° erhalten wir Hyperbeln. Steht schließlich die Zonenachse senkrecht zum Primärstrahl ($\alpha = 90°$), dann artet die Kurve zu einer Geraden aus: Die Lauepunkte von Flächen einer Zone ⊥ Primärstrahl ordnen sich in einer geraden Linie an, die durch den Primär-

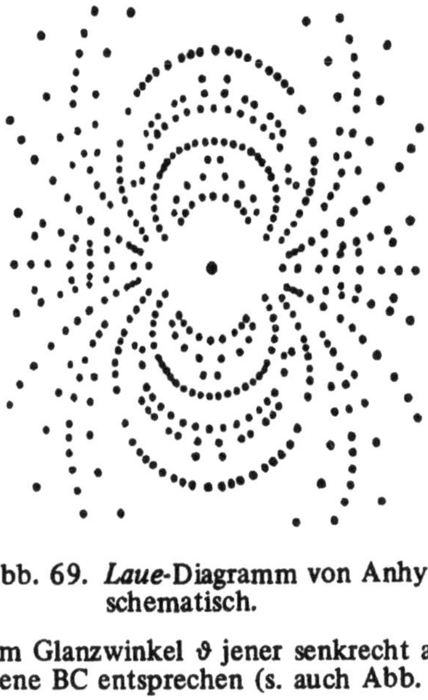

Abb. 69. *Laue*-Diagramm von Anhydrit, schematisch.

[1] Er würde dem Glanzwinkel ϑ jener senkrecht auf der Bildebene stehenden Netzebene BC entsprechen (s. auch Abb. 63).

fleck geht; dieser selbst ist der Interferenzpunkt jener Fläche der Zone, die vom Primärstrahl senkrecht getroffen wird. Eine schematische Reproduktion eines Lauebildes soll diese Verhältnisse illustrieren (Abb. 69).

2. Die Symmetrie

Was in der Laueaufnahme besonders eindrucksvoll hervortritt, sind – wie schon eingangs erwähnt – die Symmetrieverhältnisse, die jenen der senkrecht durchstrahlten Fläche entsprechen. Da sich aber kein Unterschied ergibt zwischen Symmetrieklassen, die sich nur durch das Vorhandensein oder Fehlen eines Symmetriezentrums unterscheiden, können innerhalb der 32 Kristallklassen nur 11 Gruppen der Lauesymmetrie unterschieden werden. Diese sind in der letzten Kolumne der Tabelle 5 verzeichnet.

Tabelle 5. Symmetrie des Lauebildes (Bezeichnung der Symmetrieklassen nach *Schoenflies*)

Kristallsystem	Kristallklasse	Symmetrie des Lauebildes
Triklin	C_1, C_i	C_i
Monoklin	C_s, C_2, C_{2h}	C_{2h}
Rhombisch	C_{2v}, D_2, D_{2h}	D_{2h}
Tetragonal	S_4, C_4, C_{4h}	C_{4h}
	D_{2d}, C_{4v}, D_4, D_{4h}	D_{4h}
Hexagonal	C_{3h}, C_6, C_{6h}	C_{6h}
	D_{3h}, C_{6v}, D_6, D_{6h}	D_{6h}
Rhomboedrisch	C_3, C_{3i}	C_{3i}
	C_{3v}, D_3, D_{3d}	D_{3d}
Kubisch	T, T_h	T_h
	T_d, O, O_h	O_h

g) *Die Strukturermittlung der Alkalihalogenide und die Errechnung der Standard-Gitterkonstante von NaCl*

Das Laueverfahren wäre wegen seiner Übersichtlichkeit und leichten Indizierbarkeit ein ganz ideales Untersuchungsmittel der Röntgenanalyse. Wie wir gesehen haben, offenbart es am klarsten die Beziehungen zu den kristallographischen Gegebenheiten. Da aber jeder Interferenzpunkt mit einer anderen, zur betreffenden Netzebenenschar gerade passenden Wellenlänge hervorgebracht worden ist, können wir – mangels Kenntnis dieser λ-Werte – die *Bragg*'sche Gleichung *nicht* zur Bestimmung der Netzebenenabstände benützen. Durch Vermessung der Aufnahme bekannt sind lediglich die Glanzwinkel; auch die Ordnung der Reflexion (die Zahl n der Gleichung $n \cdot \lambda = 2\,d \sin \vartheta$) ist unbekannt. Durch die Indizierung einer Laueaufnahme wird nur festgestellt, welche Netzebenen – rein kristallographisch indiziert! – zur Reflexion gelangt sind, nicht aber in welcher Ordnung dies geschah.

Gleichwohl war es schon Anfang des Jahres 1913[1] *W. L. Bragg* gelungen, durch kritischen Vergleich der Lauediagramme der Alkalihalogenide eine Vorstellung von der Atomanordnung in diesen Kristallen zu gewinnen.

Die Lauebilder von KCl, KBr und NaCl wiesen dieselbe Tendenz in der Anordnung der Interferenzflecken auf. Das Diagramm von KCl (Abb. 70)[2] läßt in seiner Einfachheit auf eine sehr regelmäßige Atomanordnung schließen. Diese Annahme schien insofern plausibel, als K und Cl mit ihren einander so nahestehenden Ordnungszahlen im periodischen System (19 und 17) einen ähnlichen Beugungseffekt erwarten ließen[3].

[1] Proc. Roy. Soc. (A), *89*, 248.

[2] Die Reflexe von tautozonalen Flächen, die sich im Lauephotogramm in Ellipsen anordnen, sind hier durch Kreise abgebildet. Es ist dies die stereographische Projektion jener *Kleinkreise* auf der Lagekugel, die sich als Schnitt mit dem Interferenzstrahlenkegel der Abb. 68 ergeben.

[3] Ursprünglich hatte *Bragg* Proportionalität der Streukraft mit den Atomgewichten angenommen; später erwiesen sich dafür die Ordnungszahlen des Periodischen Systems als maßgeblich.

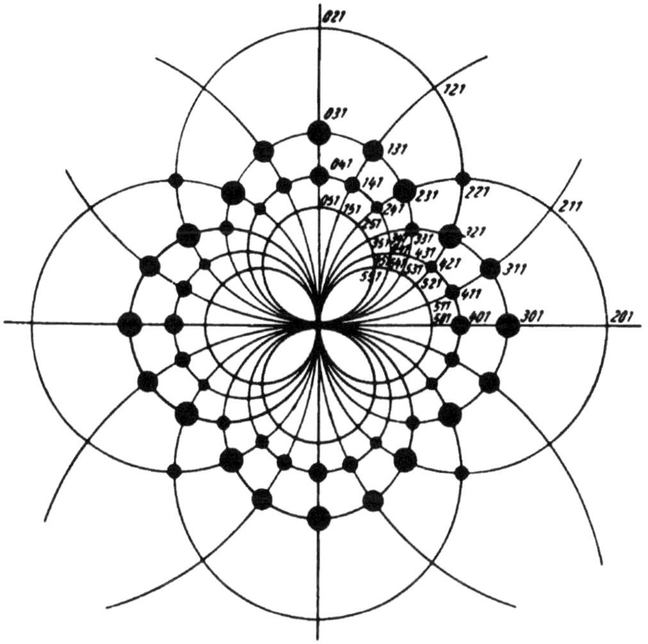

Abb. 70. *Laue*-Diagramm von KCl, stereographische Projektion (nach *W. L. Bragg*).

Da wir bei den zum Vergleich herangezogenen Halogeniden KBr und NaCl aus Gründen der Analogie in chemischer und kristallographischer Hinsicht auch strukturelle Übereinstimmung annehmen müssen, ergibt sich für alle drei Verbindungen (und ebenso für das Kaliumjodid) ein Aufbau aus würfeligen Zellen mit abwechselnder Besetzung der Eckpunkte (s. Abb. 71 b). Strukturtheoretisch entspricht das aber einem Elementarkörper, wie er in Abb. 71 a) dargestellt ist. Wir erkennen ein flächenzentriertes Würfelgitter der einen Atomsorte und sehen die andere Atomsorte in der Körpermitte und in den Kantenmitten des Elementarkörpers placiert: das entspricht aber im dreidimensional-unendlichen Diskontinuum einer Durchdringung von zwei geometrisch kongruenten, flächenzentrierten kubischen Gittern mit der Verschiebung des Anfangspunktes um die halbe Körperdiagonale (Abb. 71 c). So

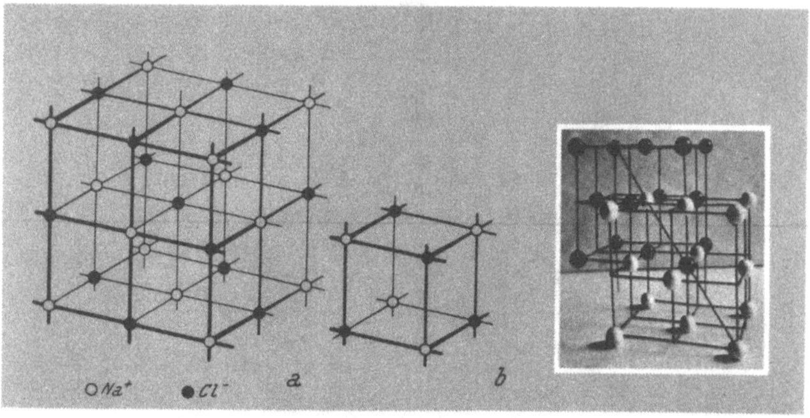

Abb. 71. Steinsalz-Struktur. a) Elementarkörper; b) Achtelwürfel des Elementarkörpers; c) Ineinanderstellung zweier flächenzentrierter kubischer Gitter.

kommt das Nullpunktatom des zweiten Gitters in die Körpermitte des ersten zu liegen, und die übrigen Atome der zweiten Sorte – soweit sie in den Bereich des gezeichneten Elementarkörpers fallen – gelangen in die Kantenmitten des Grundgitters.

Mit der hier angedeuteten Erkundung der Atomanordnung bei den Alkalihalogeniden war erstmalig eine Basis gewonnen, auch zahlenmäßig die Dimensionen in einer Struktur zu bestimmen. Das gelingt auf Grund einfacher Überlegungen mit Hilfe der *Loschmidt*'schen Zahl und der Kenntnis des spezifischen Gewichtes der Substanz.

Ein Gramm-Molekül enthält L = 0,60 .. · 10^{24} Moleküle.

Volumen eines *Gramm-Moleküls*

$$V_{NaCl} = \frac{\text{Gewicht}}{\text{spez. Gewicht}} = \frac{Mol_{NaCl}}{\sigma} ;$$

darin sind L Moleküle bzw. 2 L Atome enthalten.

Durchschnittsvolumen *eines Atoms*

$$V_{Atom} = \frac{Mol_{NaCl}}{\sigma \cdot 2L} .$$

Andererseits lehrt uns die Betrachtung der NaCl-Struktur, daß das Volumen eines Atoms im Kristallverbande der Achtelwürfel unseres Strukturmodells Abb. 71 b) ist. Denn alle acht Ecken sind mit Atomen besetzt, und zwar abwechselnd mit beiden Sorten. Also entfällt für den Bereich dieses Volumens ein *einziges* Atom $\left(8 \cdot \frac{1}{8}\right)$. Den kürzesten Abstand zweier Atome, nämlich die Kantenlänge des Achtelwürfels, wollen wir d nennen; es ist der Netzebenenabstand der Würfelfläche für die gesamte Struktur.

Das Volumen des Achtelwürfels ist also das Durchschnittsvolumen *eines* Atoms in der NaCl-Struktur; es ist d^3.

Die auf zwei getrennten Wegen gefundenen Ausdrücke für das Atomvolumen sind einander gleichzusetzen:

$$d^3 = \frac{\mathrm{Mol}_{\mathrm{NaCl}}}{\sigma \cdot 2L},$$

$$d = \sqrt[3]{\frac{1}{\sigma} \cdot \frac{\mathrm{Mol}_{\mathrm{NaCl}}}{2 \cdot L}}.$$

Berechnung unter Annahme folgender Ausgangsdaten:

Atomgewichte	Na – 23,00	spez. Gewicht des kristallisierten NaCl: $\sigma = 2{,}164$
	Cl – 35,46	(bei 18° C)
Molekulargewicht	NaCl – 58,46	

Loschmidt'sche Zahl $L = 0{,}6061 \cdot 10^{24}$ (*Geiger-Scheel*, Hdb. d. Physik, *2* (1926)

$$d = \sqrt[3]{\frac{58{,}46}{2{,}164 \cdot 2 \cdot 0{,}6061 \cdot 10^{24}}} =$$

$$= 2{,}814 \cdot 10^{-8}\,\mathrm{cm} \text{ oder } 2814 \text{ X-Einheiten}^1.$$

Auf diesem Wege war im Anschluß an die Struktur-Erkundung des NaCl durch *W. L. Bragg* erstmalig auch eine Gitter-

[1] Mit obigen Zahlen ergibt sich allerdings der Wert $2{,}81415 \cdot 10^{-8}$ cm, während *Moseley* (1913) 2,8140 errechnete.

konstante von *Moseley* ermittelt worden. Dieser d-Wert für Steinsalz gilt nun als Standardwert in der Kristallchemie[1] unbeschadet der Tatsache, daß eventuell spätere Verbesserungen in den Ausgangswerten – vor allem die genauere Festlegung des L-Wertes z. Zt. mit $0{,}60234 \cdot 10^{24}$, oder eine noch exaktere Bestimmung des spez. Gewichtes – einen etwas größeren d-Wert ergeben, nämlich $2{,}8197 \cdot 10^{-8}$.

Die Festsetzung d = 2,8140 Å benützt als Maßeinheit das „Ångström"[2].

Es ist nur angenähert 10^{-8} cm, denn in Wirklichkeit ist 1 bisheriges Ångström = 1 kX = $1{,}00202 \cdot 10^{-8}$ cm.

War auf diese Weise die Erforschung der Struktur der Alkalihalogenide lediglich aus Laueaufnahmen auch erfolgreich gewesen, so muß man sich doch vor Augen halten, daß dies nur infolge der hier vorliegenden besonderen Verhältnisse möglich war. Als alleiniges Verfahren zur Kristallstrukturbestimmung kommt heutzutage die Lauemethode nicht mehr in Betracht. Wohl kann sie für manche Spezialaufgaben mit Vorteil herangezogen werden. Doch wird man im allgemeinen zur Durchführung einer Strukturanalyse andere Methoden, und zwar solche mit monochromatischem Arbeitsverfahren benötigen, die eine quantitative Auswertung des Interferenzeffektes gewährleisten.

VII. Das Bragg'sche Spektrometerverfahren

a) Prinzip und experimentelle Durchführung

Hier gelangt im Prinzip *monochromatisches* Röntgenlicht zur Anwendung, d.h. Röntgenstrahlung von einer bestimmten,

[1] Ganz analog der Festsetzung 0–16 als Grundlage für die Atomgewichte.

[2] *A. J. Ångström,* schwedischer Astronom und Spektroskopiker, 1814–1874.

genau bekannten Wellenlänge [1].

Erinnern wir uns der Ableitung des *Bragg*'schen Reflexionsgesetzes (s. Abb. 61) und stellen uns nun vor, daß der Röntgenstrahl zunächst auf die Kristallplatte streifend einfalle (Abb. 72). Der Winkel zwischen Primärstrahl und der Netzebenenschicht wird kontinuierlich vergrößert, bis jener Wert des Glanzwinkels ϑ_1 erreicht ist, der die *Bragg*'sche Gleichung befriedigt. Es kann dies – im Gegensatz zur Darstellung in Abb. 72 – durch Drehung der Kristallplatte bewerkstelligt werden bei Festhaltung der Einfallsrichtung des Primärstrahls. Nun wird erstmalig ein reflektierter Strahl erzeugt, da wir einen Gangunterschied von 1 λ erzielt haben: Es ist die Reflexion I. Ordnung nach der Gleichung

$$1 \cdot \lambda = 2\,d \sin \vartheta_1 \; .$$

Bei Weiterdrehung (Vergrößerung des Winkels ϑ) wird der Sekundärstrahl wieder zum Verlöschen kommen, da die Verhältnisse nicht mehr der *Bragg*'schen Gleichung genügen. Aber wir erzielen neuerlich einen Sekundärstrahl, bei einem Winkel ϑ_2, dessen Sinus gerade das Doppelte von $\sin \vartheta_1$ ist. Wir haben die Reflexion II. Ordnung vor uns:

$$2 \cdot \lambda = 2\,d \sin \vartheta_2 \; .$$

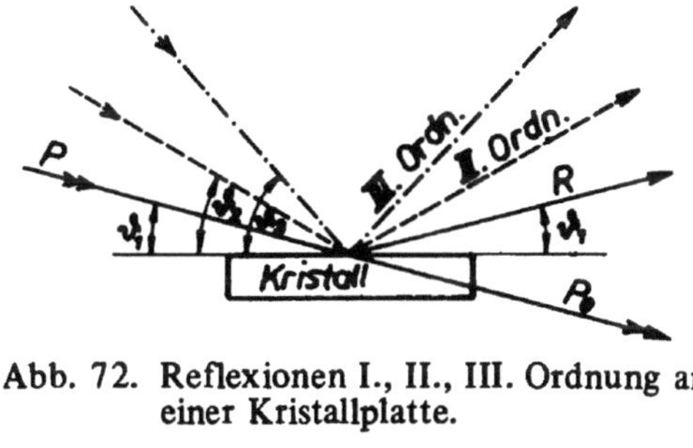

Abb. 72. Reflexionen I., II., III. Ordnung an einer Kristallplatte.

[1] Es kann freilich auch mit einer Dublette von Wellenlängen gearbeitet werden, z. B. mit der α- und β-Strahlung der K-Serie einer bestimmten Antikathode (Eigenstrahlung!); dies ist immer dann der Fall, wenn die β-Strahlung nicht (durch Filterung oder sonstwie) ausgeschaltet wird.

Und so können wir auch noch zu einer Reflexion III. (oder höherer) Ordnung gelangen bei weiteren Glanzwinkeln. Die Intensitäten der Sekundärstrahlen werden allerdings mit aufsteigender Ordnung immer schwächer; der Normalabfall für ein einfaches kubisches Gitter entspricht ungefähr dem Verhältnis 100 : 20 : 7 : 3 : 1, wenn die Intensität der I. Ordnung gleich 100 gesetzt wird.

Eine Apparatur, die den skizzierten Vorgang experimentell ermöglicht, ist von *W. H. Bragg* geschaffen worden. Prinzip ist: Drehung des reflektierenden Kristalls bei Verwendung monochromatischen Röntgenlichtes.

Dieses Prinzip einer Drehkristallaufnahme ist durch Abb. 73 versinnbildlicht. Links eine Röntgenröhre (mit Antikathode A), deren Betrieb so geregelt wurde, daß nicht das kontinuierliche Bremsspektrum zur Geltung kam, sondern in der Hauptsache die selektive Eigenstrahlung des Antikathodenmaterials erhalten wurde. Bl bedeutet eine Blendenvorrichtung aus Blei mit senkrechtem Schlitz, der ein bandförmiges Bündel der monochromatischen Strahlung auf den Kristall K lenkt, welcher auf einem drehbaren Tischchen so montiert ist, daß eine natürliche oder angeschliffene Fläche vertikal steht und die (vertikale) Drehachse in sich enthält; das Strahlenband soll die Drehachsenlinie der reflektierenden Kristallfläche treffen. Primärstrahlenrichtung und Drehachse sind aufeinander senkrecht! Laut Zeichnung ist nun koaxial mit der Drehvorrichtung ein zylindrischer Filmstreifen FF′ angebracht, der die

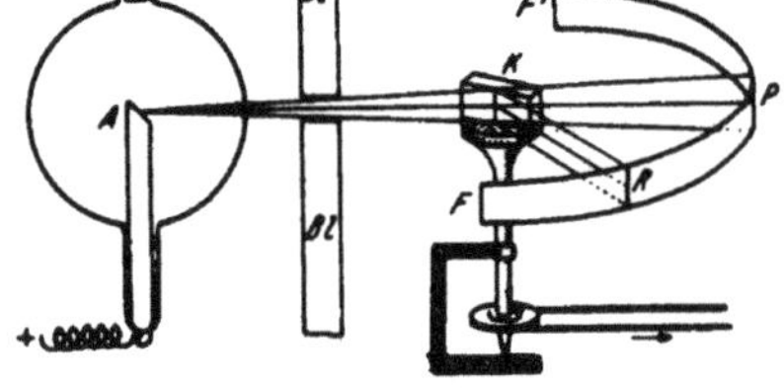

Abb. 73. Prinzip einer Drehkristallaufnahme (nach *P. P. Ewald*).

Röntgenreflexe auffängt: P bedeutet den Einschnitt des primären Strahlenbandes, R die Auftreffstelle eines reflektierten Strahls auf der photographischen Schicht[1].

Das Röntgenspektrometer von *Bragg* hingegen verwendet zum Nachweis der Sekundärstrahlen eine Ionisationskammer. Das ganze Aufnahmegerät ist nach Art eines einkreisigen Reflexions-Goniometers (mit horizontalem Teilkreis) gebaut, wobei an Stelle des Beobachtungsfernrohres die Ionisationskammer tritt; statt des Kollimatorrohres ist die Blende zu denken. Die Ionisationskammer ist um die nämliche Achse wie der Kristall drehbar befestigt. Wird nun der Kristall, beginnend von streifendem Einfall des Primärstrahls, langsam gedreht, so wird die Ionisationskammer gleichsinnig mitgedreht, jedoch um den doppelten Winkelbetrag: Ist der Winkel zwischen spiegelnder Kristallfläche und Primärstrahlenband ϑ, so muß die Ionisationskammer von der Ausgangsstellung (entsprechend dem Primärstrich P auf dem Film) um 2ϑ bis R weiterbewegt werden. Die Stellung des Kristallträgers sowohl wie auch jene der Ionisationskammer sind an entsprechenden Kreisteilungen ablesbar.

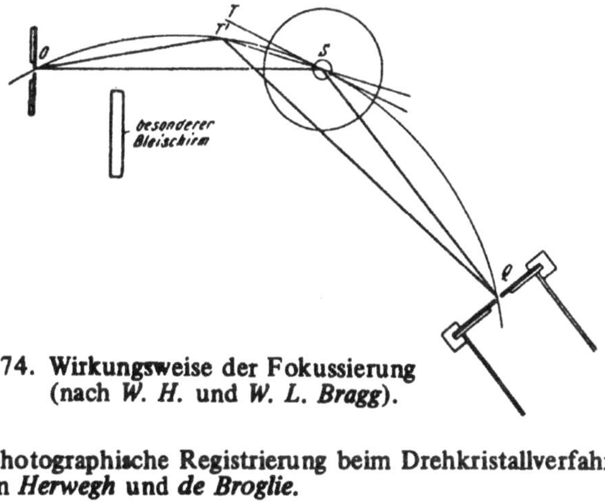

Abb. 74. Wirkungsweise der Fokussierung (nach *W. H.* und *W. L. Bragg*).

[1] Die photographische Registrierung beim Drehkristallverfahren stammt von *Herwegh* und *de Broglie*.

Um jedoch scharfe Einstellungen zu ermöglichen, haben *W. H.* und *W. L. Bragg* die *fokussierende* Eigenschaft der Röntgenspiegelung bei ihrem Spektrometer zur Anwendung gebracht (s. Abb. 74). Dies wurde dadurch erreicht, daß die Spaltblendenöffnung O und der Eintrittsspalt der Ionisationskammer Q von der Drehachse des Kristalltischchens S gleich weit entfernt sind; diese drei Punkte liegen demnach auf der Peripherie eines Kreises, wie das Abb. 74 zu erkennen gibt.

Die Wirkungsweise der Fokussierung ist nun ohne weiteres ersichtlich: Während der Drehung der Kristallplatte S–T reflektieren der Reihe nach verschiedene Stellen derselben – immer jene, die gerade den Kreisbogen schneiden (in unserer Zeichnung ist nur die Reflexion bei S und T′ dargestellt); denn die Abbeugungswinkel bei S und T′ bzw. die Glanzwinkel ϑ, sind einander gleich (Peripheriewinkel!). So senden also alle zur Reflexion gelangenden Partien der Platte ihre Sekundärstrahlen zum selben Punkt Q, der Eintrittsöffnung der Ionisationskammer.

b) Die Verifizierung der NaCl-Struktur

Wir haben gehört, daß bei Drehkristallaufnahmen die Wellenlänge der verwendeten Strahlung bekannt sein muß. Da uns eine genau bekannte Gitterkonstante zur Verfügung steht (s. NaCl: Teilkapitel VIg, S. 141), ist der Weg nun frei, durch Verwendung der *Bragg*schen Beziehung Wellenlängen zu eichen. So war man in die Lage versetzt, das Spektrometerverfahren wirksam zur Erkundung von Kristallstrukturen einzusetzen. Das unternahm *W. H. Bragg* zur Verifizierung von KCl und NaCl im Anschluß an die Untersuchung der Alkalihalogenide durch *W. L. Bragg* (auf Grund von *Laue*diagrammen).

Im Vergleich zur Lauemethode, wo mit einem Schlag eine große Anzahl von Interferenzen erzielt wird, werden bei Benützung des Röntgenspektrometers die Flächen einzeln nacheinander untersucht.

Vorerst wollen wir uns über gewisse gittergeometrische Verhältnisse bei kubischen Translationsgittern klar werden.

In einem einfachen Würfelgitter mit der Kantenlänge a verhalten sich die Netzebenenabstände der primären Hauptflächen wie folgt:

$$d_{100} : d_{110} : d_{111} = a : \frac{a\sqrt{2}}{2} : \frac{a\sqrt{3}}{3} =$$

$$= 1 : \frac{1}{\sqrt{2}} : \frac{1}{\sqrt{3}} .$$

Und die Sinusfunktionen der Glanzwinkel sind gemäß der *Bragg*schen Gleichung reziprok zu den d-Werten; es gilt daher für das einfache Würfelgitter

$$\sin \vartheta_{100} : \sin \vartheta_{110} : \sin \vartheta_{111} = 1 : \sqrt{2} : \sqrt{3} .$$

Im flächenzentrierten kubischen Gitter jedoch sind die Netzebenenabstände bei Würfel- und Rhombendodekaederfläche durch die Einschaltung der neuen Gitterpunkte halbiert, während der Netzebenenabstand für die Oktaederfläche nicht unterteilt ist. Wir erhalten daher

$$d_{100} : d_{110} : d_{111} = \frac{1}{2} : \frac{1}{2\sqrt{2}} : \frac{1}{\sqrt{3}}$$

und die Sinuswerte stehen im Verhältnis:

$$\sin \vartheta_{100} : \sin \vartheta_{110} : \sin \vartheta_{111} = 2 : 2\sqrt{2} : \sqrt{3} .$$

Das bedeutet: Im Gegensatz zum einfachen Würfelgitter treten die Interferenzen I. Ordnung beim flächenzentrierten Gitter für die Würfel- und Rhombendodekaederfläche erst im doppelten Winkelabstand auf, wenn wir – bei relativ kleinen Glanzwinkeln – die Winkel selbst statt ihrer Sinus setzen dürfen.

Um diese Verhältnisse leichter zu überblicken, wollen wir eine schematische Darstellung zu Hilfe nehmen, in die wir die Resultate der *Bragg*schen Spektrometeruntersuchung am Steinsalz eintragen. Als Abszisse dieses Diagrammes ist $\sin \vartheta$ aufgetragen, als Ordinate die relative Intensität der Reflexe, wobei innerhalb jeder Netzebenenschar der stärkste Reflex der Zahl 100 gleichgesetzt ist[1].

Die Abb. 75 zeigt ein solches Schema für die drei Hauptflächen des NaCl. Wir bemerken zunächst an der Einteilung der Abszisse, daß sich die Einheitsabstände für das Auftreten der verschiedenen Ordnungen an der (100)-, (110)- und (111)-Fläche verhalten wie $1 : \sqrt{2} : \sqrt{3}$, weil ja die Sinuswerte der bezüglichen Glanzwinkel der jeweiligen I. Ordnung an den drei Flächen diesem Verhältnis entsprechen müssen, wie vorher entwickelt worden ist. Ferner erkennen wir beim Vergleich der Interferenzergebnisse an den drei Hauptflächen, daß die beobachteten ersten Reflexionen an (100) und (110) ganz in Übereinstimmung mit dem erkannten Verhältnis der Sinus-Werte eines flächenzentrierten kubischen Gitters stehen, d. h. nicht bei dem ersten Teilstrich auftreten, sondern beim zweiten des betreffenden Reflexionsschemas; und ebenso die weiteren Ordnungen beim vierten und sechsten Teilstrich. Es liegen also hier, verglichen mit den Verhältnissen des einfachen Würfelgitters, die Reflexionen II., IV., VI. Ordnung vor, während die Reflexionen I., III., V. Ordnung fehlen. Wir stellen somit bei den Interferenzen an (100) und (110) den *Ausfall der ungeraden Ordnungen* fest.

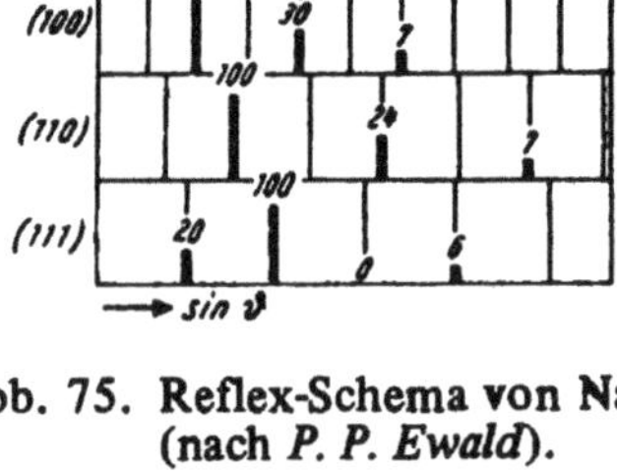

Abb. 75. Reflex-Schema von NaCl (nach *P. P. Ewald*).

[1] Diese an Würfel, Dodekaeder und Oktaeder erzielten stärksten und daher mit 100 bezeichneten Intensitäten sind untereinander aber durchaus nicht gleich, sondern verhalten sich annähernd wie $1 : {}^1/_2 : {}^1/_3$.

Das ist auch auf Grund folgender Überlegung leicht zu verstehen: Bei einem flächenzentrierten kubischen Translationsgitter sind für (100) und (110) mitten zwischen die vorhandenen Netzebenen eines primitiven kubischen Gitters gleichbelastete Netzebenen eingeschoben; der Netzebenenabstand ist damit halbiert. Bezüglich des ursprünglichen d-Wertes wäre es zu einer Reflexion I. Ordnung gekommen; es entsprach einem Gangunterschied von 1 λ. Da jetzt aber der Netzebenenabstand nur d/2 ist, so bedeutet das einen Gangunterschied von λ/2; es erfolgt also die Auslöschung der I. Ordnung!

Nun handelt es sich aber bei der NaCl-Struktur (s. Teilkapitel VIg) um die Ineinanderstellung zweier flächenzentrierter Gitter der einen und der anderen Atomsorte. Die Betrachtung des Strukturmodells (s. Abb. 71 a) und der Vergleich mit dem flächenzentrierten Translationsgitter belehrt uns, daß für die Würfel- und Rhombendodekaederflächen infolge der Ineinanderstellung der beiden Atomgitter *keine* neuen Netzebenen aufgetreten sind; denn die Atome des eingestellten Gitters fügen sich den bereits bestehenden Netzebenen von (100) und (110) ein. Dafür weisen die genannten Flächen gemischte Atombesetzung auf, wobei Na- und Cl-Atome in gleicher Zahl auftreten. Die für das flächenzentrierte Einzelgitter geltende Verdopplung der sin ϑ-Werte gegenüber einem primitiven kubischen Gitter ist also bei der Ineinanderstellung zweier flächenzentrierter Gitter in der NaCl-Struktur für die Würfel- und Rhombendodekaederfläche unverändert erhalten geblieben.

Die folgende Zeichnung (Abb. 76) soll die Verhältnisse geometrisch anschaulich vor Augen führen.

Einfaches Translationsgitter:
Strahl I u. II . . . G.-U. $\Delta = CB + BD = 2 \cdot d \sin \vartheta_1 = \lambda$
(I. Ordnung!) bei ungeteiltem Netzebenenabstand

Eingeschaltete Zwischenebene:
Strahl I u. V . . . G.-U. $\Delta = GM + MH = 2 \cdot \frac{d}{2} \sin \vartheta_1 = \lambda/2$
(Auslöschung der I. Ordnung)

Und nun zur Betrachtung der II. Ordnung:

Einfaches Translationsgitter:
Strahl III u. IV . . . G.-U. $\Delta = EB + BF = 2 \cdot d \sin \vartheta_2 = 2\lambda$ (II. Ordnung!)

Mit Zwischenebene:
Strahl III u. VI . . . G.-U. $\Delta = JM + MK = 2 \cdot \frac{d}{2} \sin \vartheta_2 = \lambda$ oder $2 \cdot \lambda/2$ (Interferenzstrahl!)

In Bezug auf den Netzebenenabstand d des Ausgangsgitters wäre diese Reflexion als II. Ordnung zu bezeichnen; die I. Ordnung fehlt.

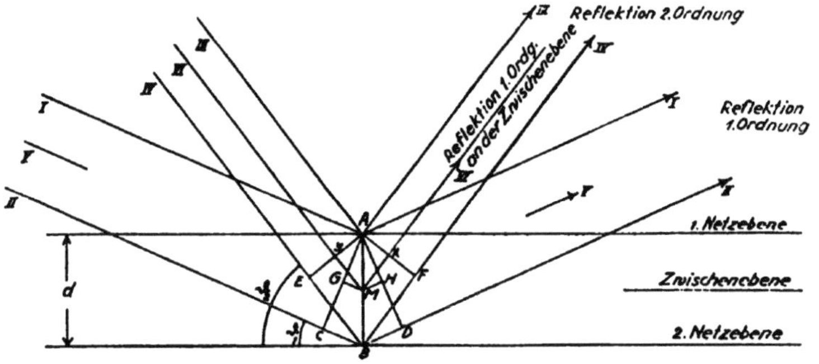

Abb. 76. Einschaltung einer Zwischen-Netzebene (nach *A. Schleede* und *E. Schneider*).

Wir vervollständigen die Reflexionen bis zur IV. Ordnung:

I. Ordnung . . . Gangunterschied $\frac{\lambda}{2}$ . . . Auslöschung

II. Ordnung . . . Gangunterschied $2 \cdot \frac{\lambda}{2} = \lambda$ . . . Interferenzstrahl

III. Ordnung . . . Gangunterschied $3 \cdot \frac{\lambda}{2}$ . . . Auslöschung

IV. Ordnung . . . Gangunterschied $4 \cdot \frac{\lambda}{2} = 2\lambda$ . . Interferenzstrahl

So ergibt sich das Resultat: *Werden mitten zwischen die vorhandenen Netzebenen neue von gleichem Streuungsvermögen eingeschaltet, so fallen die Reflexionen ungerader Ordnung aus.*

Anders die Verhältnisse bei den Strukturebenen der Oktaederfläche: hier zeigen die aufeinander folgenden Netzebenen alternierend *ungemischte* Schichten, einmal von Na-, dann von Cl-Atomen, so daß der Netzebenenabstand der (111)-Fläche (der mit dem eines einfachen Würfelgitters identisch war) durch den Einbau des zweiten Atomgitters in der Mitte unterteilt wird: Wir haben also die Zwischenschaltung neuer Netzebenen zu berücksichtigen. Wären sie von gleichem Streuungsvermögen wie die anderen, so müßten wir ebenfalls den Ausfall aller ungeraden Ordnungen erwarten. Da aber die Na- und die Cl-Schichten entsprechend der Ordnungszahl ihrer Atome (11 und 17) verschiedenes Streuvermögen besitzen, so bleibt – trotz des Gegeneinanderwirkens der beiden Wellenzüge – noch ein Rest an Intensität übrig. So sehen wir beim dritten Diagramm (Reflexion an 111), daß die I. Ordnung (die sonst die stärkste sein müßte) wesentlich geschwächt ist; die III. Ordnung fehlt infolge des normalen Intensitätsabfalls praktisch ganz. Die II. und IV. Ordnung hingegen sind vorhanden. Da die II. Ordnung die stärkste der hier auftretenden Interferenzen ist, ist ihr der Wert 100 beigelegt.

Die *Bragg*schen Spektrometermessungen am Steinsalz beweisen in exakter Art die Richtigkeit der ursprünglich auf Grund von Laueaufnahmen gedeuteten NaCl-Struktur.

Für die vorstehende Diskussion war die Kenntnis der verwendeten Wellenlänge noch nicht erforderlich, da wir lediglich die Aufeinanderfolge von Netzebenenschichten in den verschiedenen Flächenlagen diskutierten. Es ist aber klar, daß man bei Kenntnis von λ in jedem einzelnen Falle den Netzebenenabstand der spiegelnden Fläche aus der *Bragg*schen Gleichung quantitativ bestimmen kann. So ist es also mit dem hier geschilderten Verfahren möglich, die Struktur jedes Kristalls zu erforschen, wenn das auch bei komplizierteren Typen nicht immer ganz leicht ist. *W. L. Bragg* untersuchte im Sommer 1913 in Gemeinschaft mit seinem Vater die Strukturen von Zinkblende, Flußspat, Pyrit und die der trigonalen Karbonate vom Typus Calcit[1], nachdem schon vorher in einer gemeinsam publizierten Arbeit der beiden *Bragg* die Struktur des Diamanten ermittelt worden war.

Die gebräuchlichsten Methoden der Kristallstrukturanalyse

VIII. Die Verfahren nach der Pulvermethode

a) Experimentelle Grundlagen

1. Aufnahmeprinzip bei der Debye-Scherrer-Methode

Im vorstehenden Kapitel VII a) ist gezeigt worden, daß bei Verwendung *monochromatischer Strahlung* eine andere Größe der *Bragg*'schen Gleichung variabel gestaltet werden muß: es war dies der Glanzwinkel ϑ. Durch Drehung des Kristalls um eine bestimmte Achse (Gitterrichtung) wurden die reflexionsfähigen Kristallflächen bzw. Netzebenenscharen der einjustierten Zone in verschiedensten Winkelneigungen dem Primärstrahl dargeboten.

Nun existiert noch eine ganz andere Möglichkeit, eine Variation des Glanzwinkels – und zwar für sämtliche der Reflexion fähigen Netzebenen – herbeizuführen. Diese Methode stammt von *P. Debye* und *P. Scherrer* (1916); sie wurde aber auch, unabhängig davon, 1917 von *A. W. Hull* in Amerika angegeben: es handelt sich um Röntgenaufnahmen am Kristallpulver.

Durch feinste Pulverisierung des Untersuchungsmaterials ist eine statistisch-unregelmäßige Verteilung der vorliegenden

[1] Proc. Roy. Soc. (A), 89, 468 (1914).

Kristalliten in allen erdenklichen Lagen zueinander, und damit gegenüber dem Primärstrahl, gegeben. Das gewährleistet für jede der im Präparat vorhandenen Netzebenen eine Unzahl von passenden Reflexionsstellungen. Bei dieser Methode kommen somit *alle* zur Reflexion überhaupt geeigneten Strukturebenen zur Geltung, was bei Drehung des Kristalls jeweils nur um eine definierte Gitterlinie nicht möglich ist.

Experimentell liegt der Pulvermethode *Debye-Scherrer*'s folgendes Prinzip zugrunde: In der Achse O einer zylindrischen Kamera (Querschnitt der Apparatur in Abb. 77, schematisch) ist eine Glas- oder Gelatinekapillare justiert, die die feinst pulverisierte Substanz enthält. An einer Seite ist der Zylindermantel in halber Höhe durchbohrt und mit einer Bleiblende B versehen bzw. einem Blendenrohr, das unter rechtem Winkel gegen die Zylinderachse gerichtet ist. So trifft der hindurchtretende monochromatische Primärstrahl senkrecht auf die Kapillare und umspült das zu untersuchende Kristallpulver. Abb. 78 zeigt zwei der üblichen Debye-Scherrer-Cameras (ϕ 57,3 und 114,6 mm). In der Skizze Abb. 77 ist *eine* von den vielen Netzebenen des durchstrahlten Präparates herausgegriffen und als Spurlinie eingezeichnet, mit dem Winkel ϑ gegen den Primärstrahl geneigt; an ihr wird Reflexion erfolgen. Der Sekundärstrahl trifft den photographischen Film FF', der an der inneren Kamerawand anliegt, im Punkte J; eine symmetrisch nach der andern Seite gleich geneigte, identische Netzebene würde nach J' hin reflektieren.

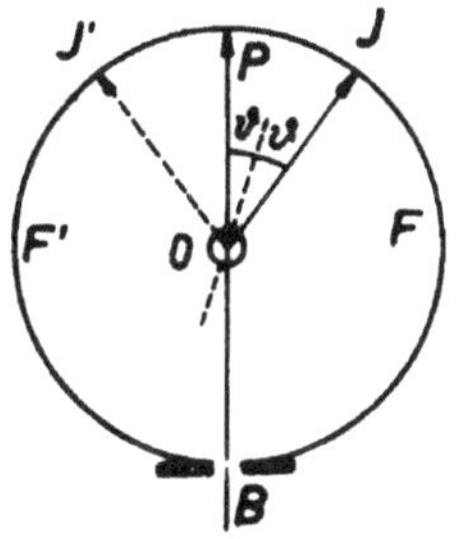

Abb. 77. Aufnahmeprinzip beim *Debye-Scherrer*-Verfahren.

Abb. 78. *Debye-Scherrer*-Cameras, Ø 57,3 und 114,6 mm (aus Philips-Prospekt).

Bei der völlig unregelmäßigen Lagerung der Kristalliten im zylindrischen Präparat wird es eine Unzahl von Körnchen geben, in welchem die in Betracht gezogene Netzebenenschar einen Winkel gleicher Größe (unser ϑ) mit dem Primärstrahl einschließt – allerdings unter den verschiedensten Azimutwinkeln rings um denselben. Es ist, als ob man die reflektierende Ebene um den Primärstrahl als Drehungsachse rotieren ließe: sie bilden dann in der Gesamtheit aller Stellungen die einhüllenden Tangentialflächen an jenen Kegelmantel, der durch Rotation der eingezeichneten Netzebenenspur (als eine seiner Erzeugenden) entsteht, wie es Abb. 79a) versinnbildlicht. So wie sämtliche *Netzebenen gleicher Art* (gleiches Indizierungssymbol!), soweit sie – mit kontinuierlich sich änderndem Azimut der Lage – den gleichen Glanzwinkel aufweisen, einen Kegelmantel tangential umhüllen, so muß notwendigerweise auch die Gesamtheit der von den unzähligen Tangentialebenen ausgehenden Reflexionsstrahlen ihrerseits einen Kreiskegel mit dem Scheitel in S bilden. Das Resultat unserer

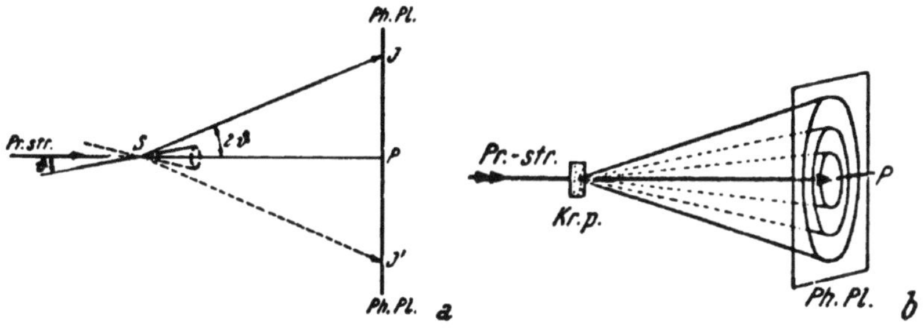

Abb. 79. a) Entstehung der Interferenzkegel beim *Debye-Scherrer*-Verfahren; b) Auffangen der Interferenzkegel auf senkrecht zum Primärstrahl stehender photographischer Platte.

Überlegung: Jede der in der Kristallsubstanz vorhandenen und reflexionsfähigen Netzebenenscharen erzeugt einen ganzen *Interferenzkegel* von Sekundärstrahlen – und nicht nur einen Interferenzpunkt, wie etwa bei den Laueaufnahmen.

Würden die von den verschiedenartigen Netzebenen herstammenden Interferenzkegel von einer zum Primärstrahl senkrecht stehenden photographischen Platte (wie beim Laueverfahren) aufgefangen werden, so ergäbe sich ein System konzentrischer Kreise (s. Abb. 79b).

Bei der normalen Versuchsanordnung von Debyeaufnahmen mit zylindrischem Film nach Abb. 77 ergibt die Durchdringung von Kegeln und Zylinder Raumkurven vierter Ordnung. Der nach der Entwicklung in der Ebene ausgebreitete Film weist kreisähnliche Bogenstücke auf, wie es die Wiedergabe solcher Aufnahmen in Abb. 80a) und b) erkennen läßt. Interferenzringe mit $\vartheta < 45°$ sind Bogenstücke mit der Konkavseite gegen die Diagramm-Mitte zu. Ist der Glanzwinkel 45°, dann ist der Öffnungswinkel des Interferenzkegels $4\vartheta = 180°$; der Strahlenkegel ist zur ebenen Fläche entartet und die Interferenzen stellen sich als gerade Linien dar. Bei noch größerem Öffnungswinkel ist der Interferenzkegel nach rückwärts gerichtet und schneidet in den Filmzylinder außerhalb der geradlinigen Interferenzen ein; die Bogenstücke sind nun konvex nach innen zu gekrümmt.

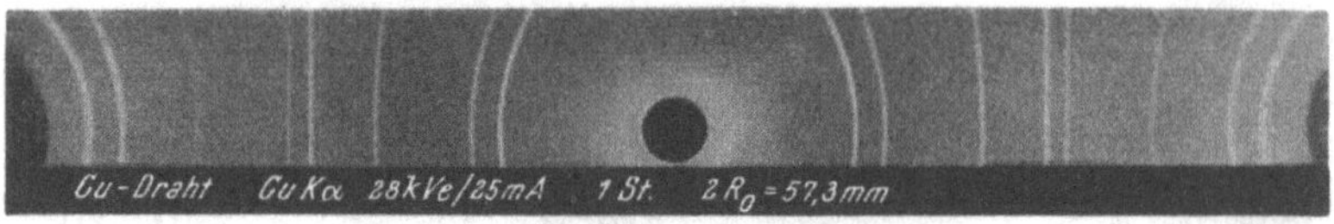

a

b

Abb. 80. *Debye-Scherrer*-Diagramme (umkopiert).
a) Kupferdraht (flächenzentriertes Würfelgitter);
b) *Debye*-Diagramm von MgO (Periklas); Cu-$K_{\alpha,\beta}$-Strahlung. Struktur: Steinsalztypus.

Die Abb. 77 hat uns darüber belehrt, daß der Bogen JJ′ dem *vierfachen* Glanzwinkel entspricht (denn PJ ist 2ϑ). Dieser Bogen 4ϑ ist aber auf dem ausgebreiteten Film durch die Entfernung korrespondierender Linien, links und rechts vom Primärfleck, gegeben und ist vermeßbar auf der horizontalen Mittellinie (Äquatorlinie) des Diagrammes. Da für die geometrische Auswertung einer Pulveraufnahme nur diese Messungsdaten in Betracht kommen, ist die Form der Interferenzringe in ihrem Verlauf oberhalb und unterhalb des Äquators völlig irrelevant; der Filmstreifen bei Debyeaufnahmen braucht daher nur schmal zu sein. Ferner ist die Präzisierung des Einstichpunktes des Primärstrahls ohne Bedeutung, da wir immer Linienpaare mit symmetrischer Anordnung zur Verfügung haben. An der Stelle des Primärfleckes wird der Film vor der Aufnahme lochförmig ausgestanzt, um einen zu starken Überstrahlungshof zu vermeiden.

Die Kapillare soll im allgemeinen nur einen Durchmesser von Zehnteln bis höchstens einen Millimeter haben. Sie kann aus Glas oder Gelatine hergestellt sein. Häufig verwendet man jedoch statt einer Kapillare einen Substanzträger (Glasfaden, ein Haar oder dergleichen), auf den das Pulver in gleichmäßigdünner Schicht mit Hilfe eines Klebemittels (oder nach Einfettung des Trägers) aufgebracht wird. Die Substanz muß in allen Fällen äußerst fein pulverisiert sein.

2. Vermessungsvorgang und notwendige Korrekturen

Es ist gesagt worden, daß wir die Entfernung symmetrisch liegender Interferenzlinien eines Debyediagrammes auf der äquatorialen Mittellinie zu vermessen haben, um aus diesen Distanzen die Bogenwerte in Graden zu ermitteln; sie entsprechen dem vierfachen Glanzwinkel.

Ist der Cameraradius R (in Millimetern) und der Ringradius einer Debyelinie r (d. i. Entfernung der Linie vom Primärfleck), so ergibt sich für die Ermittlung des Glanzwinkels ϑ folgende Proportion:

$$2\,r : 2\,R\,\pi = 4\,\vartheta : 360^\circ\ ,$$

$$4\,\vartheta = \frac{2\,r \cdot 360}{2\,R\,\pi}\ ,$$

$$\vartheta = \frac{90}{2\,R\,\pi} \cdot 2\,r\ .$$

Besonders einfach gestaltet sich die Umrechnung, wenn der Umfang der Camera 360 mm ist, also der Durchmesser 2 R = = 114,6 mm; dann entspricht jedem Millimeter des vermessenen Films 1° Bogenlänge. Am häufigsten werden Cameras mit halb so großem Durchmesser verwendet (Umfang 180 mm, 2 R = 57,3 mm); jetzt gilt 1 mm = 2°.

α) Absorptionskorrektur

Es sei noch auf eine notwendige Korrektur bei der Vermessung von Debyediagrammen aufmerksam gemacht, die infolge der Linienbreiten der Interferenzringe zu berücksichtigen ist, und die mit der Absorption durch das Präparat zusammenhängt. Die Verhältnisse mögen an Hand der Skizze Abb. 81 erläutert werden. Würden nur die Kristalliten in der

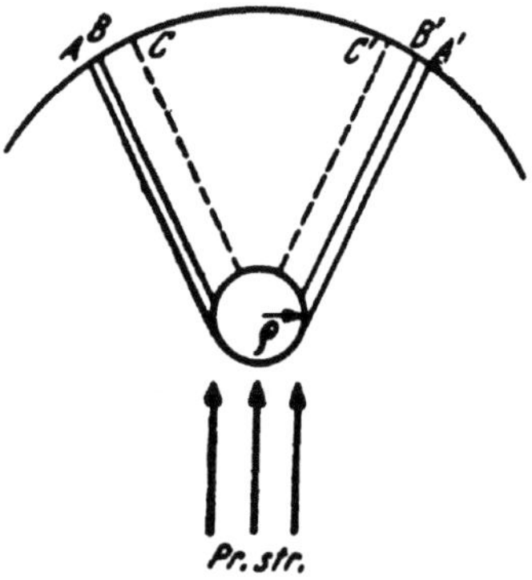

Abb. 81. Absorptionskorrektur für *Debye*-Diagramme (nach *R. Glocker*).

Mitte der Kapillare die Reflexion bewirken, so entstände der Interferenzpunkt C und C′. Stärker absorbierende Substanzen werden aber hauptsächlich in den peripheren Teilen der Kapillarenfüllung zur Wirkung kommen, und es entsteht dann die Interferenzschwärzung zwischen A und B bzw. zwischen A′ und B′; eventuell erfüllt die Schwärzung den ganzen Bereich A–C (A′–C′). Es handelt sich also hier um die Berücksichtigung der Linienbreite.

Es sind eine ganze Reihe von Formeln angegeben worden, um die erwähnten Absorptionseinflüsse rechnerisch zu eliminieren. Eine sehr einfache Regel stammt von *Hadding:* man vermißt den Abstand der Außenkanten der Interferenzringe $2\,r_a$ (entsprechend dem Bogen AA′ der Abb. 81) und subtrahiert davon die Stäbchendicke $2\,\rho$:

$$2\,r_{\text{korr.}} = 2\,r_a - 2\,\rho\ .$$

Genauer allerdings arbeitet man bei Vermessung der Linienmitten $2\,r_0$ und mit Berücksichtigung der *Größe des Glanzwinkels* ϑ nach der ebenfalls von *Hadding* angegebenen Formel:

$$2\,r_{\text{korr.}} = 2\,r_0 - \rho\,(1 \pm \cos 2\,\vartheta)\ ;$$

(in der Klammer + . . . für $2\vartheta < 90^\circ$; – . . . für $2\vartheta > 90^\circ$, so daß das zweite Glied jedenfalls zu 1 addiert wird!).

Eine dritte Formel, die auf der Vermessung der *inneren* Kanten der Linien $2r_i$ (Abstand CC′ der Skizze) beruht und die auch einen Faktor ϵ, bezüglich der Stärke der Absorption, berücksichtigt, stammt von *Ott:*

$$2r_{korr.} = 2r_i - 2\epsilon\rho \cos 2\vartheta \;;$$

ϵ nimmt mit der Absorption der Untersuchungssubstanz zu und liegt zwischen 0,6 und 1,0.

Ist $2\vartheta = 90^\circ$, fällt das Korrektionsglied weg.

Es sind noch weitere Formeln entwickelt und erprobt worden, die den Einfluß zusätzlicher Faktoren (so u. a. auch die Höhe des Präparates) auf die Linienverschiebung berücksichtigen. Es gibt weiters noch besondere Verfahren der Präzisionsbestimmung von Gitterkonstanten; doch kann hier auf diese nicht eingegangen werden.

β) Verwendung von Eichsubstanzen

Irgendeine geeignete Eichsubstanz, deren Gitterkonstante genau bekannt sein muß, wird der zur Untersuchung stehenden Probe beigemischt. So ist vielfach MgO (Periklas) als Eichsubstanz herangezogen worden, um die Vermessung der Interferenzringe der zu prüfenden Probe frei von verzerrenden Einflüssen zu halten: zunächst werden die Abweichungen des Cameraradius von der Norm bzw. der Einfluß einer eventuellen Filmschrumpfung nach der photographischen Behandlung eliminiert werden können.

Auf Grund der *quadratischen Form des Beugungsgesetzes*[1] lassen sich die $\sin^2\vartheta$-Werte der verwendeten Eichsubstanz exakt berechnen. Ein anzufertigendes Diagramm mit Ringdurchmesser $2r$ der Eichsubstanz als Abszisse und $\sin^2\vartheta$ als Ordinate gibt sodann die Möglichkeit, aus dem *vermessenen Pulverdiagramm des gemischten Präparates* die $\sin^2\vartheta$-Werte

[1] Siehe diese: Teilkapitel VIII b).

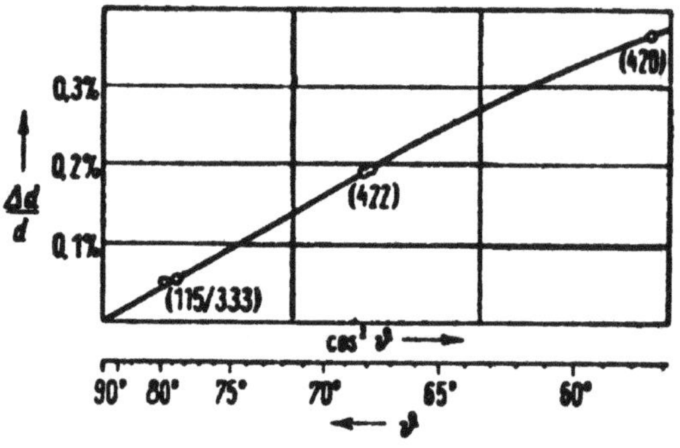

Abb.82. Eichdiagramm für eine Pulveraufnahme, mit Gold als Eichsubstanz (nach *H. Neff*).

durch Interpolation der Werte der Eichkurve direkt zu entnehmen.

Prinzipiell ist der Vorgang sehr einfach, die praktische Durchführung jedoch ist nicht ohneweiters von gewünschter und notwendiger Verläßlichkeit. Besonders sei darauf hingewiesen, daß nur dann auch die Absorptionskorrektur mit eingeschlossen ist, wenn für jede Untersuchung die Eichkurve getrennt ermittelt bzw. revidiert wurde; denn je nach Absorptionsgrad der Untersuchungsprobe hat das Mischpräparat einen anderen Absorptionskoeffizienten. Koinzidenzen von Linien der Eichsubstanz mit jenen der Untersuchungsprobe müssen ebenfalls vermieden werden.

Als Eichsubstanzen kommen ferner in Betracht: Diamantpulver, Gold, Silber, Wolfram, Aluminium, Silizium u. a. Die Korrektur der Linien kann auch *in anderer Weise* als oben beschrieben erfolgen. So sei als Beispiel eines Diagrammes der Eichsubstanz Gold die Abb. 82 wiedergegeben: für jede Linie des Standardmaterials wird die prozentuale Abweichung der aus der Aufnahme ermittelten d-Werte gegenüber den theoretisch berechneten durch die Bildung der Größe $(\Delta d/d) \cdot 100$ festgestellt und in einem Diagramm aufgetragen, und zwar mit $\cos^2 \vartheta$ als Abszisse, $\frac{\Delta d}{d}$ als Ordinate in Zehntelprozent[1].

[1] Näheres s. *H. Neff*, Grundlagen und Anwendung der Röntgen-Feinstruktur-Analyse, S. 264/265, Verl. R. Oldenbourg, München, 2. Aufl. 1962.

3. Die asymmetrische Methode nach Straumanis

Um die Schwierigkeit der exakten Bestimmung des Camera-Radius auszuschalten und gleichzeitig auch den Einfluß einer eventuellen Filmschrumpfung zu eliminieren, verwendet man die Methode von *M. Straumanis* und *A. Jevinš*.

Nach dieser „asymmetrischen" Methode legt man den Film in der Weise in die Zylindercamera, daß die Enden des Films – statt gegen die Strahleneintrittsöffnung gerichtet – mit den Strahlen-Durchtrittspunkten einen Winkel von annähernd 90° bilden; so erzielt man eine asymmetrische Linienverteilung (Abb. 83 a, b). Die Entfernung der Mittelpunkte der beiden ausgestanzten Durchlochungen (zu bestimmen als Mitte zwischen zwei korrespondierenden Interferenzlinien) entspricht dem Filmbogen von 180° (s. Abb. 83 b).

Die lineare Abmessung der 180°-Entfernung in Millimetern liefert den Umrechnungsfaktor: z. B. 1 mm – 2,0096° (statt 2,000 im Idealfalle einer Camera mit 57,3 ∅).

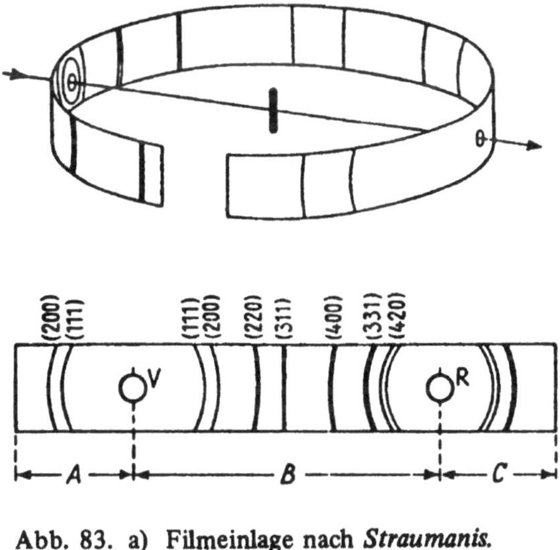

Abb. 83. a) Filmeinlage nach *Straumanis*.
b) Auswertung einer asymmetrischen Aufnahme.

4. Fokussierende Aufnahmeverfahren

α) Das Seemann-Bohlin-Verfahren

Das Verfahren nach *Seemann-Bohlin* verwendet für den Strahlengang ein Prinzip, wie wir es bereits beim *Bragg*'schen Spektrometerverfahren kennengelernt haben: Blende, reflektierende Substanz und Fokalpunkt F müssen auf einem Kreis, dem „Fokussierungskreis" liegen. Das ist durch die Anordnung beim *Seemann-Bohlin*-Verfahren gegeben (s. Abb. 84): Blende B, Pulverpräparat P und F liegen auf dem Kreisquerschnitt der Zylinder-Camera. Die Abbeugungswinkel 2ϑ zwischen einfallendem Primärstrahl und reflektiertem Strahl ist für alle Punkte des kreisförmig (zylindrisch!) liegenden Präparates gleich (Peripheriewinkel!).

Es sei mit Nachdruck darauf hingewiesen, daß bei normalen Debyeaufnahmen die letzten Linien (im Rückstrahlbereich) für die Bestimmung der Gitterkonstanten am geeignetsten sind, da dort die systematischen Fehler weitgehend eliminiert sind:

Aus der *Bragg*schen Gleichung folgt – für den Fall kubischer Symmetrie – durch Einsetzen für d_{hkl} (siehe Kap. II, c)

$$\lambda = 2 \cdot \frac{a_0}{\sqrt{H^2 + K^2 + L^2}} \cdot \sin\vartheta \ ;$$

vgl. Teilkap. VId, 2 (S. 125, Gleichung 7)

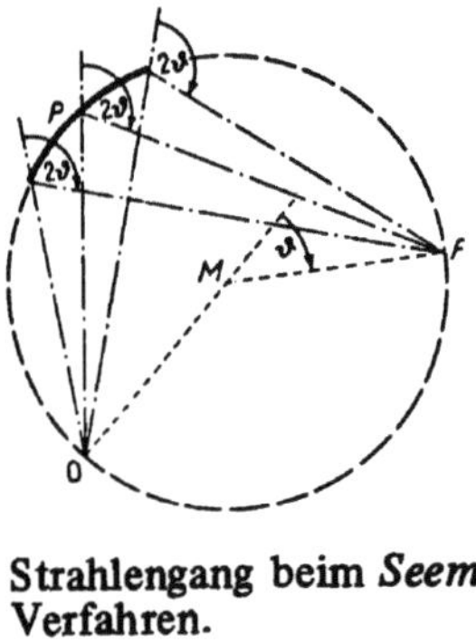

Abb. 84. Strahlengang beim *Seemann-Bohlin*-Verfahren.

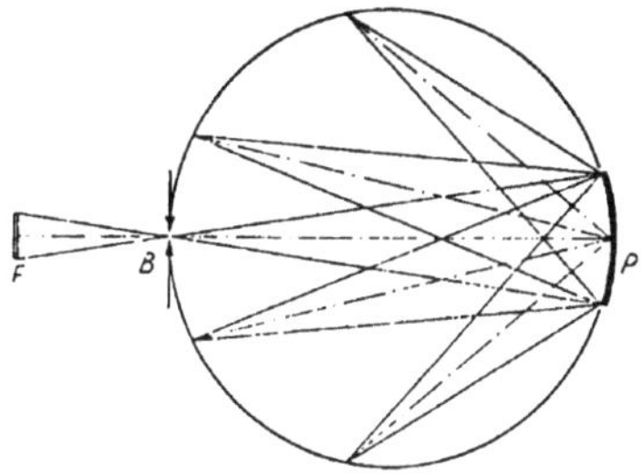

Abb. 85. Strahlengang bei symmetrischer Rückstrahlstellung.

logarithmische Differentiation nach a_0 ergibt

$$\frac{\Delta a_0}{a_0} = - \operatorname{cotang} \vartheta \cdot \Delta \vartheta$$

Rückstrahl-Interferenzen mit ϑ gegen 90° – also $4\,\vartheta$ am Ende des Vollkreises gelegen – liefern somit für die Präzisionsbestimmung höchste Genauigkeit, da cotang ϑ Null wird, oder nahe daran ist.

In Ausnützung dieses Sachverhaltes ist bei der *Seemann-Bohlin*-Methode besonders ein Strahlengang mit symmetrischer Rückstrahlung zu empfehlen, wie er in Abb. 85 skizziert ist. Die Beugungswinkel werden auf dem Filmäquator als Ringdurchmesser 2 r wie beim normalen Debyeverfahren vermessen; die 2 r-Werte sind hier bei gegebenem Camera-Durchmesser allerdings doppelt so groß als beim gewöhnlichen Pulververfahren.

Das fokussierende Verfahren mit symmetrischer Rückstrahlung ist für die Präzisionsbestimmung von Gitterkonstanten sehr geeignet.

β) Die Verwendung der Guinier-Camera

Im Anschluß an das *Seemann-Bohlin*-Verfahren sei noch des *Guinier*-Prinzipes Erwähnung getan. *A. Guinier* entwickelte einen Cameratyp, der die Möglichkeit bietet, die Vorteile des Rückstrahlverfahrens mit einer zweiten Aufnahme zu kombinieren, und so den gesamten Interferenzbereich zu umfassen.

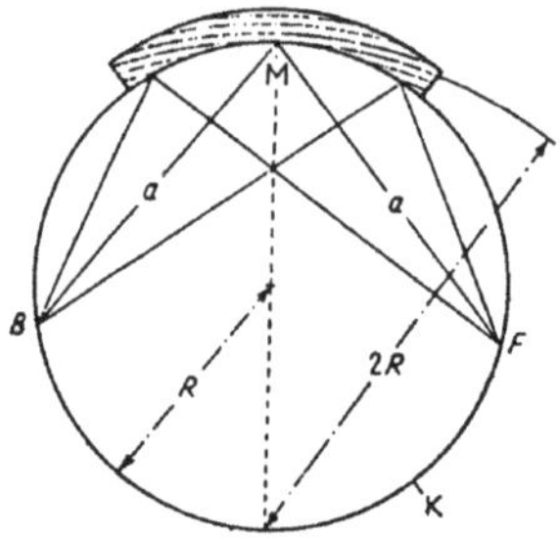

Abb. 86. Fokussierung nach *Johansson* (Konkavkristall-Monochromator).

Zur Verwendung gelangt die Kombination einer Seemann-Bohlin-Camera mit einem *Konkavkristall-Monochromator.* Meist wird bei der Guiniercamera die Konstruktion von *Johansson* herangezogen, die einen fokussierenden Monochromator darstellt. Benützt wird die reflektierte Strahlung einer Quarzlamelle. Allgemeiner gehaltene Angaben darüber wurden bereits im Kap. I c) gemacht.

Die Skizze Abb. 86 demonstriert den fokussierenden Strahlengang an der Quarzlamelle. Letztere hat üblicherweise die Dimensionen 40 mm mal 20 mm und 0,3 mm Dicke. Hergestellt wurde sie aus einer parallel der $(10\bar{1}1)$-Fläche geschnittenen Quarzplatte, die auf den Krümmungsradius 2 R, den Durchmesser des Monochromators, zylindrisch ausgeschliffen und dann auf den Radius von 50 cm elastisch gebogen wurde. So läßt sich ein Strahlenbündel mit 4° Öffnungswinkel fokussieren. B („Blende") auf dem Fokussierungskreis K bedeutet gewissermaßen die Röntgenstrahlquelle. *Alle Strahlen von bestimmter Wellenlänge* λ werden an der Quarzlamelle reflektiert und zum Punkt F fokussiert, wenn die Distanz a gemäß der gewünschten Wellenlänge, entsprechend der Beziehung

$$a = \lambda \cdot \frac{R}{d_{10\bar{1}1}}$$

eingestellt wird[1].

[1] Diese Bedingung läßt sich leicht begründen; die Beweisführung kann aber hier unterbleiben.

5. Pulveraufnahmen unter Anwendung von Zählrohrgoniometern (Diffraktometer-Methode)

Mit den im Vorstehenden behandelten Methoden sind nicht alle Möglichkeiten der experimentellen Untersuchung von Interferenzerscheinungen an pulverisiertem Kristallmaterial erschöpft. Besonders ist noch auf das Verfahren der Zählrohrmethode hinzuweisen, das in neuerer Zeit immer größere Bedeutung gewonnen hat. Diese moderne Entwicklung im Ausbau von Apparaturen für Pulveraufnahmen ist äußerst wichtig, doch kann im Rahmen dieses Buches auf die Details nicht eingegangen werden.

Das Wesentliche an dieser Methode ist, anstelle der photographischen Registrierung der Interferenzen die ionisierende Wirkung der Röntgenstrahlen zu benützen. In dieser Hinsicht ist das Verfahren analog dem *Bragg*'schen Spektrometerverfahren, freilich mit dem Unterschiede, daß hier statt des zu drehenden Einkristalles fein pulverisiertes Untersuchungsmaterial zur Anwendung kommt. Mit Ausnahme dieser Tatsache hat aber die „Diffraktometermethode" kaum mehr eine Ähnlichkeit mit der klassischen *Debye-Scherrer*-Methode. Ein besonderer Vorteil bei der Diffraktometermethode ist die wesentlich exaktere Intensitätsbestimmung gegenüber den photographischen Verfahren.

Zur Illustrierung sei eine Zählrohraufnahme von Bleinitrat $Pb(NO_3)_2$ (Abb. 87) wiedergegeben (aufgenommen mit dem „Norelco"-Gerät der Fa. Philips)[1]. Auf der Abb. 11, einem hochentwickelten Feinstrukturgerät, befindet sich rechts daneben der Zählwerkschrank für Zählrohrgoniometer-Aufnahmen.

Eine Beschreibung der speziellen apparativen Einrichtungen der Zählrohrmethoden ist hier nicht möglich.

[1] Reproduziert aus *W. Kleber*, Kristallographie – VEB-Verlag Technik, Berlin 1959.

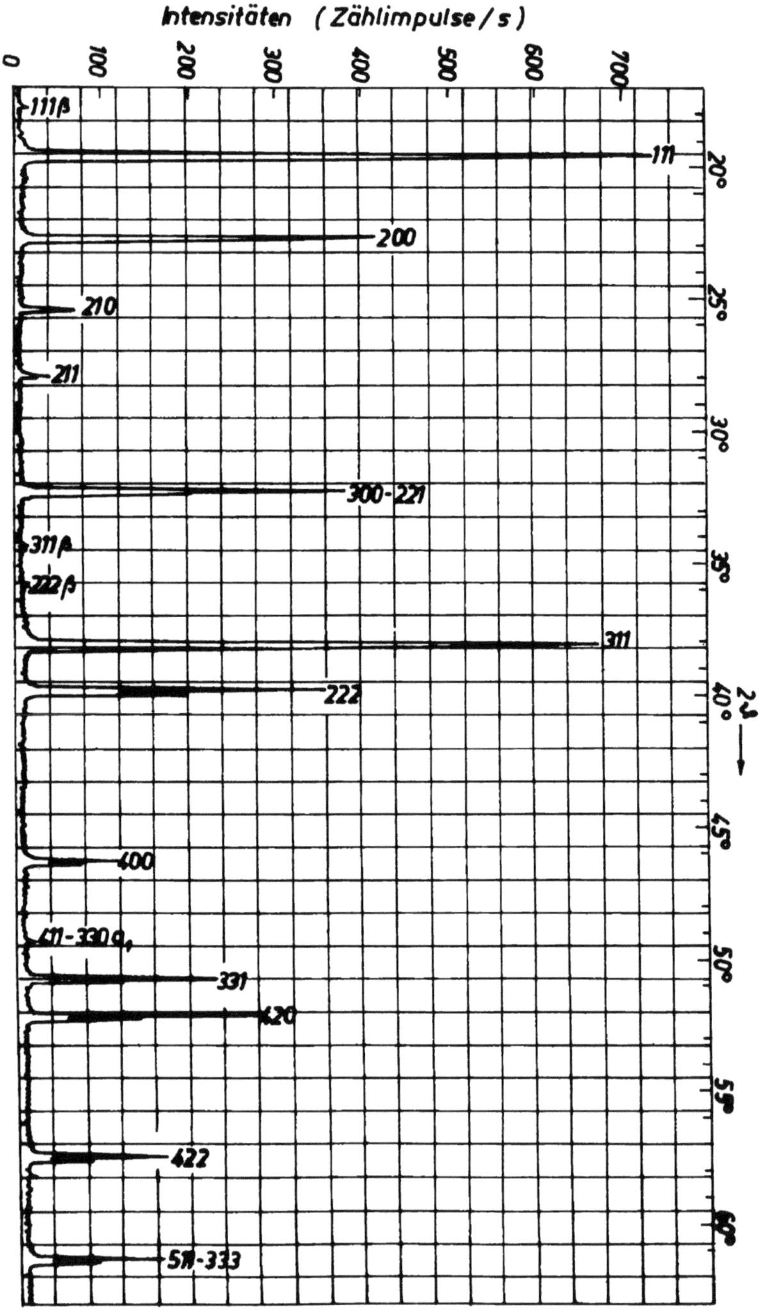

Abb. 87. Zählrohraufnahme von $Pb(NO_3)_2$, Raumgruppe: T_h^6 – Pa3. Aufgenommen mit dem „Norelco"-Gerät der Firma Philips (aus *W. Kleber*, Kristallographie).

b) Rechnerische Auswertung von Debye-Scherrer-Diagrammen

Das einzige, was uns die Pulverdiagramme für die Zwecke der Indizierung der Reflexe liefern, sind die Glanzwinkel (daher als „eindimensional" zu bezeichnen!).

Wie aus späteren Betrachtungen folgt (siehe Kap. XI a, Pkt. 4), ist es von vornherein klar, daß solche nur eindimensionale Diagramme ganz allgemein zur eindeutigen Indizierung nicht ausreichen können. Gleichwohl gibt es Fälle, wo dies in weitgehendem Maße möglich ist. Dazu gehören vor allem die Aufnahmen von Kristallsubstanzen kubischer Symmetrie.

Schreiben wir die *Bragg*sche Gleichung in der Form

$$\lambda = 2 \cdot \frac{d}{n} \cdot \sin \vartheta$$

und stellen $\sin \vartheta$ – auf das es uns jetzt ankommt – heraus, so ergibt sich

$$\sin^2 \vartheta = \frac{\lambda^2}{4} \cdot \frac{n^2}{d^2} .$$

Substituieren wir für d den für das kubische System geltenden Ausdruck

$$d_{hkl} = \frac{a_w}{\sqrt{h^2 + k^2 + l^2}},$$

dann erhalten wir:

$$\sin^2 \vartheta = \frac{\lambda^2}{4} \cdot n^2 \cdot \frac{h^2 + k^2 + l^2}{a_w^2} ,$$

$$\sin^2 \vartheta = \frac{\lambda^2}{4\, a_w^2} (H^2 + K^2 + L^2) ;$$

das ist die sog. *„quadratische Form"* der *Bragg*schen Gleichung für das kubische System. Mit ihrer Hilfe läßt sich das Debyediagramm leicht indizieren.

Ein Beispiel möge dies illustrieren: In Tabelle 6 ist die Auswertung einer Pulveraufnahme von Fluorit vorgeführt. Die Aufnahme wurde mit einer Röntgenröhre mit Kupferantikathode hergestellt, die schon gefilterte $Cu_{K\alpha}$-Strahlung lieferte (die β-Strahlung ist durch Zwischenschaltung einer Ni-Folie eliminiert worden).

Die erste Vertikalkolumne unserer Tabelle gibt lediglich die Numerierung der Interferenzen von innen nach außen zu an. Daneben ist die Intensität der Linien auf Grund visueller Schätzung verzeichnet unter Zugrundelegung einer Zehnerskala.

Die nächste Kolumne enthält die gemessenen Distanzwerte der Linien: die doppelten Ringradien $2\,r_a$ in Millimetern. Sie liefern *direkt*[1] den Abbeugungswinkel $\chi = 2\,\vartheta$, der in der vierten Kolumne notiert ist; hierbei wurde die einfache *Hadding*sche Stäbchenkorrektur angewendet (Ringdurchmesser minus Stäbchendicke!). Die fünfte Kolumne bietet die $\sin^2 \vartheta$-Werte.

Nach der soeben entwickelten quadratischen Form sind die $\sin^2 \vartheta$ gleich $(H^2 + K^2 + L^2)$ multipliziert mit einem Quotienten $\frac{\lambda^2}{4\,a^2}$; wir wollen ihn kurz Q nennen bzw. – da es sich hier um den auf der Wellenlänge der α-Strahlung fußenden Wert handelt – Q_α. Der Klammerausdruck muß als Summe der quadrierten Indizes (bzw. der *Laue*schen Ordnungszahlen) eine *ganze Zahl* sein. Diese gilt es für jede einzelne Linie zu ermitteln. Man braucht dann nur von der festgestellten Zahl – dem ganzzahligen Faktor – auf die Indizes übergehen. Im vorliegenden Falle des kubischen Systems kommt uns die Zulässigkeit der Indizesvertauschung ganz besonders zustatten.

Für die ersten ganzen Zahlen ergeben sich folgende Indizestripel:

[1] Der Cameradurchmesser war nämlich 57,3 mm, also jeder Millimeter 2°, $2\,r$ entspricht aber $4\,\vartheta$. Um $2\,\vartheta$ zu erhalten, wäre der Messungswert zu halbieren. Multiplikation mit 2 und erforderliche Division durch 2 heben sich auf; folglich ist der $2\,r$-Wert $2\,\vartheta$ gleichzusetzen.

	hkl		*hkl*
1 . . .	001	5 . . .	012
2 . . .	011	6 . . .	112
3 . . .	111	8 . . .	022
4 . . .	002	9 . . .	122, 003

Es ist zu beachten, daß die Zahl 7 fehlt; es fehlen aber weiterhin auch die Zahlen 15, 23, 28, 31, 39, 47, 55, 60, 63, . . . Es sind dies die Vielfachen von 8 minus 1, ferner die vierfachen Werte der genannten fehlenden, so 28 (4 · 7) und 60 (4 · 15). Diese fehlenden Ziffern würden sich nicht als Summe dreier quadrierter Zahlen darstellen lassen.

Nun haben wir in der sechsten Kolumne die festgestellten $\sin^2 \vartheta$-Werte als Produkte einer ganzen Zahl und eines theoretisch konstanten Wertes, nämlich des besagten Quotienten Q_a, aufgespalten. Die ganzen Zahlen liefern uns, wie wir nun wissen, die Indizes der reflektierenden Netzebenen; sie sind in der letzten Kolumne verzeichnet.

Tabelle 6. *Fluorit* aus einem Barytgang von Pottäng (Insel *Alnö*), Schweden; Pulveraufnahme mit gefilterter $Cu_{K\alpha}$-Strahlung. Cameradurchmesser 57,30 mm. Substanzträger: gespanntes Frauenhaar, Kristallpulver mit Collodium aufgebracht; Präparatdicke $2\rho = 0{,}6$ mm. 40 Kilovolt Scheitelspannung, 10 Milliampère, 110 Min.

Nr.	Intens. beob.	$2r_a$	2ϑ ($2r_a - 2\rho$)	$\sin^2 \vartheta$	$(H^2 + K^2 + L^2) \times Q_a$	Indizes
1	9	40,1	39,5	0,0591	3 x 0,01970	111
2	10	66,5	65,9	0,1594	8 x 0,01992	022
3	$4^1/_2$	78,9	78,3	0,2197	11 x 0,01997	113
4	$3^1/_2$	96,8	96,2	0,3185	16 x 0,01991	004
5	3	106,9	106,3	0,3782	19 x 0,01990	313
6	4	123,3	122,7	0,4791	24 x 0,01996	224
7	3	132,7	132,1	0,5377	27 x 0,01992	{333, 115
8	$2^1/_2$	148,9	148,3	0,6368	32 x 0,01990	440
9	4	159,1	158,5	0,6968	35 x 0,01991	531
10	5	177,7	177,1	0,7971	40 x 0,01993	620
11	3	190,3	189,7	0,8564	43 x 0,01992	533

$\Sigma \sin^2 \vartheta$

$$5{,}1388 : 258 = 0{,}019918 \quad \left(= Q_a \text{ oder } \frac{\lambda^2}{4a^2}\right);$$

daraus ergibt sich mit $\lambda = 1{,}5418$ der Wert $a = 5{,}462_3$; corr. $a = 5{,}462$ Å.

Kämen in der aufsteigenden Reihe der Faktoren irgendwo Bruchzahlen vor, so ist das ein Zeichen dafür, daß der Quotient Q zu groß angenommen wurde; er wird dann halbiert, gedrittelt . . . werden müssen, um durchgehends ganzzahlige Faktoren zu erhalten. So konnte in unserem Diagramm das $\sin^2 \vartheta$ der ersten Linie nicht bereits als Q-Wert angenommen werden (1 · Q), sondern es mußte gedrittelt werden.

Ein Blick auf die Indizierung zeigt uns, daß bei Linie 7 zwei *Miller*'sche Symbole vermerkt sind; der Faktor 27 ist eben in zweifacher Weise als Quadratsumme dreier Indizes zu deuten (333 und 115). Das wäre auch der Fall bei den Faktoren 9 (122 und 003), 17 (014, 223), 18 (033, 114), 25 (034, 005), 26 (314, 015) . . . ; doch kommen diese Faktoren bei unserem Diagramm nicht vor.

In diesem Sachverhalt haben wir wieder den Beweis für die eingangs erwähnte Mehrdeutigkeit der Indizierung. Bei *Debye*-Aufnahmen liegt ja quasi nur ein eindimensionales Diagramm vor: lediglich die ϑ-Werte! Diese bestimmen jedoch als $\sin \vartheta$ nur die Länge des Vektors im reziproken Gitter, nicht aber die Richtung des Fahrstrahls (s. Teilkap. XI a, 3).

Was die Berechnung der Gitterkonstante a anbelangt, so kann sie aus dem Quotienten $\frac{\lambda^2}{4\,a^2}$ erst dann vorgenommen werden, wenn sein wahrscheinlichster Wert präzisiert worden ist.

Die Q-Werte so vieler vermessener Linien weisen naturgemäß eine gewisse, mehr oder weniger große Streuung auf. Bei unserem Diagramm ist sie – abgesehen vom Werte der innersten Linie – relativ unbedeutend. Trotzdem wäre eine einfache Mittelwertsbildung nicht richtig. Denn den äußeren Linien kommt, gleiche Meßgenauigkeit vorausgesetzt, das größere Gewicht zu. Der Fehler bei der Berechnung des Quotienten ist um so kleiner, je größer der Divisor ist, durch den die $\sin^2 \vartheta$-Werte geteilt wurden.

Um diesem Umstand Rechnung zu tragen und die Verschiedenheit der relativen Fehler auszugleichen, hat sich folgender Vorgang bewährt: Man summiert die Kolumne der $\sin^2 \vartheta$-Werte und dividiert diese Zahl durch die Summe der ganzzahligen Faktoren; dadurch ist der Einfluß der Größenverschiedenheit der Faktoren bei der Bildung der einzelnen Quotienten ausgeschaltet.

Noch eine andere Variante der Auswertung einer Fluorit-Aufnahme, die unter denselben experimentellen Bedingungen vorgenommen wurde – aber etwas abweichende Vermessungsdaten der Interferenzlinien lieferte – möge diskutiert werden, um zu zeigen, daß eine nachträglich angebrachte Korrektur das Resultat verbessern kann.

Ein solcher Vorgang empfiehlt sich, wenn die Voraussetzungen für die Durchführung von Präzisionsaufnahmen nicht gegeben sind, aber doch größere Ungenauigkeiten vermieden werden sollten.

Die Tabelle 7 führt wieder die gleichen 11 α-Linien wie beim vorigen Beispiel (Tab. 6) auf; die $2\,r_a$–Daten jedoch weichen bei den meisten Linien (mit Ausnahme der 1. und 11. Linie) um ein Geringfügiges ab.

Nach Anbringung der gleichen *Hadding*-Korrektur ($2\rho =$ $= 0{,}6$ mm) sind die gegen die frühere Tabelle 6 ein wenig veränderten $\sin^2\vartheta$-Werte aufgeführt. Die Zerlegung in $(H^2 + K^2 +$ $+ L^2) \cdot Q_a$ gibt die nächste Kolumne wieder. Und nun sieht man – zum Unterschied gegenüber Tabelle 6 – daß ein systematischer Gang von den inneren zu den äußeren Interferenzen auftritt. Dieser läßt sich weitgehend beheben, wenn man, wie oben angedeutet, eine empirische Korrektur an den ermittelten Werten $(2\,r_a - 2\rho)$ anbringt, und zwar ein additives Glied k (pos. oder neg.), in unserem Falle $k = +\,0{,}2$ mm hinzufügt.

Die nächste Kolumne zeigt die so korrigierten 2ϑ-Werte, die also gegenüber den ursprünglichen $(2\,r_a - 2\rho)$-Werten durchgehends um 0,2 vergrößert worden sind. Jetzt aber ergibt die Aufgliederung der in der folgenden Kolumne verzeichneten korrigierten $\sin^2\vartheta$-Werte in der letzten Kolumne für Q_a einen nur mehr schwach streuenden Wert. Die Mittelbildung $\Sigma \sin^2\vartheta : \Sigma (H^2 + K^2 + L^2)$ liefert für $Q_a = 0{,}01992_3$ und ergibt damit die Gitterkonstante $a = 5{,}461_7 \simeq 5{,}462$, praktisch denselben Wert wie aus Tabelle 6 berechnet wurde.

In beiden Fällen war die verwendete Cu_K-Strahlung gefiltert, so daß in den vermessenen Filmen nur α-Linien vorlagen.

Tabelle 7. *Fluorit* aus einem Barytgang von Pottäng (Insel *Alnö*), Schweden; Pulveraufnahme mit gefilterter $Cu_{K\alpha}$-Strahlung. Cameradurchmesser 57,30 mm. Substanzträger: gespanntes Frauenhaar, Kristallpulver mit Collodium aufgebracht; Präparatdicke $2\rho = 0{,}6$ mm. 40 Kilovolt Scheitelspannung, 10 Milliampère, 110 Min.

$2r_a$	$\overbrace{2r_a - 2\rho}^{2\vartheta}$	$\sin^2\vartheta$	$(H^2 + K^2 + L^2) \times Q_\alpha$	corr. 2ϑ-Werte $k = +0{,}2$	$\sin^2\vartheta$ corr.	Aufgliederung
40,1	39,5	0,0591	3 × 0,0197	39,7	0,0596	3 × 0,01987
66,2	65,6	0,1580	8 × 0,01975	65,8	0,1589	8 × 0,01986
78,3	77,7	0,2167	11 × 0,0197	77,9	0,2177	11 × 0,01979
96,7	96,1	0,3179	16 × 0,01987	96,3	0,3191	16 × 0,01994
106,7	106,1	0,3770	19 × 0,01984	106,3	0,3782	19 × 0,01991
123,0	122,4	0,4773	24 × 0,01989	122,6	0,4784	24 × 0,01993
132,6	132,0	0,5371	27 × 0,01989	132,2	0,5383	27 × 0,01994
148,7	148,1	0,6356	32 × 0,01986	148,3	0,6368	32 × 0,01990
158,8	158,2	0,6950	35 × 0,01986	158,4	0,6962	35 × 0,01989
178,0	177,4	0,7986	40 × 0,01997	177,6	0,7996	40 × 0,01999
190,3	189,7	0,8564	43 × 0,01992	189,9	0,8573	43 × 0,01994
		5,1287 :	258 = 0,019883		5,1401 :	258 = 0,019923

Nun möge noch der Vorgang erläutert werden, wenn α- und β-Linien vorhanden sind: die beiden Strahlungen müssen bei der Auswertung getrennt behandelt werden.

Wie sind nun die β-Linien herauszufinden?

Es gilt $\sin\vartheta_\alpha : \sin\vartheta_\beta = \lambda_\alpha : \lambda_\beta$;

denn die *Bragg*sche Gleichung lautet

$$n \cdot \lambda = 2\,d \cdot \sin\vartheta ,$$

also sind die Sinuswerte der Glanzwinkel den betreffenden Wellenlängen direkt proportional.

Bei Cu_K-Strahlung ergibt sich

$$\frac{\lambda_\alpha}{\lambda_\beta} = \frac{1{,}5418}{1{,}39217} = 1{,}1075 .$$

Da wir in unseren Auswertungstabellen die quadrierten $\sin\vartheta$ aufgeführt haben, ist der Umrechnungsfaktor von einer β- zu einer zugehörigen α-Linie $\left(\frac{\lambda_\alpha}{\lambda_\beta}\right)^2$, d.i. 1,23.

Die α-Linien sind wesentlich intensiver als die korrespondierenden β-Linien. Wir suchen daher in unserer tabellarischen Zusammenstellung die an Intensität schwachen Linien auf und multiplizieren ihr $\sin^2\vartheta$ mit 1,23. War es eine β-Linie, so muß der mit vorstehendem Faktor multiplizierte Wert das $\sin^2\vartheta$ einer α-Linie ergeben, wodurch eine stärkere Linie mit gleichem, bzw. annähernd gleichem $\sin^2\vartheta$-Wert als zugehörige α-Linie erkannt ist. Ergibt der mit 1,23 multiplizierte $\sin^2\vartheta$-Wert einer schwachen Interferenzlinie kein $\sin^2$ einer stärkeren Linie, dann konnte die geprüfte Linie keine β-Linie sein, sondern war selbst schon eine α-Linie von geringer Intensität, deren korrespondierende β-Linie nicht mehr aufschien.

Nun müssen die $\sin^2$-Werte der α-Linien und jene der β-Linien in zwei getrennten Kolumnen verzeichnet werden; und ebenso muß die Aufgliederung der $\sin^2\vartheta$-Werte nach Q_α bzw.

Q_β (multipliziert mit einer ganzen Zahl) in zwei getrennten Kolumnen erfolgen. Der weitere Rechnungsvorgang geht dann für α- und β-Interferenzen unabhängig voneinander vor sich.

c) Graphische Auswertung

1. Die Methode der Schiebestreifen

Im vorangegangenen Teilkapitel b) wurde als Grundlage der Auswertung von Pulveraufnahmen kubischer Substanzen die *Bragg*sche Gleichung in der quadratischen Form benützt:

$$\sin^2 \vartheta = \frac{\lambda^2}{4\,a^2} (H^2 + K^2 + L^2) .$$

Für den nun zu behandelnden Vorgang mit Hilfe von Schiebestreifen verwenden wir obige Gleichung in nichtquadrierter Form:

$$\sin \vartheta = \frac{\lambda}{2\,a} \sqrt{H^2 + K^2 + L^2}$$

oder kurz:

$$\sin \vartheta = \frac{\lambda}{2\,a} \sqrt{\Sigma} .$$

Wir legen uns eine Tabelle an, wo wir in der ersten Kolumne links die $\sin \vartheta$-Werte der auszuwertenden Pulveraufnahme einer kubisch kristallisierenden Substanz eintragen, die anderen Daten etwa nach folgendem Schema:

$\sin \vartheta$	$\sqrt{\Sigma}$	HKL	$\frac{\lambda}{2a} = \frac{\sin \vartheta}{\sqrt{\Sigma}}$

Nun ist es unsere Aufgabe, gemäß obiger Gleichung die $\sin \vartheta$-Werte (linke Seite der Gleichung) mit $\sqrt{\Sigma}$ (rechts) zu vergleichen. $\sqrt{\Sigma}$ ist aber mit dem Faktor $\frac{\lambda}{2\,a}$ verknüpft, in welchem wohl λ, nicht aber a bekannt ist. Logarithmieren wir unsere Gleichung, so erhalten wir

$$\log \sin \vartheta = \log \frac{\lambda}{2a} + \log \sqrt{\Sigma}.$$

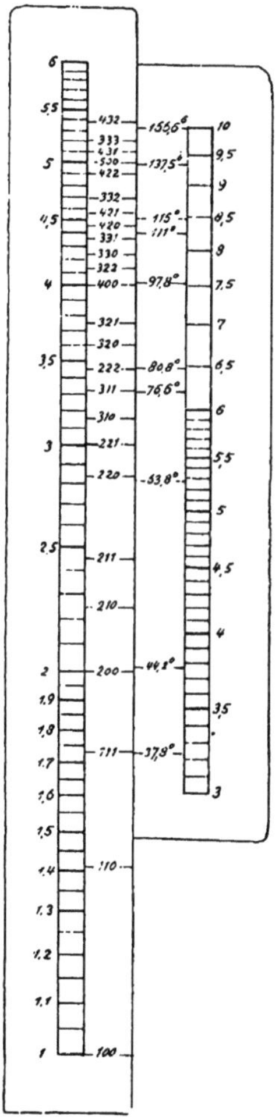

Abb. 88. Schiebestreifen (nach *A. Schleede* und *E. Schneider*).

Das Logarithmieren können wir auf einfache Weise graphisch durchführen: Wir tragen auf einen Streifen logarithmischen Papiers die $\sin\vartheta$-Werte auf; auf einen zweiten Streifen die Werte von $\sqrt{\Sigma}$ für alle Summen $(H^2 + K^2 + L^2)$ von 1 bis 50, und zwar die Wurzelwerte! (s. Abb. 88). Die zwei Streifen werden aneinander horizontal verschoben, bis die $\sin\vartheta$ mit Werten von $\sqrt{\Sigma}$ gut übereinstimmen. Die $\sqrt{\Sigma}$-Werte geben aber gleichzeitig die Indizierung H K L an. Um einen brauchbaren Maßstab zu erhalten, wird statt $\sin\vartheta$ der Wert $10 \cdot \sin\vartheta$ aufgetragen.

Die Koinzidenz der $\sin\vartheta$-Werte mit Punkten des Indizierungsstreifens (Werte von $\sqrt{\Sigma}$) ergibt die Lauezahlen, also die Indizierung, die jetzt in die dritte Kolumne unserer Tabelle einzutragen ist. Die Division $\frac{\sin\vartheta}{\sqrt{\Sigma}}$, d.h. Werte der 1. Kolumne dividiert durch die korrespondierenden der 2. Kolumne liefert in der 4. Kolumne den Ausdruck $\frac{\lambda}{2a}$ unserer Gleichung $\sin\vartheta = \frac{\lambda}{2a} \cdot \sqrt{\Sigma}$. Die Mittelwertsbildung in dieser letzten Kolumne ergibt den Ausgangswert zur Berechnung der Gitterkonstante a.

2. Indizierung von Debye-Diagrammen tetragonaler und hexagonaler Substanzen (Methode der Kurventafeln)

Außer bei Pulverdiagrammen kubisch kristallisierender Substanzen gelingt es unter günstigen Umständen, auch tetragonale und hexagonale (bzw. rhomboedrische) *Debye*-Aufnahmen einwandfrei zu indizieren.

Dazu dienen die von *Schwarz* und *Summa* (1932) angegebenen Kurven – eine Modifizierung jener von *Hull* und *Davey* verwendeten („*Hull*'schen Kurven", 1921).

Der Vorgang schließt sich im wesentlichen der soeben betrachteten Methode der Schiebestreifen für kubische Kristalle an.

Im Gegensatz zu letzterer Methode gelangen jedoch jetzt die benützten Gleichungen des *Bragg*schen Gesetzes in der quadrierten Form zur Anwendung:

Für das tetragonale System lautet die quadratische Form

$$\sin^2 \vartheta = \frac{\lambda^2}{4\,a^2}\left[H^2 + K^2 + \left(\frac{a}{c}\right)^2 \cdot L^2\right] ;$$

für hexagonale Kristalle

$$\sin^2 \vartheta = \frac{\lambda^2}{4\,a^2}\left[\frac{4}{3}\,(H^2 + K^2 + H\,K) + \left(\frac{a}{c}\right)^2 \cdot L^2\right]$$

Hier, wo es sich um wirtelige Kristalle handelt, enthält die Formel für die $\sin^2 \vartheta$ (in den soeben verzeichneten quadratischen Formen) 2 Unbekannte, einerseits den Quotienten $\frac{\lambda^2}{4\,a^2}$, andrerseits den quadrierten $\frac{a}{c}$-Wert.

Ein Verfahren, das die beiden Faktoren trennt, besteht darin, daß man den Wert $\frac{\lambda^2}{4\,a^2} = 1$ setzt.

Nun weisen die Gleichungen nur die eine Unbekannte $\left(\frac{a}{c}\right)^2$ auf. Und so stellen sich die $\sin^2 \vartheta$-Werte als Funktion des Achsenverhältnisses c/a bzw. a/c dar, jeweils für eine der aufgenommenen Indizierungen 100, 110, 111 usw. Die in eckiger Klammer stehenden Ausdrücke müssen daher fortlaufend für die verschiedenen Werte a/c von 0,1 bis 1,0 berechnet werden. Sie werden in logarithmischem Maßstab als Abszisse in ein zweidimensionales Diagramm eingetragen, wobei die a/c-Werte die Ordinaten bilden. Mit anderen Worten: im Kurvenblatt liegen gewissermaßen unsere früher erwähnten Schiebestreifen vertikal übereinander gereiht. Die einzelnen Punkteintragungen für die Index-Tripel sind den variablen Achsenverhältnissen entsprechend (hier bezüglich a/c) kontinuierlich durch Kurven verbunden.

Man erhält somit in jeder Ordinatenhöhe die log $\sin^2 \vartheta$-Werte für das betreffende Achsenverhältnis.

Zum anderen: Die experimentellen log $\sin^2 \vartheta$-Werte werden –analog wie die $\sin \vartheta$ des Schiebestreifens bei kubischen Kristallen – wieder auf einem eigenen Streifen vermerkt, den man parallel zur Abszisse verschiebt bis alle dort aufgetragenen Punkte auf Kurvenpunkte fallen. Dann ist Übereinstimmung zwischen beobachteten und berechneten $\sin^2 \vartheta$-Werten erzielt.

Dabei ist zu beachten, daß zum Zwecke der Umrechnung auf die tatsächliche Gitterkonstante und Wellenlänge – es war doch die bestehende Relation von λ zu a, nämlich $\frac{\lambda^2}{4\,a^2}$ gleich 1 gesetzt worden – die Ablesung nun mit dem Wert $\frac{\lambda^2}{4\,a^2}$ multipliziert werden sollte: das ist aber durch die Parallelverschiebung des Streifens (mit den log $\sin^2 \vartheta$-Werten) bereits geschehen; bei Erreichung der Koinzidenz mit den Kurvenpunkten ist der Schiebestreifen um eine Strecke verschoben

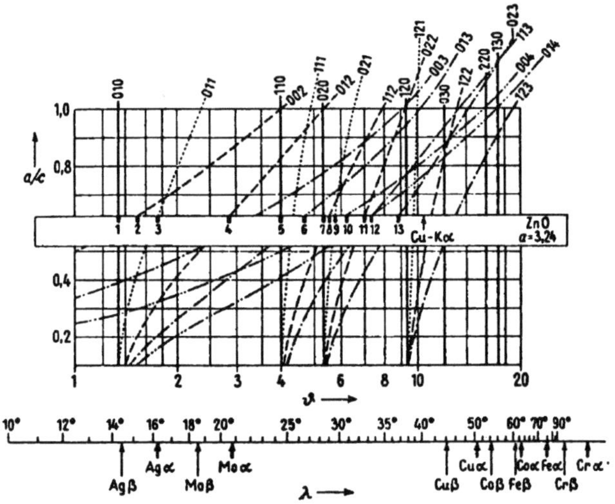

Abb. 89. *Hull*'sche Kurven für hexagonale Kristalle: Indizierung von Zinkoxyd (nach *H. Neff*).

worden, die dem Faktor $\frac{\lambda^2}{4\,a^2}$ entspricht. Abb. 89 vermittelt eine Vorstellung von einem solchen Kurvenblatt; es ist eines für das hexagonale (bzw. rhomboedrische) System. Üblicherweise wird es im Format 100 x 40 cm hergestellt.

Jede der Kurven stellt also die Funktion $\log \sin^2 \vartheta = f\left(\frac{a}{c}\right)$ für ein bestimmtes Indextripel dar.

Handelt es sich um Kurven für das tetragonale System, dann haben wir beim Ordinatenwerte a/c = 1,0 jene Situation wie bei der Methode der Schiebestreifen für kubische Kristalle (jetzt allerdings mit Σ der quadrierten Indizes und nicht mit $\sqrt{\Sigma}$).

Bei Vorhandensein einer tetragonalen Kurventafel erübrigt sich daher die frühere Methode der Schiebestreifen für kubische Kristalle.

Ist das Achsenverhältnis des wirteligen Kristalles (wenigstens annähernd) bekannt und somit auch der Ordinatenwert a/c, so ist lediglich durch Horizontalverschiebung des beweglichen Streifens (mit den $\sin^2 \vartheta$-Werten) in der betreffenden Ordinatenhöhe die Übereinstimmung mit den Punkten der Kurven zu suchen.

Ohne Kenntnis des Achsenverhältnisses muß man allerdings in den verschiedensten Ordinatenhöhen sorgfältigst ausprobieren.

IX. Strukturfaktor und Intensitätsberechnung

a) Resultierende Strukturamplitude

Was wir an Interferenzerscheinungen bisher betrachtet haben – eine Ausnahme die Darlegungen im Kap. VII, b – betraf immer nur den einfachsten Fall, nämlich die Röntgenstreuung am primitiven Translationsgitter. Auch die Verhältnisse bei den sieben mehrfach-primitiven *Bravais*gittern sind vorläufig bezüglich einer prinzipiellen Diskussion noch unberücksichtigt geblieben.

Es ist schon frühzeitig erkannt worden, daß wir es bei realen Kristallen kaum je mit einem einfachen Translationsgitter von Atomen zu tun haben; auch nicht bei den kristallisierten Elementen. Hier sind es vielfach kubisch- oder hexagonal-dichteste Kugelpackungen, also keine primitiven Zellen.

Der einfachste Gittertyp – das Translationsgitter – ist aber keineswegs ausreichend allgemein, um die Interferenzerscheinungen an den gittermäßig struierten Kristallen deuten zu können. Im Gegenteil erweist es sich als notwendig, Ineinanderstellungen von einfachen Translationsgittern in Betracht zu ziehen, mögen sie aus gleichartigen oder verschiedenen Identitätsscharen von Atomen bestehen.

Eine noch recht einfache Versinnbildlichung einer realen Kristallstruktur sei in Abb. 90 durch ein Atompaar A und B dargestellt. Die zwei Atome des Baumotivs können – müssen aber nicht – durch eine Symmetrieoperation verknüpft sein, beispielsweise durch ein Symmetriezentrum zwischen ihnen.

Das gesamte Bildmuster kann man sich dann entwickelt denken, indem die Atomgruppe – in unserem Falle das Atompaar – durch Gittertranslationen zweidimensional wiederholt wird (für das Raumgitter dreidimensional). Somit kann ein separates Translationsgitter durch jedes der beiden Atome gelegt werden. Die beiden Gitter sind identisch in ihren Dimensionen und sind auch gleich orientiert.

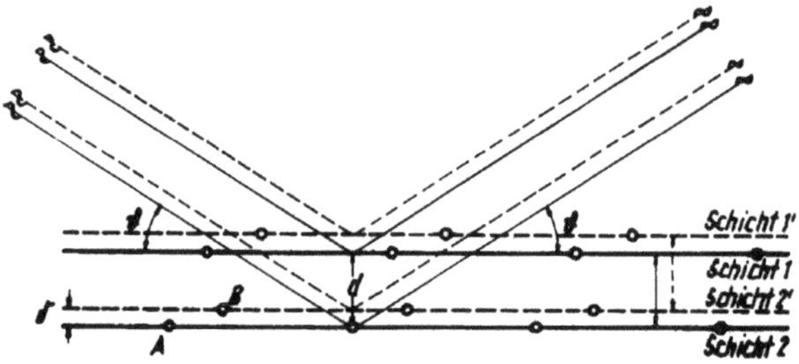

Abb. 90. Interferenzerscheinung bei Einschaltung eines zweiten Translationsgitters.

Wie wir bei der Entwicklung des *Bragg*schen Beugungsgesetzes gesehen haben, liegt beim Reflex I. Ordnung an der Ebenenschar des A-Gitters im Strahlengang zwischen den Wirkungen von Nachbarebenen (mit dem Netzebenenabstand d) ein Wegunterschied von einer vollen Wellenlänge; sonst könnte kein Interferenzstrahl entstehen!

Für die Reflexion n-ter Ordnung besteht zwischen den Wirkungen aufeinanderfolgender A-Ebenen n volle Wellenlängen Wegunterschied.

Unsere beiden Translationsgitter A und B reflektieren nach der *Bragg*schen Auffassung der Röntgenstrahlbeugung unter dem gleichen Glanzwinkel ϑ. Die beiden Wellenzüge differieren lediglich in der Phase: Die von den Translationsgittern A und B stammenden Wellen sind nämlich um einen Betrag δ als Bruchteil von d gegeneinander verschoben. So ergibt sich unter Zugrundelegung des Netzebenenabstandes d als Äquivalent (oder Indikator) für den Gangunterschied 1 λ im Strahlengang – falls es sich um die Reflexion I. Ordnung handelt – eine Wegdifferenz zwischen A- und B-Welle in der Größe von $\delta \cdot d$ Wellenlängen.

Die resultierende Welle – eine Überlagerung von zwei Wellen derselben Wellenlänge, aber gegeneinander phasenverschoben – ist wieder von gleicher Wellenlänge, jedoch von verschiedener Amplitude. Da bezüglich der Wirkungen aufeinanderfolgender Netzebenen des A-Gitters im Falle einer Reflexion n-ter Ordnung n volle Wellenlängen Wegunterschied besteht, liegt zwischen jeder Netzebene des A-Gitters und der entsprechenden Netzebene des B-Gitters eine Wegdifferenz von $n \cdot \delta$ d Wellenlängen für die n-te Ordnung.

Niemals können durch Einschieben von Gittern neue Interferenzrichtungen entstehen, wohl aber können – falls sich die resultierende Amplitude als Null ergibt – Interferenzstrahlen „gelöscht" werden.

Der Vorgang, die resultierende Amplitude einer durch innere Interferenz komplexen Welle zu ermitteln, ist der gleiche wie in der Optik; auch hier läßt es sich am einfachsten vektoriell lösen.

Unter Zugrundelegung der einfachen Annahme von nur zwei Scharen von Netzebenen A_1 und A_2 (vgl. Abb. 90, mit A- und B-Gitter) in die ursprüngliche Netzebenenschar A_0 (Ausgangsgitter A_0) setzen wir fest (s. Abb. 91): die Phase der Welle, die von der A_0-Schar stammt, sei 0° (Netzebenenschar durch den Ursprungspunkt!); dann hat die Welle von der A_1-Schar die Phasenverschiebung φ_1, die dem Verschiebungsbruchteil δ_1 (in bezug auf d) entspricht; die Phasenverschiebung ist immer mit φ bezeichnet, wobei $\varphi < 1$. Die A_2-Schar mit dem Phasenwinkel φ_2 ist entsprechend dem Verschiebungsbruchteil δ_2.

Präziser ausgedrückt: $\varphi \cdot 360°$ oder $\varphi \cdot 2\pi$, also der Bruchteil von 360°, heißt „Phasenwinkel"; er entspricht der Verschiebung $\delta \cdot d$ unserer vorangegangenen Darlegung.

Die Konstruktion (unsere Abb. 91) stellt die vektorielle Addition $A_r = A_1 + A_2$ dar.

Obwohl die jeweilige Phasenverschiebung φ immer nur ein Bruchteil von 360° oder 2π sein kann, ist es einleuchtend, daß im Falle einer Reflexion n-ter Ordnung der Gesamt-Gangunterschied $n \cdot \delta\, d$ den Wert 360° übersteigen kann; φ jedoch nur jenen Bruchteil bedeutet, der die Anzahl ganzer Wellenlängen überschreitet.

Unter Gebrauch komplexer Zahlen wird die Resultierende von A_1 und A_2 bündigerweise zum Ausdruck gebracht durch

$$A_r = A_1\, e^{\varphi_1 i} + A_2\, e^{\varphi_2 i}\ .$$

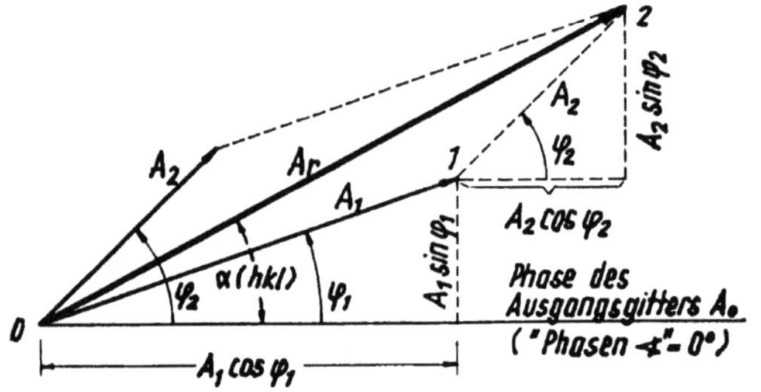

Abb. 91. Vektorielle Addition zweier Amplituden.

Die Intensität ist proportional dem Quadrate der resultierenden Amplitude; und zwar

$$|A_r|^2 = [A_1 \cdot \cos\varphi_1 + A_2 \cdot \cos\varphi_2]^2 + [A_1 \cdot \sin\varphi_1 + A_2 \cdot \sin\varphi_2]^2 ,$$

wobei $\varphi_1 = n\delta_1 \cdot 2\pi$; $\varphi_2 = n\delta_2 \cdot 2\pi$.

Unter Einsetzung der Werte von φ und auf m eingeschaltete Translationsgitter verallgemeinert, stellt sich obige Formel folgendermaßen dar:

$$J \simeq |\Sigma_m A_m \cdot e^{n\delta_m 2\pi \cdot i}|^2 .$$

Die Summation erstreckt sich über alle Ebenen mit den Amplituden A_m und die auf die Röntgenperiode (r = d = 1) [1] bezogenen Verschiebungen δ_m, die für die Intensitätsbestimmung zum Quadrat erhoben wurde, bedeutet – wie oben bei nur zwei eingeschalteten Netzebenenscharen – die resultierende Amplitude A_r und wird als „Strukturfaktor S" bezeichnet, und zwar ist es die Basis obigen Ausdruckes.

Der Strukturfaktor ist – wie wir später sehen werden – nicht der einzige Faktor, der die Intensität beeinflußt, aber er ist jener, in welchem sich die Einzelheiten der Struktur dezidiert äußern.

In obiger Formel ist die Ordnung der Reflexion durch den Faktor n berücksichtigt; denn der jeweilige, durch Einschaltung einer zusätzlichen Netzebenenschar erzielte Gesamt-Gangunterschied ist

$$n\delta \cdot 2\pi ,$$

falls es sich um die n-te Ordnung handelt.

Nun, der Verschiebungsfaktor δ (als Bruchteil des zugrundeliegenden Netzebenenabstandes d) ist normalerweise nicht un-

[1] Die Röntgenperioden (r_{hkl}) stimmen nur beim Fehlen von Gleitspiegelebenen und Schraubenachsen im Kristallgitter mit den Abstandsperioden (d_{hkl}) strukturell-identischer, paralleler Netzebenen überein; andernfalls wird $d_{hkl} = n \cdot r_{hkl}$, wobei n die Ordnungszahl der Interferenz ist.

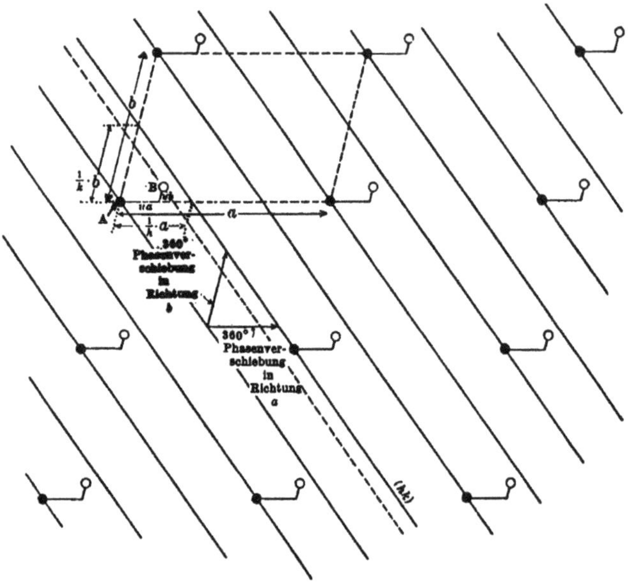

Abb. 92. Phasenverschiebung bei zwei Netzebenenscharen (nach *M. J. Buerger*).

mittelbar bekannt; denn im „Gitter mit Basis" sind die Ursprungspunkte der eingeschalteten Gitter durch die Parameterwerte ξ, η, ζ gegeben. Der Verschiebungsfaktor δ soll also durch die Parameter in Richtung der drei Grundvektoren a_0, b_0, c_0 ersetzt werden. Statt der griechischen Buchstaben ξ, η, ζ werden häufig auch u, v, w als Bruchteile der Grundvektoren gebraucht. Das wollen auch wir hier tun, da in den Formeln zusätzlich häufig der Index m vermerkt werden muß.

Abb. 92 zeigt je eine Netzebenenschar durch ein Atompaar (wie A und B in Abb. 90), wobei die B-Schar den Verschiebungsfaktor δ aufweist; die Koordinaten von Pkt. B sind $u \cdot a$, $v \cdot b$, $w \cdot c$ [1].

Die Netzebenen besitzen in dieser Zeichnung (zweidimensional!) die *Miller*schen Indizes (32.), also für h = 3. Eine Netz-

[1] Natürlich haben die Buchstaben u, v, w nichts zu tun mit jenen im Zonensymbol [uvw].

ebene (hk.) teilt bekanntlich auf der a-Achse die Strecke bis zum nächsten identischen Punkt in h gleiche Teile; jeder von der Größe $\frac{1}{h} \cdot a$. Analoges gilt für die beiden andern Achsen mit den Abschnitten $\frac{1}{k} \cdot b$ und $\frac{1}{l} \cdot c$.

In den Wirkungen der Netzebene durch den Ursprungspunkt A und der nächstfolgenden besteht – wie überhaupt zwischen zwei nächstgelegenen Netzebenen – eine Phasendifferenz 2π (für die Reflexion I. Ordnung).

In der Richtung des Grundvektors a entspricht also

die Strecke $\frac{1}{h} \cdot a \ldots 2\pi$ Phasendifferenz ,

in Richtung b die Strecke $\frac{1}{k} \cdot b \ldots 2\pi$ Phasendifferenz ,

in Richtung c die Strecke $\frac{1}{l} \cdot c \ldots 2\pi$ Phasendifferenz .

Welche Phasenverschiebung (Gangunterschied γ_a) besteht dann für die Strecke $u \cdot a$ (den Parameter von B bzgl. a)?

$\frac{1}{h} \cdot a$ entsprach 2π Phasendifferenz ,

$u \cdot a$ entspricht γ_a Phasendifferenz .

Demnach verhält sich $\frac{1}{h} \cdot a : 2\pi = u \cdot a : \gamma_a$

und $\gamma_a = uh \cdot 2\pi$.

Die beiden anderen partiellen Gangunterschiede in den Vektoren-Richtungen b und c sind dementsprechend

$$\gamma_b = vk \cdot 2\pi ,$$

$$\gamma_c = wl \cdot 2\pi .$$

Der Gangunterschied Γ zwischen den beiden Netzebenenscharen durch den Ursprungspunkt A und durch B ist – entsprechend dem Verschiebungsvektor δ –

$$\Gamma = (u h + v k + w l) \cdot 2\pi ;$$

also ist dieser Ausdruck *anstelle von δ in die Intensitätsformel einzusetzen.*

Es sei vermerkt, daß hier der Betrachtung die I. Ordnung zugrundegelegt werden konnte, da die Ordnungszahl n in der früheren Formel schon mit berücksichtigt war.

Wir haben somit für

$$J \simeq |S_{hkl}|^2 = |\Sigma_m A_m e^{n\delta_m 2\pi \cdot i}|^2 ,$$

$$J \simeq |S_{hkl}|^2 = |\Sigma_m A_m e^{n(u_m \cdot h + v_m \cdot k + w_m \cdot l) 2\pi \cdot i}|^2 ,$$

$$J \simeq |S_{hkl}|^2 = |\Sigma_m A_m e^{2\pi i (u_m \cdot H + v_m \cdot K + w_m \cdot L)}|^2 ,$$

wobei u_m, v_m, w_m die jeweiligen Parameter der strukturell verschiedenen Atomlagen sind[1].

In der letzten Formel ist die Ordnungszahl n in dem *Laue*schen Ordnungstripel (H K L) bereits enthalten; denn (H K L) = = n · (*h k l*).

Die Auflösung für den quadrierten Strukturfaktor S stellt sich in trigonometrischen Funktionen folgendermaßen dar:

$$\begin{aligned} |S|^2 = {} & [A_1 \cos 2\pi (u_1 H + v_1 K + w_1 L) + \\ & + A_2 \cos 2\pi (u_2 H + v_2 K + w_2 L) + \ldots \\ & \ldots A_m \cos 2\pi (u_m H + v_m K + w_m L)]^2 + \\ & + [A_1 \sin 2\pi (u_1 H + v_1 K + w_1 L) + \\ & + A_2 \sin 2\pi (u_2 H + v_2 K + w_2 L) + \ldots \\ & \ldots A_m \sin 2\pi (u_m H + v_m K + w_m L)]^2 . \end{aligned}$$

[1] In den Berechnungsformeln bedeuten die A-Werte einen Atomfaktor („atomares Streuvermögen"), der für die verschiedenen Elemente verschieden und überdies von $\sin \vartheta/\lambda$ abhängig ist (siehe Seite 188).

Für Kristalle mit Symmetriezentrum verschwinden die Sinusglieder, wenn der Anfangspunkt des Koordinatensystems in das Symmetriezentrum gelegt wird. Dann hat man neben einem Atom mit den Koordinaten u, v, w auch eines in $\bar{u}$, $\bar{v}$, $\bar{w}$. Ein solches, symmetrisch zum Symmetriezentrum liegendes Atompaar R und R′ streut mit entgegengesetzter Phase

$$\varphi_R = -\varphi_{R'}.$$

In obiger Gleichung $|S|^2 = \ldots$ sind dann je zwei Cosinusglieder einander gleich, so $\cos\varphi_R = \cos(-\varphi_{R'})$, während je zwei Sinusglieder sich aufheben; denn

$$\sin\varphi_R = -\sin\varphi_{R'}.$$

In unserer im Kap. V b) als Beispiel angeführten Gehlenitstruktur waren 10 Parameter (die x-, y-, z-Werte der Tabelle 3, hier mit u, v, w bezeichnet) festzulegen.

b) Weitere Intensitätsfaktoren

Es wurde im voranstehenden Teilkapitel a) bereits betont, daß der Strukturfaktor nicht der einzige ist, der die Intensität der Reflexionen bestimmt. Eine Reihe anderer Faktoren müssen – je nach Art der Röntgenaufnahme – Berücksichtigung finden.

Die Intensität eines reflektierten Röntgenstrahls hängt – wie oben bereits betont – nicht nur vom beugenden Kristallgitter ab, das sich in seinen geometrischen Einzelheiten im Strukturfaktor wiederspiegelt. Auch andere, sowohl geometrische als auch physikalische Einflüsse spielen eine Rolle.

Kontinuierliche Faktoren

Bei der Behandlung des Strukturfaktors hatten wir es auf Grund der Phasendifferenzen mit einer *sprunghaften* Änderung der Intensitäten von Röntgenreflexionen zu tun, entsprechend dem individuellen Aufbau des beugenden Kristallgitters, das die resultierende Strukturamplitude bestimmt.

Es treten aber in der Formel des Strukturfaktors Werte für die Amplituden der Atome A_1 bis A_m auf. Die Amplituden selbst sind jedoch der Messung nicht zugänglich. Man kann nur den transportierten Energiefluß bestimmen; dieser ist proportional dem Quadrate der Amplitude. Letztere ist aber die Maßzahl für die Intensität.

Nun handelt es sich um Faktoren, welche die Intensität des reflektierten Strahls beeinflussen, und zwar *allmählich* anstatt sprunghaft: „kontinuierliche Faktoren". Solche haben wir bisher noch nicht diskutiert.

Einer davon betrifft den *Atomfaktor* (Atomformfaktor), auch *„atomares Streuvermögen"* genannt; in den Internationalen Tabellen mit f_0 bezeichnet.

Das Streuvermögen eines Atoms ist ungefähr der Zahl seiner Elektronen proportional. Das ist theoretisch zu erwarten! Denn die Elektronen sind es – und nicht der relativ schwere Atomkern – die von der einfallenden Strahlung angeregt, Schwingungen vollführen. Das Streuvermögen des Atoms entspricht der resultierenden Amplitude der von den einzelnen Elektronen stammenden Wellen; es ist daher der Zahl der Elektronen proportional. Diese Proportionalität gilt allerdings genau nur bei kleinen Ablenkungswinkeln, weil hier die Gangunterschiede zwischen den von verschiedenen Elektronen des Atoms gestreuten Wellen vernachlässigt werden können. Bei größeren Ablenkungswinkeln werden aber zwischen diesen Wellen solche Phasendifferenzen auftreten, daß dies eine Abnahme des Streuvermögens mit zunehmendem Ablenkungswinkel verursacht, genauer: mit wachsendem Werte $\sin \vartheta/\lambda$. Der Abfall ist umso steiler, je ausgedehnter die Elektronenhülle ist.

Diese *Atomfaktoren*, vielfach F-Werte genannt, in den Internationalen Tabellen jedoch (wie erwähnt) mit f_0 bezeichnet, sind – wie vermerkt – außer vom Glanzwinkel auch von der verwendeten Wellenlänge abhängig, also eine Funktion von $\frac{\sin \vartheta}{\lambda} \cdot 10^{-8}$. Als Beispiel der Verlauf der Funktionen betreffend Na und Cl in kurvenmäßiger Darstellung (Abb. 93).

Bei der Röntgenanalyse komplizierter Strukturen verwendet man diese f_0-Werte, die aus Messungen einfacher, bekannter

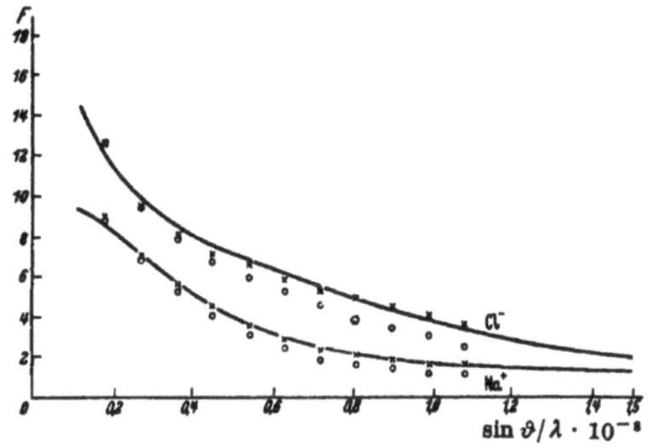

Abb. 93. Atomares Streuvermögen F_{Na} und F_{Cl}, berechnet aus den Beugungsintensitäten von NaCl; x mit Korrektion für Nullpunktsenergie, o ohne diese Korrektion (nach *R. W. James*, *I. Waller* und *D. R. Hartree*).

Strukturen abgeleitet wurden, mit gutem Erfolg. Und das hat die Anwendung so berechneter Werte in der Kristallstrukturanalyse gesichert.

Ein anderer Faktor, der sich auf die Änderung der Beugungsintensität mit dem Ablenkungswinkel bezieht, ist der *Polarisationsfaktor.* Er ist dadurch bedingt, daß die Streuung der Röntgenstrahlen durch die Elektronen des betreffenden

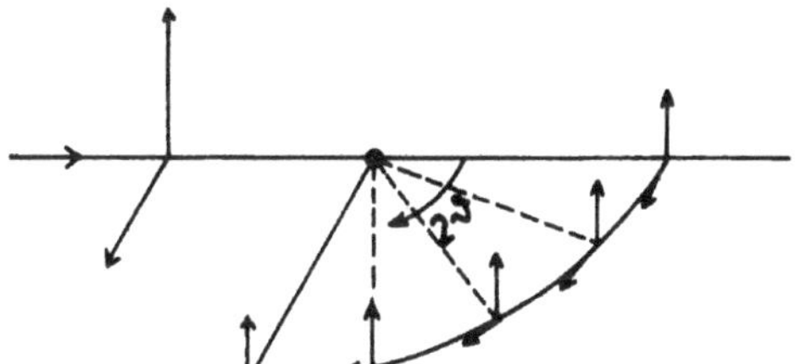

Abb. 94. Polarisationsfaktor der gestreuten Kugelwelle. Amplitudenkomponente ⊥ zur Ebene einfallender/abgelenkter Strahl = 1; horizontale Komponente cos 2 ϑ (nach *J. M. Bijvoet* u. Mitautoren).

Atoms verursacht wird. Ist die einfallende Strahlung nicht polarisiert, so wird die Amplitudenkomponente des Schwingungsvektors in der Ebene des einfallenden und abgebeugten Strahles umso kleiner, je mehr sich der Ablenkungswinkel 2ϑ dem Werte 90° nähert (s. Abb. 94). Die Elektronen eines Atoms können nur senkrecht zur Strahlenrichtung schwingen, nicht aber *in* ihrer Schwingungsrichtung[1].

Als Ausdruck für den *Polarisationsfaktor* – die *Thomson*sche Formel für die Richtungsabhängigkeit der Elektronenstreuung – wird mit

$$\frac{1 + \cos^2 2\vartheta}{2} \text{ angegeben.}$$

Ein weiterer, die Intensität beeinflussender Faktor, der *Lorentzfaktor,* fußt auf der Tatsache, daß die *Bragg*sche Reflexionsbedingung in der Praxis nicht vollkommen exakt erfüllt ist, d.h. also, daß die Intensität eines reflektierten Strahles an der Grenze des Glanzwinkels nicht sprunghaft Null werden wird, sondern daß es um den Glanzwinkel herum einen – wenn auch kleinen – Winkelbereich gibt, innerhalb dessen die Intensität nur rasch abfällt. Mathematisch läßt sich zeigen, und zwar unter Anwendung des Reziproken Gitters (s. Kap. XI a, 3 bzw. XI b, 1), daß beim Durchgang desselben durch die Ausbreitungskugel senkrecht zu ihrer Oberfläche eine in Betracht kommende Geschwindigkeitskomponente dem erwähnten, kurz dauernden Intensitätsabfall zugrunde liegt; sie ist proportional $\sin\vartheta \cdot \cos\vartheta$. Demgemäß ist die Reflexionsdauer etwas länger als nur jener Moment, in welchem die *Bragg*sche Gleichung streng erfüllt ist. Die länger andauernde Reflexionsfähigkeit wirkt sich dann naturgemäß in erhöhter Intensität aus. Als Faktor, der die Intensität beeinflußt, ergibt sich so der Wert

$$\frac{1}{\sin\vartheta \cdot \cos\vartheta}, \text{ der als } \textit{Lorentzfaktor} \text{ bezeichnet wird.}$$

[1] Senkrecht zur Ebene des einfallenden und reflektierten Strahles wird die Amplitudenkomponente vom Elektron gleich stark in alle Richtungen gestreut.

Geometrische Zerstreuungsfaktoren

Bei der Pulvermethode kommen noch weitere Einflüsse hinzu; einmal auf Grund der Anzahl einer bestimmten reflektierenden Netzebenenart, andererseits infolge der Verbreitung der reflektierten Strahlen einer Interferenz *h k l*. Abb. 95 illustriert die Verhältnisse bei der Röntgenstreuung im Kristallpulver *unter der Voraussetzung, daß die Kristallite im Pulverpräparat statistisch regellos verteilt sind.*

Dementsprechend werden auch die reflektierten Strahlen einer Interferenz *h k l* und ebenso die zugehörigen Netzebenen-Normalen gleichmäßig verteilt sein. Der Kreis I gibt die Orientierung der Flächennormalen einer reflektierenden Netzebenen-

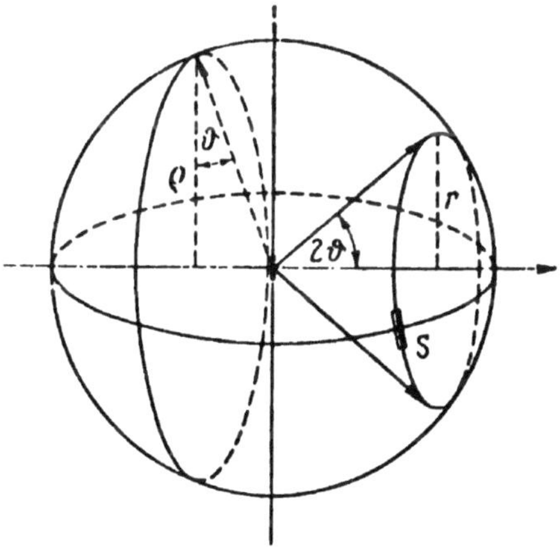

Abb. 95. Geometrie der Anordnung beim Pulververfahren (nach *H. Neff*).
ρ Radius des Reflexionskreises der Netzebenen-Normalen einer bestimmten Interferenz: Kreis I; r Radius eines Interferenzringes im Debye-Diagramm: Kreiskegel II. Am Äquator des Films ein Photometerspalt, zur Registrierung der Intensitäten.

art wieder, mit dem Winkel ($90° - \vartheta$) gegenüber dem Primärstrahl. Dieser Kreis ist in seinem Umfang umso größer, je größer die Zahl der zu einem Interferenzring beitragenden reflektierenden Netzebenen ist. Als geometrischen Faktor für die Anzahl dieser Netzebenen erhalten wir so einen Wert proportional dem Umfang des Kreises I mit dem Radius ρ, also proportional $\rho = \cos \vartheta$ (was aus der Zeichnung unmittelbar ersichtlich).

Der Kreiskegel II, mit dem Öffnungswinkel 2ϑ, bzw. der zugehörige Kreis, der die Verteilung der reflektierten Strahlen illustriert, ist dem Umfang des Kreises mit r als Radius proportional, also proportional $\sin 2\vartheta$. Der Kreis wird umso kleiner, demgemäß die Intensität der *Filmschwärzung umso größer, je kleiner der Wert* $\sin 2\vartheta$ wird; also *am intensivsten bei* einem Ablenkungswinkel 2ϑ *nahe* $0°$ *oder* $180°$. Zusammengezogen ergeben die beiden geometrischen, die Intensität beeinflussenden Faktoren den Ausdruck

$$\frac{\cos \vartheta}{\sin 2\vartheta} .$$

Berücksichtigen wir diesen für Pulveraufnahmen zusätzlichen Faktor, so ergibt Polarisationsfaktor, Lorentzfaktor und die geometrischen Faktoren zusammen den Ausdruck

$$\frac{1+\cos^2 2\vartheta}{2} \cdot \frac{1}{\sin \vartheta \cdot \cos \vartheta} \cdot \frac{\cos \vartheta}{\sin 2\vartheta} = \frac{1+\cos^2 2\vartheta}{4 \cdot \sin^2 \vartheta \cos \vartheta} \;^{1} .$$

Für Drehdiagramme jedoch (s. Kap. XI) lautet der mit dem Polarisationsfaktor kombinierte Lorentzfaktor

$$\frac{1+\cos^2 2\vartheta}{\sin 2\vartheta} \cdot \frac{1}{\sqrt{1 - \dfrac{\sin^2 \mu}{\sin^2 2\vartheta}}} ;$$

dabei bedeutet μ den Schichtlinienwinkel.

[1] Wird auch ohne den Faktor 4 im Nenner angegeben.

Nun spielt bei den Intensitätsfaktoren auch noch der *Temperaturfaktor* eine Rolle, wenn auch nicht bei allen Arten von Aufnahmeverfahren in gleicher Weise. In erster Linie ist er maßgeblich bei Pulveraufnahmen. Der im Strukturfaktor eingebaute Atomfaktor f_0 bezieht sich auf das Streuvermögen ruhender Atome. Infolge des Wärmeinhaltes der Kristalle führen jedoch die Atome des Gitters Schwingungen um ihre Ruhelage aus. Ihre Amplituden nehmen mit steigender Temperatur zu. Das bewirkt eine Aufrauhung der Netzebenen; und so kommt es zu einer Schwächung der Intensität der reflektierten Strahlung. Bei gleicher Rauhigkeit nimmt die Schwächung mit wachsendem Ablenkungswinkel zu; je höher die Ordnung der Reflexion, desto größer die Abschwächung. Bei Substanzen mit hohem Schmelzpunkt hat die Wärmebewegung bei Zimmertemperatur wenig Einfluß auf Schärfe und Intensität der Reflexionen.

Der Einfluß der Temperatur wurde von *Debye* und *Waller* berechnet („Debye'scher Wärmefaktor“): der Atomfaktor f_0 muß entsprechend dem Temperatureinflusse modifiziert werden. So ist nach dieser Theorie der Atomfaktor

$f = f_0 \cdot e^{-B \cdot \left(\sin \frac{\vartheta}{\lambda}\right)^2}$ (s. Int. Tables, Vol. II, Section 5, S. 242 ff.).

Der Stäbchen-Absorptionsfaktor

Wenn es sich bei normalen *Debye-Scherrer*-Aufnahmen um ein stark absorbierendes Präparat handelt (Stäbchen in der Achse einer zylindrischen Camera justiert)[1], so trägt nur ein Teil der Stäbchenoberfläche zur Reflexion bei. Dieser Anteil wird mit zunehmendem Ablenkungswinkel größer. Es kommt also dieser Einfluß zu den kontinuierlichen Intensitätsfaktoren noch hinzu. (Näheres in den Int. Tab.).

Flächenhäufigkeitszahl

Schließlich haben wir noch die Flächenhäufigkeitszahl H zu berücksichtigen, die bei manchen Aufnahmeverfahren, so bei Pulveraufnahmen sowie bei Drehdiagrammen eine Rolle spielt.

[1] Vgl. dazu auch Abb. 81.

Tabelle 8. Flächenhäufigkeitszahlen für Pulveraufnahmen in 3 Kristallsystemen

kubisch	*(hkl)*	*(hhl)*	*(hk0)*	(110)	(111)	(100)	
O_h O Td	48	24	24	12	8	6	
T_h T	2.24	24	2.12	12	8	6	

tetragonal	*(hkl)*	*(hhl)*	*(h0l)*	*(hk0)*	(110)	(100)	(001)
D_{4h} D_4 C_{4v} V_d	16	8	8	8	4	4	2
C_{4h} C_4 S_4	2.8	8	8	2.4	4	4	2

hexagonal	*(hkil)*	$(h0\bar{h}\bar{l})$	$(hh\overline{2h}l)$	*(hki0)*	$(10\bar{1}0)$	$(11\bar{2}0)$	(0001)
D_{6h} D_6 C_{6v} D_{3h}	24	12	12	12	6	6	2
C_{6h} C_6 C_{3h}	2.12	12	12	2.6	6	6	2

Hier handelt es sich um einen Faktor, der sich – wie auch der Strukturfaktor – sprunghaft ändert und somit, wie letzterer, ein *diskontinuierlicher* Intensitätsfaktor ist.

Wenn sich Reflexe von Netzebenen gleicher Art überdecken, so ist die Intensität der Linienschwärzung naturgemäß erhöht, und dies umso mehr, je mehr gleichwertige Ebenen zu einem bestimmten Indextripel (*hkl*) gehören. Bei Pulveraufnahmen ist im Falle völlig regelloser Lage der Kristalliten die Häufigkeitszahl H nur von der Symmetrie des Gitters abhängig. Bei kubischen Kristallen gibt es daher 6 Würfelebenen, 8 Oktaederebenen und 12 Dodekaederebenen; mithin $H_{100} = 6$, $H_{111} = 8$, $H_{110} = 12$.

Bei Drehkristallaufnahmen ist noch die Richtung der Drehachse zu beachten: zur Überdeckung von Reflexen ist außer der Gleichwertigkeit der Netzebenen auch noch gleiche Neigung gegen die Drehachse erforderlich. Beispiel: Bei Drehung eines kubisch-holoedrischen Kristalls um [110] liefern vier (111)-Ebenen und nur zwei (110)-Ebenen je einen Reflex, im Gegensatz zu Pulveraufnahmen, wo es acht bzw. zwölf sind. Siehe in Tabelle 8 noch einige Beispiele.

X. Die Auslöschungsgesetze

a) Auslöschungen bei mehrfach-primitiven Bravais-Gittern: Allgemeine Auslöschungsgesetze

Kehren wir zum Thema „Strukturfaktor" zurück und untersuchen wir nun das äußerst wichtige Problem der Systematischen Auslöschungen.

1. Körperzentriertes kubisches Gitter: Gitterzelle mit zwei Atomen gleicher Art

$$S = A\, e^{2\pi i(u_1 H + v_1 K + w_1 L)} + A\, e^{2\pi i(u_2 H + v_2 K + w_2 L)} .$$

Da das eine Atom in der Ecke der Zelle in (000) liegt, das andere in der Mitte der Zelle in $\left(\frac{1}{2}\,\frac{1}{2}\,\frac{1}{2}\right)$, so ist

$$S = A + A\, e^{2\pi i\left(\frac{1}{2}H+\frac{1}{2}K+\frac{1}{2}L\right)}$$

$$\text{oder} \quad = A\left(1 + e^{2\pi i\frac{H+K+L}{2}}\right).$$

Wenn H + K + L . . . gerade, so $\frac{H+K+L}{2}$ . . . ganzzahlig und somit $S = A\cdot(1 + 1) = 2\,A$.

Wenn H + K + L . . . ungerade, so $\frac{H+K+L}{2}$ . . . halbzahlig

und $\quad S = A\cdot(1 - 1) = 0$;

d.h. im körperzentrierten Gitter fallen alle Interferenzen aus, für welche (H + K + L) . . . ungerade .

Das gilt ebenso für die körperzentrierten *Bravais*gitter der anderen Systeme, also auch für rhombisch und tetragonal.

2. *Allseitig flächenzentrierte Gitter:* Gitterzelle mit vier Atomen gleicher Art, in den Lagen (000), $\left(\frac{1}{2}\frac{1}{2}0\right)$, $\left(0\frac{1}{2}\frac{1}{2}\right)$, $\left(\frac{1}{2}0\frac{1}{2}\right)$

$$S = A\cdot\left[1 + e^{2\pi i\frac{H+K}{2}} + e^{2\pi i\frac{K+L}{2}} + e^{2\pi i\frac{L+H}{2}}\right]$$

$$\text{Bedingung (I)} \ldots \left\{\begin{matrix} H + K \\ K + L \\ L + H \end{matrix}\right\} \text{geradzahlig,}$$

d.i. der Fall, wenn alle Indizes gerade, oder alle ungerade sind, also wenn die *Indizes ungemischt* sind.

Dann ergeben sich $\frac{H+K}{2}, \frac{K+L}{2}, \frac{L+H}{2}$ . . . alle ganzzahlig,

und

$$S = A\cdot\left[1 + e^{2\pi i\frac{H+K}{2}} + e^{2\pi i\frac{K+L}{2}} + e^{2\pi i\frac{L+H}{2}}\right]$$

$$= A\cdot[1 + 1 + 1 + 1] = 4\,A\ ,\ \textit{also Verstärkung.}$$

Bedingung (II) . . . Sind (HKL) *gemischt,* d.h. entweder *einer* von ihnen *geradzahlig,* die beiden anderen ungerade, oder umgekehrt: *zwei Indizes geradzahlig,* der restliche ungerade, so ist in beiden Fällen *einer der* im Exponenten von e befindlichen *Brüche ganzzahlig,* die beiden anderen halbzahlig. Demgemäß ergibt sich ziffernmäßig ein (+ 1) und zwei (– 1) und somit innerhalb der eckigen Klammer der Formel für den Strukturfaktor – einschließlich des (+ 1) an erster Stelle, herrührend vom Atom im Nullpunkt – zweimal (+ 1) und zweimal (– 1); also $S = A[1 + 1 - 1 - 1]$, somit $S = 0$, daher *Auslöschung.*

3. Basiszentrierte Gitter. Ist nur eine Kristallfläche zentriert, wie dies im monoklinen und rhombischen System der Fall sein kann, dann ist die Phasendifferenz zwischen einem Eckpunkt-Atom und jenem in der Mitte der Basis (001) bei einer Reflexion *hkl*: $\frac{1}{2} \cdot (H + K)$.

Also ergibt sich, wenn die Basis C zentriert ist, *Auslöschung* aller Reflexionen *mit (H + K) ungerade.*

Nun, diese Feststellungen gelten nicht nur für die betreffenden, einzeln vorliegenden *Bravais*gitter, sie gelten gleichermaßen für komplizierte Strukturen (Gitter mit Basis im eigentlichen Sinn), denen immer eines der *Bravais*gitter als Translationsgruppe zugrundeliegt. Das betreffende Auslöschungsgesetz gilt daher für jedes der vorhandenen Translationsgitter – mit den zusätzlichen Punkten der „Basis" als jeweiligen Ursprungspunkten – die alle dem gleichen *Bravais*-Typus wie das Nullpunktsgitter angehören.

Demgemäß ist die Beachtung der hier entwickelten Regeln auch ein Mittel, die Translationsgruppe zu bestimmen, die einer Struktur zukommt.

Wir fassen die allgemeinen Auslöschungsgesetze nochmals zusammen und schreiben nun vereinfacht statt (HKL) nur (*hkl*), wie dies häufig geschieht.

Primitive Gitter P:	keine allgemeine Auslöschungen;
Innenzentriert J:	Reflexionen *hkl* mit $(h + k + l)$ ungerade sind ausgelöscht;

Allseitig flächenzentriert F:	ausgelöscht sind die Reflexionen mit *hkl* gemischt;
Einfach flächenzentriert, also basiszentriert . . . . C:	Reflexionen *hkl* mit $(h + k)$ ungerade sind ausgelöscht.

b) Die für die verschiedenen Raumgruppen charakteristischen Auslöschungen: Spezielle Auslöschungsgesetze

Haben wir im vorangegangenen Teilkapitel a) eingehend die systematischen Auslöschungen bei mehrfachprimitiven *Bravais*gittern geprüft („Allgemeine Auslöschungsgesetze"), so obliegt es uns nun, die „Speziellen Auslöschungsgesetze" einer Betrachtung zu unterziehen. Letztere betreffen die Auswahlregeln für die Bestimmung der Raumgruppen auf Grund der charakteristischen Auslöschungen.

Es ist im Kap. IV dargelegt worden, daß in den meisten Strukturen Gitter „mit Basis" vorliegen, und nicht einfache Typen von *Bravais*gittern. Die Ursprungspunkte der eingeschalteten Gitter sind aber – das haben wir im Kap. V besonders betont – durch ein Symmetriegerüst geregelt: das ist das Wesen der Raumgruppe! Also handelt es sich darum, die für die Raumgruppe, im Gegensatz zur Kristallklasse, spezifischen zusätzlichen Symmetrieelemente des Feinbaues zu ermitteln, um eine Raumgruppenbestimmung vornehmen zu können. Dazu dienen nun die charakteristischen Auslöschungen.

Bei Vorhandensein von Gleitspiegelebenen bzw. Schraubenachsen im Symmetriegerüst der Raumgruppe sind gewisse Reflexe ausgelöscht. Dabei ist jede einzelne dieser Auslöschungen für ein bestimmtes Symmetrieelement des Feinbaues charakteristisch. Somit läßt sich aus indizierten Röntgendiagrammen von Einkristallen – wie solche im nächsten Kapitel behandelt werden – die Raumgruppe normalerweise direkt bestimmen; hingegen nicht ohneweiters aus Pulverdiagrammen. Dazu sind entweder zu wenig Linien zur Verfügung, oder es ist bei Vorhandensein vieler Interferenzlinien die Indizierung derselben recht schwierig.

Im folgenden sollen nun an wenigen herausgegriffenen Beispielen die Prinzipien der Auslöschungsbedingungen aufgezeigt werden.

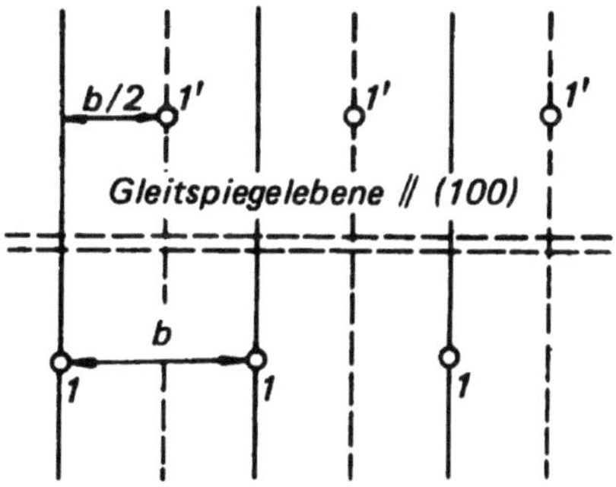

Abb. 96. Einschaltung von Zwischen-Netzebenen bei Gleitspiegelebene // (100): Gleitkomponente b/2, daher Kennzeichnung der Gleitspiegelebene als „b"; Interferenzen 010, 030, etc. fallen aus.

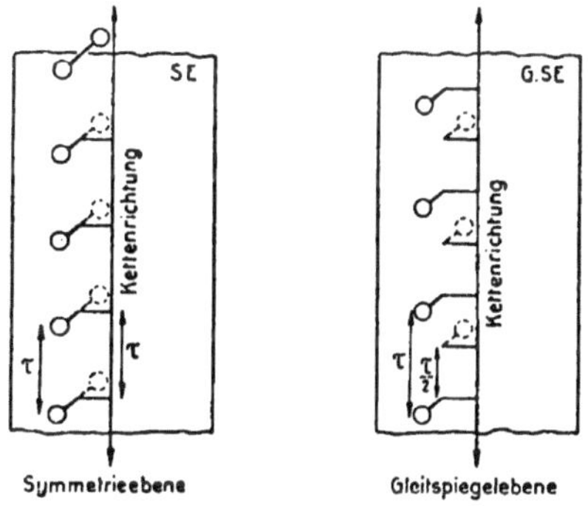

Abb. 97. a) Spiegelebene (100): perspektivische Darstellung der Punkte vor und (gespiegelt) hinter der Spiegelebene.

b) Gleitspiegelebene // (100): Gleitkomponente c/2, Bezeichnung der Gleitspiegelebene „c"; Ausfall der Interferenzen 001, 003, 005 etc. (nach *P. Niggli*).

1. Gleitspiegelebenen (s. Kap. IV b, 2)

Bei der in Abb. 96 angenommenen Gleitspiegelebene (100) mit der Gleitkomponente b/2 sind mitten zwischen die vorhandenen Netzebenen 010 durch die Punkte 1, 1 . . . neue Netzebenen von gleichem Streuungsvermögen durch die 1'- Punkte eingeschaltet; also fallen die Reflexionen ungerader Ordnung aus: Vorhanden sind nur die Reflexionen 020, 040 usw. (s. Kap. VII b). Beim Beispiel Abb. 97 b fallen im Vergleich zu 97a infolge Einschaltung neuer Netzebenen in $\tau/2$ die ungeraden Ordnungen von (001) aus, es bleiben nur die Reflexionen 002, 004, 006 . . .

2. Schraubenachsen (s. Kap. IV b, 1)

Hier treten charakteristische Auslöschungen an Netzebenen normal zu gewissen Schraubenachsen auf. So z. B. bei der vierzähligen 2-Punkt-Schraubenachse Abb. 31c schwingen die von den 0-Ebenen und den halbierend eingeschalteten $c_0/_2$-Ebenen reflektierten Strahlen mit einer Phasenverschiebung von $\lambda/2$; somit sind die *ungeraden* Ordnungen an (001) ausgelöscht.

Ähnlich verhält es sich bei den Schraubenachsen 4_1 und 4_3 bezüglich der Netzebenen in $c_0/4$ und $^3/_4\, c_0$-Höhe. Die Einschaltung dieses Ebenenpaares ergibt folgende Phasenverschiebungen $n \cdot \delta$ Wellenlängen gemäß der Ebenenunterteilung δ in $^1/_4$ bzw. $^3/_4\, c_0$ in I. und III. Ordnung.

$$\text{I. Ordnung:}\quad \left.\begin{array}{r} 1 \cdot {}^1/_4\,\lambda \\ 1 \cdot {}^3/_4\,\lambda \end{array}\right\} \text{Phasendifferenz } \lambda/2$$

$$\text{III. Ordnung:}\quad \left.\begin{array}{r} 3 \cdot {}^1/_4 \ldots {}^3/_4\,\lambda \\ 3 \cdot {}^3/_4 \ldots {}^9/_4\,\lambda \end{array}\right\} {}^6/_4 \text{ oder } {}^3/_2\,\lambda \text{ Phasendifferenz}$$

Also auch für das Ebenenpaar in $^{c_0}/_4$ und $^3/_4\, c_0$ haben wir Auslöschung von 00*l* mit *l* ungerade.

Aber auch für die *geraden* Ordnungen von (00*l*) ergibt sich bei 4_1 und 4_3 Auslöschung, allerdings mit Ausnahme von $l = 4$ (oder Vielfaches von 4).

Phasenverschiebung bei

II. Ordnung: Ebene in $c_0/4$ ... $2 \cdot {}^1/_4 = \lambda/2$
Ebene in $c_0/2$ ... $2 \cdot {}^1/_2 = 1\lambda$

Phasendifferenz $\lambda/2$

Ebene in ${}^3/_4\, c_0$ ... $2 \cdot {}^3/_4 = {}^3/_2\,\lambda$
Ebene in ${}^4/_4\, c_0$ ... $2 \cdot {}^4/_4 = 2\lambda$

Phasendifferenz $\lambda/2$

Demnach reflektieren sowohl die Ebenen in $c_0/4$ und $c_0/2$ als auch jene in ${}^3/_4\, c_0$ und ${}^4/_4\, c_0$ *mit entgegengesetzter Phase;* also ist (002), die II. Ordnung, und auch die Reflexion in VI. Ordnung *ausgelöscht.* Hingegen nicht in IV. Ordnung; denn

Phasenverschiebung bei

IV. Ordnung: Ebene in $c_0/4$ ... $4 \cdot {}^1/_4 = 1\lambda$
Ebene in $c_0/2$ ... $4 \cdot {}^1/_2 = 2\lambda$

Phasendifferenz 1λ

Ebene in ${}^3/_4\, c_0$ ... $4 \cdot {}^3/_4 = 3\lambda$
Ebene in ${}^4/_4\, c_0$ ... $4 \cdot {}^4/_4 = 4\lambda$

Phasendifferenz 1λ

also *keine Auslöschung.*

Bei einer vertikalen 4_1- bzw. 4_3-Schraubenachse sind nur die $00l$-Reflexe mit l, teilbar durch 4, vorhanden.

Die Internationalen Tabellen zur Bestimmung von Kristallstrukturen, sowohl die deutsche Ausgabe, Berlin 1935, als auch die englische Ausgabe, Vol. I., Birmingham 1952, bringen ausführlich die Raumgruppen-Kriterien in Bezug auf die charakteristischen Auslöschungen zum Zwecke der Raumgruppenbestimmung.

XI. Drehkristallverfahren mit photographischer Registrierung der Reflexe

a) Schichtlinienaufnahmen

1. Prinzip und experimentelle Durchführung

Schon bei der Besprechung der *Bragg*schen Methode (Kap. VII a) wurde zur besseren Veranschaulichung des Vorganges zunächst eine Skizze mit photographischer Registrierung der Interferenzen gebracht (s. Abb. 73). Diese kann auch als Grundlage für das nunmehr zu erörternde Verfahren der Schichtlinienaufnahmen dienen. Wesentlich hierbei sind nun folgende zwei Momente: 1. Die Linie, um die der Kristall gedreht wird, muß genau einer definierten Gitterrichtung entsprechen, und zwar einer niedrig indizierten Kristallkante parallel sein. 2. Der Film, der an der Innenwand einer zylindrischen Camera anliegt, in deren Achse eben die betreffende Gitterrichtung des Kristalls einjustiert ist (Drehachse!), muß von entsprechender Höhe sein. Denn nun sollen nicht nur die äquatorialen Reflexionen von Netzebenen, die der Zone der Drehachse angehören, aufgefangen werden, sondern auch alle sonstigen Interferenzen, soweit sie unter den jeweiligen Versuchsbedingungen nach dem Beugungsgesetze oberhalb und unterhalb der Mitte des Filmstreifens möglich sind.

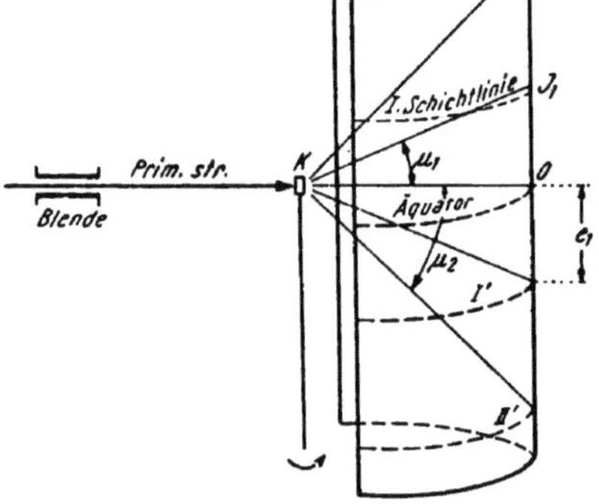

Abb. 98. Entstehung der Schichtlinien.

So ergibt sich als experimentelle Anordnung eine solche, wie sie in Abb. 98 skizziert ist. Auf dem entwickelten und in ebener Fläche ausgebreiteten Film sind dann die Interferenzflecken in parallelen Reihen angeordnet, wie das die schematische Abb. 99 zeigt. Eine Aufnahme dieser Art ist in Abb. 100 wiedergegeben. Die Erklärung für diese Gesetzmäßigkeit wird sich aus folgender Überlegung ergeben:

Greifen wir eine einzelne Gitterlinie des einjustierten Kristalls der Abb. 98 heraus, und zwar eine solche parallel der Drehachse; sie wird von dem einfallenden Strahlenbündel senkrecht getroffen (s. Abb. 101, vgl. auch Abb. 53). In der Fortsetzung des Primärstrahls ergibt sich auf der photographischen Schicht der Primärfleck 0; oberhalb und unterhalb davon werden sich aber Sekundärstrahlen ergeben, wie das schon in Abb. 98

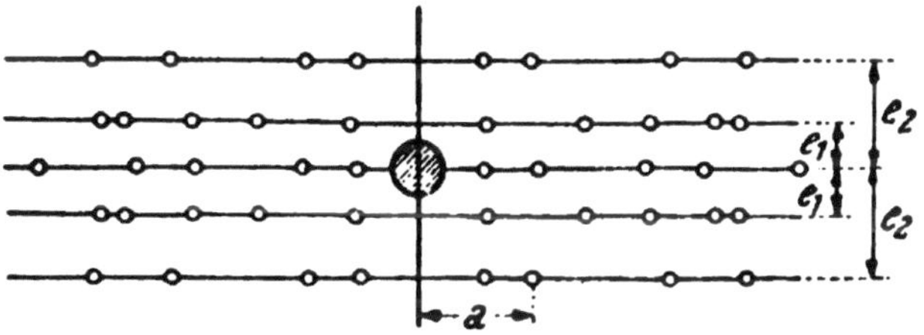

Abb. 99. Schichtliniendiagramm schematisch.

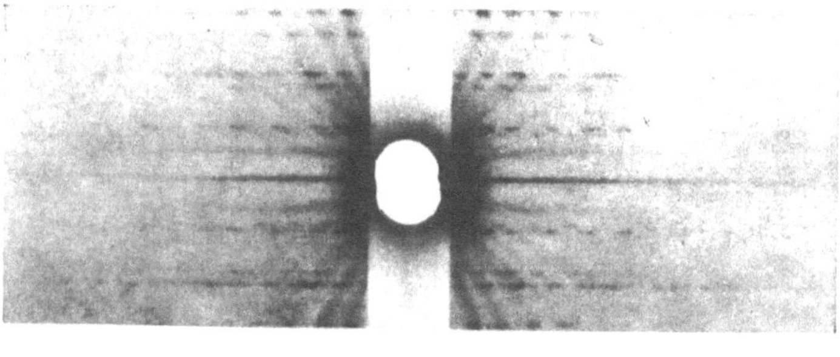

Abb. 100. Schichtliniendiagramm von Gehlenit (tetragonal), gedreht um [001], Mo_K-Strahlung, Camera-∅ 114,6 mm.

zum Ausdruck gebracht ist. Denn die einzelnen Atome der vom Primärstrahl getroffenen Punktreihe parallel der Drehachse des Gitters sind ihrerseits Ausgangspunkte von sekundären Kugelwellen (*Huygens*'sches Prinzip!), die sich immer dann, wenn der Gangunterschied zwischen zwei solchen, die von benachbarten Atomen der Gitterlinie herstammen, eine ganze Anzahl von Wellenlängen beträgt, in ihrer Wirkung verstärken und so zur Entstehung eines Sekundärstrahls Anlaß geben. Dies wird also zwischen zwei Wellenzügen der Fall sein, die vom Atom 1 und 2 (s. Abb. 101) ausgehen, wenn ihr Gangunterschied 1 λ, 2 λ usw. ausmacht. Je ein solches Strahlenpaar I. und II. Ordnung ist in der Abbildung gezeichnet worden; in Wirklichkeit handelt es sich jeweils um einen ganzen Interferenzkegel (bzw. Doppelkegel), von dem hier nur die in der Bildebene liegenden Erzeugenden nach rechts oben hin gezeichnet sind. Zwischendurch aber wird Vernichtung der Sekundärstrahlung durch Interferenz erfolgen.

Der von 1 kommende Strahl trifft die photographische Schicht im Punkte J (Interferenzpunkt). Die von den Atomen 2, 3 . . . ausgehenden parallelen Sekundärstrahlen liegen zwar in unserer Zeichnung getrennt übereinander, experimentell ergibt sich aber ein und derselbe Interferenzpunkt, da ja die Abstände der parallelen Einzelstrahlen – ebenso wie die Ab-

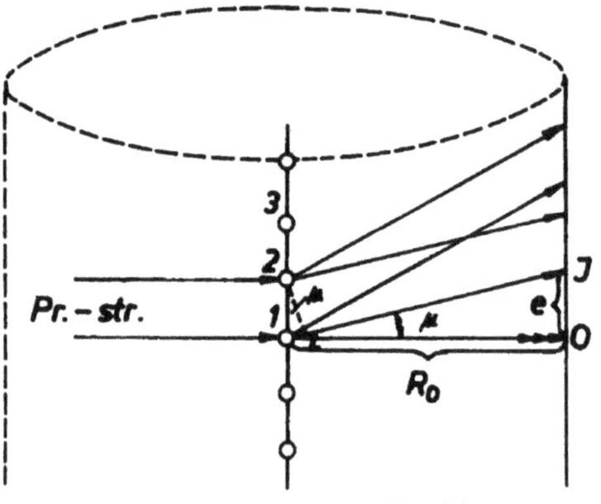

Abb. 101. Schichtlinienbeziehung.

stände der sie erzeugenden Atome – nur in der Größenordnung von Ångströmeinheiten liegen. Praktisch ist es also für jede Interferenz nur *ein* Einstichpunkt; für die I. Ordnung ist es J. Wir wollen den Gangunterschied der beiden vom Atom 1 und 2 ausgehenden Strahlen der I. Ordnung geometrisch ermitteln: wir ziehen von 2 aus die Senkrechte auf den benachbarten Strahl, das Lot $\overrightarrow{2L}$; es versinnbildlicht uns die Wellenfront des austretenden Sekundärstrahls. Durch die Abbeugung des Primärstrahls hat sich eine Wegdifferenz von der Größe der Strecke $\overline{1L}$ ergeben; diese Wegdifferenz ist aber das Maß des zwischen zwei benachbarten Strahlen bestehenden Gangunterschiedes. Ist der Abbeugungswinkel des betreffenden Sekundärstrahles μ, so läßt sich diese Wegdifferenz aus dem Dreieck 1 2 L leicht mit Hilfe der Gitterkonstanten T (Translationsperiode der Punktreihe) berechnen:

$$\overline{1L} = T \cdot \sin\mu \;;$$

dieser Ausdruck muß aber gleich 1 λ, 2 λ, 3 λ . . . sein, wenn die Wellen wieder in Phase sein sollen. Also ist

$$T \cdot \sin\mu = s \cdot \lambda \text{ , wobei } s = 1, 2, 3 \ldots \text{ ist.}$$

Die Interferenzen ordnen sich bei dieser Aufnahmetechnik in sog. „Schichtlinien" an: Es sind dies für jede Ordnung die Durchdringung des betreffenden Interferenzkegels mit der Zylinderfläche des Films; der in obiger Formel verwendete Buchstabe s bedeutet aber nicht nur die Ordnung der Reflexion, sondern gleichzeitig auch die Nummer der Schichtlinie (vom Äquator nach oben positiv, nach unten negativ gezählt). Die Schichtlinien bei eingespanntem Film sind Kreise, die jedoch auf dem photographisch entwickelten und in ebener Fläche ausgebreiteten Film parallele Gerade ergeben, wie das Abb. 100 erkennen läßt.

Um aus der Formel $T \cdot \sin\mu_s = s \cdot \lambda$ den Identitätsabstand (Translationsperiode) in der Drehungsachse des Kristalls bestimmen zu können, ist es notwendig, den Winkel μ_s zu kennen; er heißt „Schichtlinienwinkel" von s. Dieser ist aber leicht aus den Schichtlinienabständen e_1, e_2 . . . zu berechnen (vgl. Abb. 99). Nach unserer Abb. 101 ergibt sich der Winkel μ aus dem rechtwinkligen Dreieck 1 O J, in welchem $\overline{OJ} = e$ durch Messung des Schichtlinienabstandes vom Äquator (bzw. der Entfernung zweier gleichnumerierter Schichtlinien oberhalb und unterhalb des Äquators) bekannt ist; ebenso ist R_0, der Radius der zylindrischen Aufnahme-Camera, bekannt.

So ergibt sich für eine gewisse Schichtlinie s die Beziehung

$$\operatorname{tang} \mu_s = \frac{\overline{OJ}}{R_0} = \frac{e_s}{R_0}$$

und somit der μ-Wert für die einzelnen Schichtlinien, die wir in die Berechnungsformel für T einsetzen:

$$T = \frac{s \cdot \lambda}{\sin \mu_s}$$

(*Polányi*'sche Schichtlinienbeziehung).

Die Erklärung des Schichtlinien-Phänomens haben wir unter Zugrundelegung einer einzigen fiktiven Gitterlinie vorgenommen. Für das Verständnis der Schichtlinienentstehung war das ausreichend, denn die Periodizität in der betreffenden Gitterrichtung trifft für den ganzen Kristall zu. Das dreidimensionale Diskontinuum ließe sich auch als parallele Bündelung unendlich vieler solcher Gitterlinien in Richtung der Drehungsachse auffassen.

Aber der dreidimensionale Kristall liefert keine kontinuierlichen Interferenzkurven, sondern die hier entstehenden Schichtlinien sind *diskrete* Interferenzflecken gemäß den Bedingungen des *Bragg*schen Beugungsgesetzes. *Die Anordnung der einzelnen Interferenzen* jedoch geschieht bei der hier besprochenen Art von Drehkristallaufnahmen nach den parallel liegenden Schichtlinien (s. Abb. 100). Vor allem ist der große Vorteil offenkundig, den diese Methode hat, wenn der Identitätsabstand in Richtung der Drehungsachse gesucht wird. Er ergibt sich gewissermaßen *unmittelbar,* indem lediglich der Abstand der Schichtlinien zu vermessen ist (die Indizierung der Aufnahme ist dazu gar nicht erforderlich).

Aus der obigen Formel der Schichtlinienbeziehung ist ohneweiters ersichtlich, daß eng gescharten Schichtlinien (kleinen μ-Werten) große Identitätsabstände (T) entsprechen.

Will man also die Kantenlängen des Elementarkörpers a_0, b_0, c_0 bestimmen, so hat man drei Schichtliniendiagramme anzufertigen, jeweils mit der a-, b- oder c-Richtung als Drehungsachse. Aber auch die Prüfung, ob der so bestimmte Elementarkörper basiszentriert, allseitig flächenzentriert oder innenzentriert ist, ist ohneweiters durchführbar: Man muß nur um die in Frage kommenden Flächendiagonalen bzw. um die Körperdiagonale des Elementarparallelepipeds Schichtlinienaufnahmen herstellen. So kann bestimmt werden, ob in der Mitte dieser Diagonalen ein mit den Eckpunkten der Zelle identisches Atom sitzt oder nicht.

2. Auswertung einer Schichtlinienaufnahme

Wie die Schichtlinienaufnahme eines tetragonalen Kristalls erweisen soll, ist eine verhältnismäßig leicht kontrollierbare Indizierung möglich; denn der eine der drei Indizes (z. B. *l*, wenn um die c-Achse gedreht wurde) bleibt innerhalb jeder Schichtlinie konstant und stimmt mit der Nummer s der betreffenden Schichtlinie überein. Noch eine zweite Gesetzmäßigkeit ist vorhanden und dient der weiteren Kontrolle. Häufig bemerkt man auf Schichtliniendiagrammen, daß in senkrechter Richtung zu den bisher erwähnten Schichtlinien (Schichtlinien I. Art) Reflexe auf Kurven liegen, die nahezu geradlinig sind; nach *Schiebold* werden sie „Schichtlinien II. Art“ genannt (s. diesbezgl. Abb. 102). Da die auf ihnen liegenden Reflexe jeweils einer bestimmten Zone angehören, werden sie auch als „Zonenkurven“ bezeichnet. Zwei Indizes auf einer solchen sind konstant.

Nun sei ein konkretes Beispiel der Auswertung einer Schichtlinienaufnahme gebracht: es ist ein Diagramm von Rutil (tetragonal), gedreht um [001] (s. Abb. 103); mit Cu_K-Strahlung hergestellt und mit $\lambda_a = 1{,}5418$ ausgewertet.

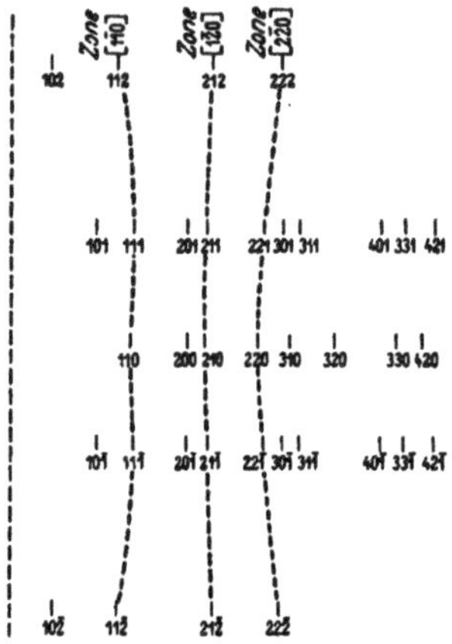

Abb. 102. Indizierung eines Schichtliniendiagrammes, Harnstoff (tetragonal) um [001]; mit Schichtlinien II. Art (nach *R. Glocker*).

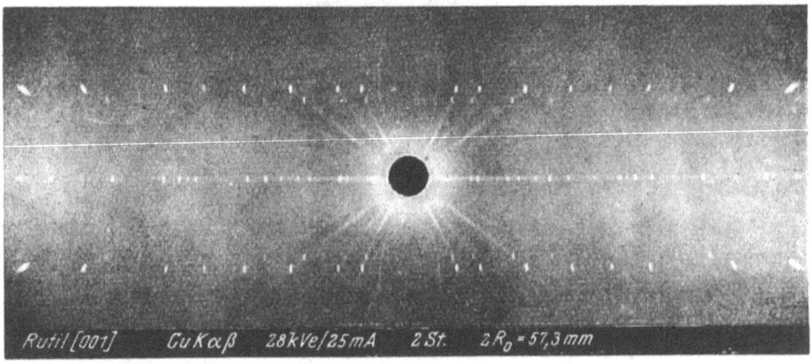

Abb. 103. Schichtlinienaufnahme von Rutil (tetragonal), gedreht um [001]; Cu-$K_{\alpha,\beta}$-Strahlung. (Aus dem Mineralog. Inst. d. Univ. Wien.)

Indizierung der Äquatorinterferenzen (Tab. 9).

Analog der Tabelle 6 für die Auswertung von Pulveraufnahmen ist in Tabelle 9 zunächst nach der Nummer der Linien die visuell geschätzte Intensität (nach einer 10*er*-Skala) vermerkt. Dann folgt die Kolumne mit den in mm gemessenen Abständen 2x von korrespondierenden Äquatorinterferenzen

Tabelle 9. *Rutil* TiO_2: Drehkristallaufnahme um [001]

Äquatorauswertung $Cu_{K\alpha}$-Strahlung $2R_0 = 57,3$

$\lambda = 1,5418$

Nr. der Linien	Intens.	2x	2ϑ	$\sin^2\vartheta$	α, β	$Q_\alpha \cdot (h^2 + k^2)$	*hkl*	$Q_\alpha = \lambda^2/4a^2$
1	5	24,6	24,6	0,0454	β_2			
2	10	27,4	27,4	0,0561	α	$Q_\alpha \cdot$ 2	110	0,0281
3	4	39,2	39,2	0,1125	α	4	200	0,0281
4	6	44,2	44,2	0,1415	α	5	210	0,0283
5	3	50,6	50,6	0,1826	β_6			
6	9	56,6	56,6	0,2248	α	8	220	0,0281
7	8	64,0	64,0	0,2808	α	10	310	0,0281
8	2	74,4	74,4	0,3655	α	13	320	0,0281
9	2	79,6	79,6	0,4097	β_{12}			
10	5	84,5	84,5	0,4521	α	16	400	0,0282
11	3	87,0	87,0	0,4738	α	17	410	0,0279
12	8	90,3	90,3	0,5026	α	18	330	0,0279
13	7	96,9	96,9	0,5601	α	20	420	0,0281
14	3	100,6	100,6	0,5920	β_{16}			
15	1	113,5	113,5	0,6994	α	25	{ 500 430	0,0280
16	8	117,1	117,1	0,7278	α	26	510	0,0280
17	3	123,8	123,8	0,7781	β_{19}			
18	7	142,8	142,8	0,8983	α	32	440	0,0281
19	8	156,2	156,2	0,9575	α	34	530	0,0282

links und rechts vom ausgestanzten Primärfleck. Wenn keine Korrektur für die Präparatdicke erforderlich erscheint, sind die 2x-Werte = 2ϑ zu setzen[1].

N. B. Der effektive Camera-Durchmesser ist nicht 57,3 mm (wie oben angegeben), sondern unter Berücksichtigung der Filmdicke nur mit 57,0 mm anzusetzen. Infolgedessen müßten die 2ϑ-Werte ein wenig größer sein als die notierten 2x-Werte. Durch Abzug einer gewissen Korrektur für die Präparatdicke kommt man wieder auf die verzeichneten 2ϑ = 2x-Werte.

Nun ist die Kolumne für die $\sin^2\vartheta$ zu berechnen und anschließend sind die β-Linien auszusondern. Letzteres geschieht in der auf S. 173 erläuterten Weise. Die folgende Kolumne bringt das Resultat der Aussonderung: die β-Linien werden vermerkt, u. zw. wird als Index die Liniennummer der zugehörigen α-Linie beigesetzt. So erweist sich die Interferenzlinie Nr. 1 als β-Linie von Nr. 2, die Linie Nr. 5 als β-Interferenz von Nr. 6 usw.

Die folgende Auswertung fußt auf der quadratischen Form. Für das tetragonale System war dieselbe bereits S. 177 benützt worden; jetzt gebrauchen wir sie in zwei Teile aufgelöst, indem $\frac{\lambda^2}{4\,a^2}(h^2+k^2)$ von $\frac{\lambda^2}{4\,a^2}\cdot\left(\frac{a}{c}\right)^2 l^2$ getrennt wird: in dieser Form lautet unsere Gleichung folgendermaßen, wobei wir statt der *Laue*'schen Ordnungszahlen H, K, L nur die *Miller*'schen Indizes schreiben

$$\sin^2\vartheta = \frac{\lambda^2}{4\,a^2}(h^2+k^2) + \frac{\lambda^2}{4\,c^2}\cdot l^2 \, .$$

In unserer Tabelle 9, wo es sich um die Auswertung der Äquator-Interferenzen handelt, ist $l = 0$, somit fällt das zweite Glied der Gleichung weg.

Wir haben lediglich $\sin^2\vartheta$ aufzuspalten in den Quotienten $\frac{\lambda^2}{4\,a^2}$ und (h^2+k^2), welch letztere Quadratsumme eine ganze

[1] Gemäß Fußn. 1 auf S. 168.

Zahl bedeutet. Die nächste Kolumne enthält die ganzzahligen Faktoren $(h^2 + k^2)$, während die Quotienten für die α-Linien (Q_α) in der letzten Kolumne verzeichnet sind. Theoretisch sollten es natürlich exakt-gleiche Werte sein; doch ist eine gewisse Streuung unvermeidbar. In der vorletzten Kolumne ist die Indizierung angegeben, wie sie sich aus den ganzzahligen Faktoren $(h^2 + k^2)$ ergibt[1]; der dritte Index ist bekanntlich 0.

Um den zur Berechnung der Gitterkonstante a_0 erforderlichen Wert von Q_α möglichst genau zu fixieren, ist jene Art der Mittelwertsbildung zu empfehlen, die wir auch bei Pulveraufnahmen (s. Tab. 6) angewendet haben:

$$\frac{\Sigma \sin^2 \vartheta}{\Sigma (h^2 + k^2)} = Q_\alpha \;.$$

(selbstverständlich im Zähler nur die $\sin^2 \vartheta$-Werte der α-Linien!) Ziffernmäßig ergibt unsere Rutilaufnahme

$$Q_\alpha = \frac{6{,}4528}{230} = 0{,}0281$$

aus $\frac{\lambda^2}{4\,a_0^2} = 0{,}0281$ ergibt sich $a_0 = \sqrt{\frac{1{,}5418^2}{4 \cdot 0{,}0281}} = \underline{4{,}598\,\text{Å}}$

Indizierung der 1. Schichtlinie (Tab. 10).

Zunächst die Ermittlung der Gitterkonstante von Rutil in Richtung [001]: nach der *Polányi*'schen Schichtlinienbeziehung $T = \frac{s \cdot \lambda}{\sin \mu_s}$ ist $c_0 = \frac{l \cdot \lambda}{\sin \mu_l}$, wenn $s = l = 1$;

$$\text{tang}\,\mu_1 = \frac{2\,e}{2\,R_0} = \frac{34{,}8}{57{,}0}\;; \quad \mu_1 = 31^\circ 16'$$

und $$c_0 = \frac{1 \cdot \lambda}{\sin \mu_1} = \underline{2{,}96\,\text{Å}}\;.$$

[1] Hätten wir versucht, als Q_α den $\sin^2 \vartheta$-Wert 0,0561 der α-Linie Nr. 2 anzunehmen, also $(h^2 + k^2)$ gleich 1 zu setzen, dann ergäben sich bei Linie Nr. 4, Nr. 8 . . . statt ganzzahligen Werten $2^1/_2$, $6^1/_2$ usw., was unmöglich ist.

Die quadratische Form $\sin^2\vartheta = \frac{\lambda^2}{4a^2}(h^2 + k^2) + \frac{\lambda^2}{4c^2} \cdot l^2$ enthält auf der rechten Seite den Wert $\frac{\lambda^2}{4c^2} \cdot l^2$, wobei l für die 1. Schichtlinie 1 ist.

Wenn wir nun vom $\sin^2\vartheta$ den Ausdruck $\frac{\lambda^2}{4c^2} \cdot l^2$, den wir als Konstante K bezeichnen, subtrahieren, so erhalten wir den Wert $\frac{\lambda^2}{4a^2}(h^2 + k^2)$ wie bei den Äquator-Interferenzen; wir führen ihn in unserer Tabelle 10 unter der Bezeichnung $(\sin^2\vartheta)'$.

Für $l = 1$ ist $K = \frac{\lambda_a^2}{4c^2} = \frac{1{,}5418^2}{4 \cdot 2{,}96^2} = 0{,}0678$, welchen Betrag wir von dem zu ermittelnden $\sin^2\vartheta$ subtrahieren müssen.

Wie finden wir nun den Wert ϑ für die Interferenzen der 1. Schichtlinie? Jetzt ist es nicht so wie bei den Äquator-

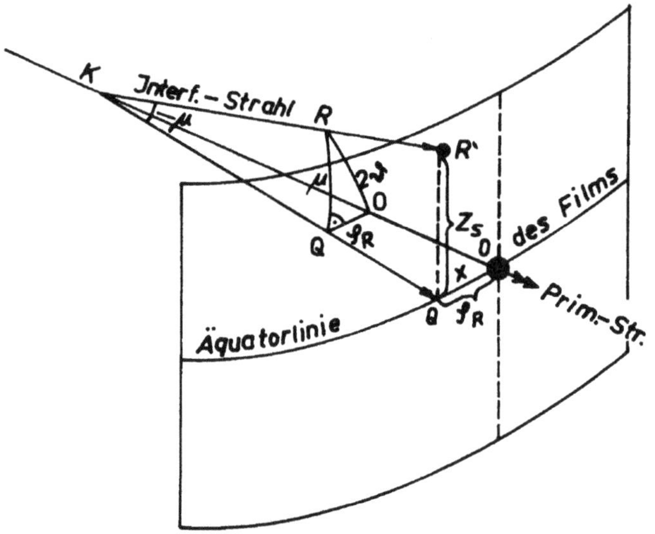

Abb. 104. Berechnung von ϑ bei den Interferenzen der I. (oder höheren) Schichtlinie.

Interferenzen, wo wir unmittelbar aus den Azimutwerten 2x die Glanzwinkel ϑ feststellen konnten. Doch besteht eine einfache Beziehung zwischen ϑ und dem Azimutwert φ_R unter Benützung des Schichtlinienwinkels μ, die da lautet:

$$\cos 2\vartheta = \cos \varphi_R \cdot \cos \mu \ .$$

Dies ergibt sich aus dem rechtwinkligen sphär. Dreieck ORQ_R, dessen Hypothenuse OR gleich 2ϑ ist (s. Abb. 104 und unsere Skizze Abb. 105). Die Skizze bezieht sich auf die geometrischen Verhältnisse der Lagekugel beim Drehkristallverfahren, Teilkap. b, Pkt. 2 (s. Abb. 110).

Nun der Vorgang:

Wir vermessen den Abstand zweier korrespondierender Interferenzflecken auf der betreffenden Schichtlinie (in unserem Falle der 1. Schichtlinie) links und rechts von der Mitte; das ist unser Wert 2x in Millimetern (s. 3. Kolumne). Die 1. Kolumne gibt nur die Numerierung der Interferenzen und zwar für die α-Linien; die α- und β-Schichtlinien liegen ja getrennt voneinander (β-Linie unter α!).

Um das Azimut φ_R des reflektierten Strahls zu finden, wäre der Wert 2x zu halbieren; aber jeder mm bedeutet bei unserem Cameraradius 2°, demnach ist $2x = \varphi_R$.

Wir haben also nur log cos φ_R und log cos μ (für alle Interferenzen derselben Schichtlinie gleich!) zu addieren, um in der folgenden Kolumne log cos 2ϑ zu erhalten.

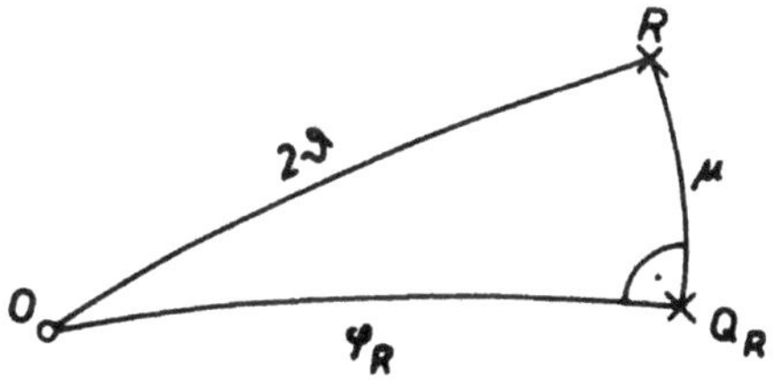

Abb. 105. Rechtwinkliges sphärisches Dreieck ORQ_R zur Berechnung von 2ϑ.

Tabelle 10. Indizierung der 1. Schichtlinie

$K = \frac{\lambda^2}{4c^2} \cdot l^2$, wobei $l = 1$ K = 0,0678 $(\sin^2 \vartheta)' = \frac{\lambda^2}{4a^2}(h^2 + k^2)$

$\cos 2\vartheta = \cos \varphi_R \cdot \cos \mu$

Nr. der α-Linien	Intens.	$2x = \varphi_R$	$\log \cos \varphi_R$	$\log \cos \mu$	$\log \cos 2\vartheta$	2ϑ	$\sin^2\vartheta$	− K	= $(\sin^2\vartheta)'$	$Q_a \cdot (h^2+k^2)$	*hkl*
1	6	18,9	9,57593	9,93127	9,90720	36,13	0,0961	0,0678	0,0283	0,0283 · 1	101
2	4	28,3	9,94472	9,93127	9,87599	41,28	0,1243	0,0678	0,0565	0,0283 · 2	111
3	9	46,8	9,83540	9,93127	9,76667	54,25	0,2079	0,0678	0,1401	0,0280 · 5	211
4	1	60,7	9,68965	9,93127	9,62092	65,30	0,2911	0,0678	0,2233	0,0279 · 8	221
5	6	65,1	9,62432	9,93127	9,55559	68,94	0,3203	0,0678	0,2525	0,0281 · 9	301
6	2	69,2	9,55036	9,93127	9,48163	72,35	0,3483	0,0678	0,2805	0,0281 · 10	311
7	5	80,8	9,20380	9,93127	9,13507	82,15	0,4318	0,0678	0,3640	0,0280 · 13	321
8	6	96,0	9,01923 neg.	9,93127	8,95050 neg.	95,12	0,5446	0,0678	0,4768	0,0281 · 17	411
9	2	107,2	9,47086 neg.	9,93127	9,40213 neg.	104,62	0,6262	0,0678	0,5584	0,0279 · 20	421
10	8	129,3	9,80166 neg.	9,93127	9,73293 neg.	122,74	0,7704	0,0678	0,7026	0,0281 · 25	{431, 501
11	10	154,5	9,95549 neg.	9,93127	9,88676 neg.	104,40	0,8853	0,0678	0,8175	0,0282 · 29	521

Nach Bildung von $\sin^2 \vartheta$ finden wir $(\sin^2 \vartheta)'$, indem K subtrahiert wird, wie oben bereits vermerkt.

Die nächste Kolumne enthält die Aufspaltung $Q_a \cdot (h^2 + k^2)$ und die letzte *hkl*; wie ersichtlich, ist der dritte Index *l* durchgehends 1.

Bestimmung der Gitterkonstante a_0 aus der 1. Schichtlinie:

$$Q_a = \frac{\Sigma (\sin^2 \vartheta)'}{\Sigma (h^2 + k^2)} = \frac{3{,}9005}{139} = 0{,}0281 = \frac{\lambda^2}{4\, a_0^2}\ ;$$

$a_0 = \underline{4{,}598\ \text{Å}}$, derselbe Wert wie aus den Äquator-Interferenzen.

3. Der Begriff des „Reziproken Gitters“

In der Röntgenographie hat sich eine geometrische Konzeption für die Ermittlung der Interferenzbedingungen als besonders zweckmäßig erwiesen: Es ist dies der Begriff des *Reziproken Gitters* und seine Handhabung bei der Durchführung von Strukturanalysen. Diese Methode wurde von *P. P. Ewald* ersonnen und in die röntgenographische Praxis eingeführt.

Wie wir in der morphologischen Kristallographie gewohnt sind, die Kristallflächen durch Vektorstrahlen zur Darstellung zu bringen, so bedienen wir uns hier eines analogen Vorganges, um die Netzebenenscharen zu kennzeichnen. In der Makrokristallographie spielt die Entfernung einer Fläche vom Koordinatenanfangspunkt grundsätzlich keine Rolle. Bei der kristallographischen Darstellung wird das Vektorenbüschel der Begrenzungsflächen eines Kristalls mit der umschriebenen Kugel zum Schnitt gebracht (gleiche Länge aller Vektoren!) und die so auf der Lagekugel erhaltenen darstellenden Punkte in stereographischer oder gnomonischer Projektion wiedergegeben.

Nun, beim reziproken Gitter verwenden wir ebenfalls einen Vektor senkrecht auf der betreffenden Netzebene als Fahrstrahl; die Länge des Vektors ist aber jeweils der reziproke Wert des Netzebenenabstandes, also $\frac{1}{d_{hkl}}$. So wird jede Netzebenenschar durch einen Punkt dargestellt. Besonders wichtig ist die Tatsache, daß die Netzebenenabstände, die für die Strukturanalyse von grundlegender Bedeutung sind, mit ihren Vektorlängen (Ursprungspunkt – figurativer Punkt) im reziproken Gitter direkt aufscheinen. Die Punkte des reziproken Gitters geben also nicht nur die Lage der Netzebenen im Kristallraum an, sondern auch ihre d-Werte.

Wenn wir die *Bragg*sche Gleichung $n \cdot \lambda = 2\,d \cdot \sin\vartheta$ betrachten und – wie beim Drehkristallverfahren – λ als bekannt voraussetzen können, den Glanzwinkel aber aus der Vermessung der Aufnahme entnehmen, so sehen wir, daß für die Bestimmung des d-Wertes die Kenntnis der Ordnungszahl notwendig ist. Diese Ordnungszahl müssen wir daher auch irgendwie im reziproken Gitter zum Ausdruck bringen, wenn es uns als brauchbare Handhabe bei der Auswertung von Röntgendiagrammen dienen soll.

Schreiben wir die *Bragg*sche Gleichung in der Form

$$1 \cdot \lambda = 2 \cdot \frac{d}{n} \cdot \sin\vartheta\ ,$$

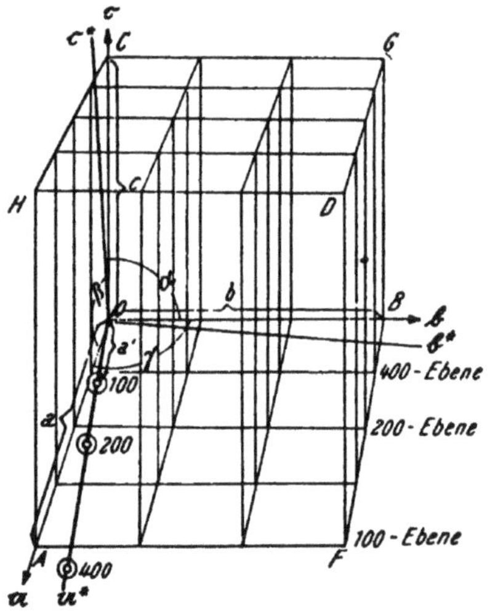

Abb. 106. Entwicklung des reziproken Gitters (nach *J. W. Gruner*, Amer. Min. 13).

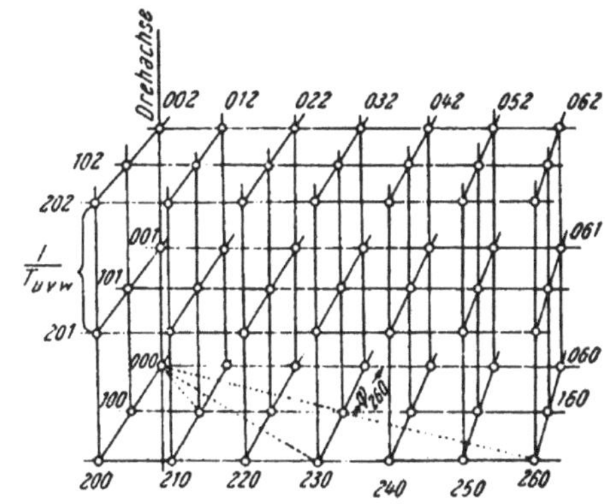

Abb. 107. Ausschnitt aus einem reziproken Gitter.

so bedeutet dies, daß man die Reflexion n-ter Ordnung auch auffassen kann als eine Reflexion erster Ordnung für den Netzebenenabstand $\frac{d}{n}$; d.h. aber, daß man den Reflexionen 2-ter, 3-ter . . . n-ter Ordnung fiktiv eine Unterteilung der Netzebenen zuordnen kann mit einem Abstand von $\frac{1}{2}$, $\frac{1}{3}$, $\frac{1}{4}$ . . . $\frac{1}{n}$ des ursprünglichen, real gegebenen Wertes. Somit können wir formal jede Interferenz als eine solche I. Ordnung auffassen, allerdings mit entsprechendem d-Wert.

Ist der d-Wert im Falle einer II., III., IV. Ordnung nur die Hälfte bzw. ein Drittel, ein Viertel, so ist der Fahrstrahl zu den betreffenden Punkten des reziproken Gitters zweimal bzw. dreimal, viermal so lang.

Wir sehen also, den höheren Ordnungen der Reflexion entsprechen im reziproken Gitter *eigene* figurative Punkte, fußend auf der Fiktion, daß einer II., III., . . . n-ten Ordnung ein unterteilter d_{hkl}-Wert zugeordnet ist. Abb. 106 soll davon, wie auch von der Entwicklung des reziproken Gitters aus dem primären Raumgitter, eine Vorstellung vermitteln. Die Abb. 107 stellt einen geschlossenen Ausschnitt eines reziproken

Gitters dar, welcher zeigt, daß es sich auch hier um ein dreidimensional-periodisches Punktsystem handelt, ganz analog der gittermäßigen Anordnung der Punkte in einem Translationsgitter.

Des weiteren ist es zweckmäßig, nicht nur geometrisch die verschiedenen Ordnungen einer Reflexion an ***hkl*** in dieser Weise im reziproken Gitter zum Ausdruck zu bringen, sondern die Ordnungszahl n in der *Bragg*schen Gleichung selbst zu eliminieren und ihre Bedeutung in anderer Form zur Geltung zu bringen. Dies taten wir bereits mehrfach; so bei Auswertung von Pulverdiagrammen (Tab. 6) und im Kap. X b. Die schon früher entwickelte Beziehung ergab: H = n h, K = n k, L = n *l*, oder symbolisch . . . (H K L) = n · (***hkl***). Unsere Umformung bedeutet also: An Stelle der d-Werte der *Bragg*schen Gleichung führen wir die Gitterkonstanten (im Falle des kubischen Systems die Würfelkante a_w) und die *Miller*schen Indizes ein. Statt der Ordnungszahl n und der teilerfremden (***hkl***)-Werte symbolisieren wir die höheren Ordnungen durch die *Laue*schen Zahlen HKL.

So bezeichnet man

eine Reflexion I. Ordnung an der Netzebene (100) mit 100,
eine Reflexion II. Ordnung an der Netzebene (100) mit 200,
eine Reflexion IV. Ordnung an der Netzebene (100) mit 400,
(s. Abb. 106).

Kristallographisch ist eine Fläche 100, 200 usw. identisch. Hingegen ist der Netzebenenabstand von 200 nur halb so groß wie der von 100 und erfordert den doppelten $\sin \vartheta_{100}$ gemäß der Gleichung $1 \cdot \lambda = 2 \cdot \frac{d}{n} \cdot \sin \vartheta$, weil die rechte Seite der Gleichung dem konstanten Werte λ gleichgesetzt ist.

Um nicht falsche Vorstellungen aufkommen zu lassen, sei auf folgenden Umstand besonders hingewiesen: Die Verdoppelung, Verdreifachung, Vervierfachung der (***hkl***)-Werte bzw. die Halbierung, Drittelung, Viertelung der Netzebenenabstände ist rein formal aufzufassen, lediglich als ***Symbolisierung*** für das Auftreten einer Interferenz II., III., IV. Ordnung an der Netzebenenschar ***hkl*** mit ihrem ***real*** vorhandenen (nicht unterteilten!) d-Wert.

Finden wir jedoch – wie das bei der Diskussion der NaCl-Spektrometeraufnahmen (Reflexschema Abb. 75, S. 148) der Fall war –, daß an (100) und (110) nur die geraden Ordnungen auftreten, also 200, 400, 600 bzw. 220, 440, 660, so handelt es sich hier ***tatsächlich*** um die Einschaltung einer neuen Netzebene mitten zwischen die schon beim einfachprimitiven Gitter vorhandenen. Hier ist somit der Netzebenenabstand d_{100} und d_{110} wirklich halbiert, und die auftretenden Reflexionen – die wir als II., IV., VI. Ordnung registrierten – sind in Wirklichkeit die erste, zweite, dritte Ordnung an der *real vorhandenen* Netzebenenschar mit $\frac{d_{100}}{2}$ bzw. $\frac{d_{110}}{2}$.

Aus dem gesetzmäßigen Ausfall bestimmter Reflexionen (in obigem Beispiel der ungeraden Ordnungen!) kann man hinsichtlich der realen Beschaffenheit des untersuchten Gitters konkrete Schlüsse ziehen. Das ist ein sehr wesentliches Faktum. Ermöglicht es doch die Feststellung, wo Schraubenachsen oder Gleitspiegelebenen im Gitteraufbau vorhanden sind; denn diese Symmetrieelemente des Feinbaues bewirken eine Unterteilung der Netzebenenabstände des einfachen Translationsgitters. So ist uns in der systematischen Zusammenstellung der *Auslöschungsgesetze* von Röntgeninterferenzen ein Mittel an die Hand gegeben, eine Raumgruppenbestimmung vorzunehmen. Ist ja doch die Raumgruppe gerade durch diese Verfeinerung der Symmetrieverhältnisse (zusätzliche Translationen als Schraubungskomponente bzw. Gleitkomponente!) gegenüber den 32 Kristallklassen charakterisiert.

4. Ist bei Schichtlinienaufnahmen eindeutige Indizierung grundsätzlich möglich?

Es ist nun klar, daß wir eine eindeutige Indizierung von Röntgenaufnahmen nur dann erreichen können, wenn durch die experimentell erhaltenen Daten der die Interferenz darstellende Punkt des reziproken Gitters unmißverständlich festgelegt ist. Um das zu können, sind drei voneinander unabhängige Daten erforderlich: Zur Festlegung des Fahrstrahls benötigen wir beispielsweise die zwei Polarkoordinaten φ und ρ; für die Länge des Fahrstrahls $\mathfrak{h}^*$ müssen wir den Wert

$\frac{1}{d_{hkl}}$ kennen (s. Abb. 108). Nun, dafür ist uns das sin ϑ der *Bragg*schen Gleichung ein Maßstab. Denn nach der Beziehung $\lambda = 2 \cdot d \sin\vartheta$, wobei λ konstant, sind d und sin ϑ umgekehrt proportional. Die Länge des Fahrstrahls bis zum Punkt P des reziproken Gitters ist also festlegbar, weil ϑ der Aufnahme zu entnehmen ist. Von den beiden Polarkoordinaten liefert uns die Drehkristallaufnahme aber nur den Wert ρ_P für den Fahrstrahl des Punktes P. Zwar läßt sich auch ein φ_P aus dem Diagramm rechnerisch ermitteln (s. folgendes Teilkap. b, 2: Gleichung IV), aber es ist dies das *Azimut* des Netzebenenpols *im Momente der Reflexion* (also richtiger bezeichnet φ'_P), nicht aber das φ_P der reflektierenden Netzebene in der Ausgangslage (vor Beginn der Drehung!). Die verschiedenen Netzebenenscharen gelangen natürlich im Verlaufe der Drehung des Kristalls zu verschiedenen Zeitpunkten zur Reflexion. Zur Festlegung der gegenseitigen Lage aller P-Punkte wäre aber das φ_P in der Ruhelage erforderlich.

Drehkristallaufnahmen dieser Art genügen also den für eine eindeutige Indizierung notwendigen Bedingungen nicht zur Gänze. Sie können dies aus prinzipiellen Gründen nicht: ein zweidimensionales Diagramm liefert nur zwei Koordinaten als Vermessungsergebnis seiner Interferenzpunkte (z. B. a und e

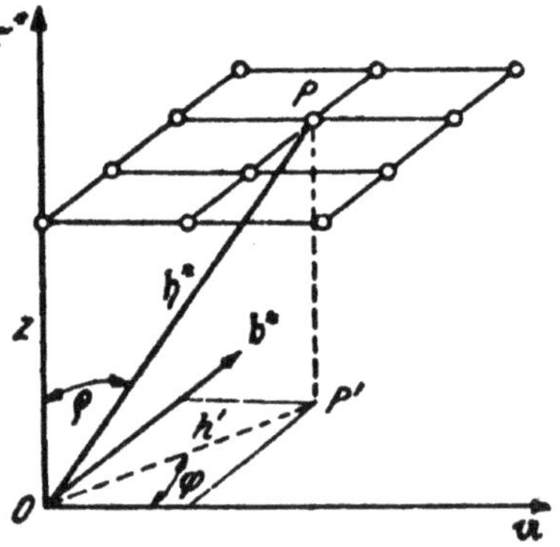

Abb. 108. Polarkoordinaten im reziproken Gitter (nach *R. Glocker*).

in Abb. 99); es kann daher letzten Endes auch nur zwei von den erforderlichen drei Grunddaten bereitstellen. Somit besteht die Gefahr, daß im Verlaufe der Drehung um die einjustierte Gitterlinie Reflexionen verschiedenartiger Netzebenen, deren figurative Punkte derselben Schichtebene des reziproken Gitters angehören (s. dazu Abb. 108), auf dieselbe Stelle einer Schichtlinie fallen. Es ist dies allerdings nur dann möglich, wenn es Fahrstrahlen zu Punkten der betreffenden Schichtebene des reziproken Gitters von annähernd gleicher Vertikalneigung und gleicher Länge gibt (ρ und $\sin\vartheta$ praktisch gleich groß). Nur so können zwei verschiedene Vektoren des reziproken Gitters während der Volldrehung um z (jeweils im Momente der Reflexion) in dieselbe Lage gelangen, in jene nämlich, in welcher die Reflexionsbedingung erfüllt ist.

b) Geometrische Grundlagen des Drehkristallverfahrens

1. Die Bernal'sche Konstruktion betreffend die Beugung der Röntgenstrahlen

Wann ist nun die Reflexionsbedingung erfüllt, wovon soeben gesprochen wurde? *J. D. Bernal*[1] sagt einmal: „Es ist schwer, ein physikalisches Bild zu gewinnen von den Erscheinungen im reziproken Gitter, die der Beugung der Röntgenstrahlen im Kristall entsprechen. Wenn wir jedoch die *Bragg*sche Vorstellung zugrunde legen, können wir immerhin ein geometrisches gewinnen."

Normiert ist für das Reziproke Gitter

$$h \cdot d = k^2 ,$$

wobei k eine Konstante ist (also auch 1 sein kann).
h bedeutet den Fahrstrahl, dessen Länge mit $\mathfrak{h}$ bezeichnet wird, also den betreffenden Vektor[2].

[1] Proc. Royal Soc., London, Vol. 113 (A), 1926.
[2] h und k hat also nichts mit den *Miller*'schen Indizes zu tun.

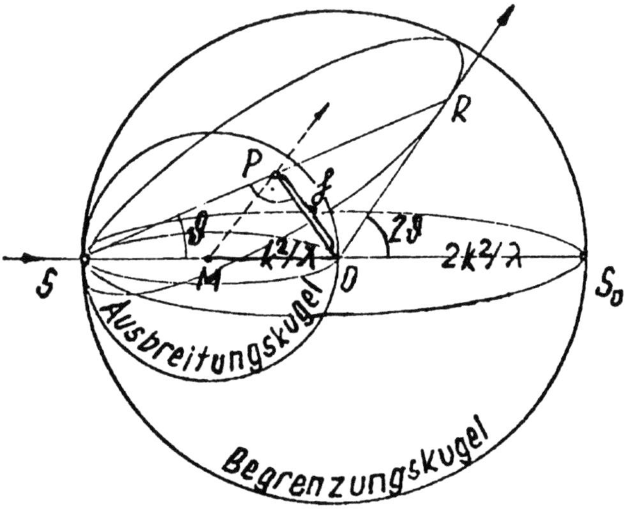

Abb. 109. Entwurf von *J. D. Bernal,* die Reflexion im reziproken Gitter schematisch-geometrisch darzustellen: Ausbreitungskugel und Begrenzungskugel.

Setzen wir – unter Annahme n = 1 – d aus obiger Normierung in die *Bragg*sche Gleichung $\sin\vartheta = \frac{\lambda}{2d}$ ein, so ergibt sich

$$\sin\vartheta = \frac{\lambda \cdot h}{2k^2}$$

(*Bragg*sche Gleichung in anderer Form).

Abb. 109 ist ein Versuch, die Reflexion im reziproken Gitter schematisch-geometrisch darzustellen: Dem Zentrum O ist eine Kugel mit dem Radius $\frac{2k^2}{\lambda}$ umschrieben. Innerhalb dieser Kugel befinden sich Punkte des reziproken Gitters; Punkt P ist ein solcher. Er entspricht einer reflektierenden Netzebene des Raumgitters. $\overline{OP}$ . . . Vektor $\mathfrak{h}$ des Fahrstrahls; darauf senkrecht die Ebene mit den Punkten P, R und S (SPR . . . eine Gerade in dieser Ebene). Die Ebene schneidet die vorerwähnte Kugel mit dem Radius $\frac{2k^2}{\lambda}$ in einem Kleinkreis.

SOS_0 . . . der einfallende Strahl

ϑ . . . der Winkel zwischen dem einfallenden Strahl und der Ebene senkrecht $\mathfrak{h}$ in P

OR . . . reflektierter Strahl von einer Netzebenenschar des Raumgitters, welche dem Punkt P des reziproken Gitters entspricht; Winkel bei O ist als Zentriwinkel zum Peripheriewinkel bei S (ϑ) von der Größe 2ϑ (er ist der Abbeugungswinkel zwischen einfallendem und reflektiertem Strahl). In der Zeichnung ist die Richtung des reflektierten Strahls OR auch von M aus eingetragen (MP // OR).

Aus dem rechtwinkligen $\triangle$ OSP folgt

$$\sin OSP = \frac{h}{\frac{2k^2}{\lambda}} = \frac{\lambda \cdot h}{2k^2} \quad \text{(siehe obige Gleichung).}$$

Da der Sinus nicht > 1 sein kann, ist h notwendigerweise $\leq \frac{2k^2}{\lambda}$; deshalb wird die Kugel mit dem Radius $\frac{2k^2}{\lambda}$ „Begrenzungskugel“ genannt: die Radiusvektoren zu Punkten des reziproken Gitters, die eventuell zur Reflexion gelangen können, dürfen die Begrenzungskugel nicht überschreiten. Im Hinblick darauf, daß der ∢ SPO immer 90° sein muß, werden alle zur Reflexion gelangenden Punkte des reziproken Gitters auf der Oberfläche einer Kugel vom Radius $\frac{k^2}{\lambda}$ liegen müssen, mit dem Kugelmittelpunkt M in der Mitte zwischen S und O: es ist dies die „Ausbreitungskugel“.

Die in Abb. 109 dargestellte Situation ist eine solche, wo die durch Punkt P des R.G. gekennzeichnete Netzebenenschar gerade zur Reflexion gelangt[1]. Das werden aber im Verlauf der Drehung des reziproken Gitters um O jeweils alle jene Punkte des R.G. in dem Momente sein, in welchem sie die Ausbreitungskugel gerade passieren.

[1] Der in der Zeichnung angenommene darstellende Punkt P bedeutet, daß er sich (im Momente der Reflexion!) gerade auf der Oberfläche der Ausbreitungskugel befindet.

So ist also die Ausbreitungskugel von besonderem Nutzen für die Ermittlung der Indizes, da nur diejenigen Netzebenenscharen reflektieren können, deren darstellende Punkte im R.G. während der Drehung um O (die Drehungsachse ist durch O gelegt!) durch die Oberfläche der Ausbreitungskugel gehen.

2. Geometrische Entwicklung der für das Drehkristallverfahren in Betracht kommenden Gleichungen

Am übersichtlichsten lassen sich die Winkelbeziehungen beim Drehkristallverfahren im Momente der Reflexion vor Augen führen, wenn wir (Abb. 110) dem Mittelpunkt A des verwendeten Einkristalles eine Kugel umschreiben und auf

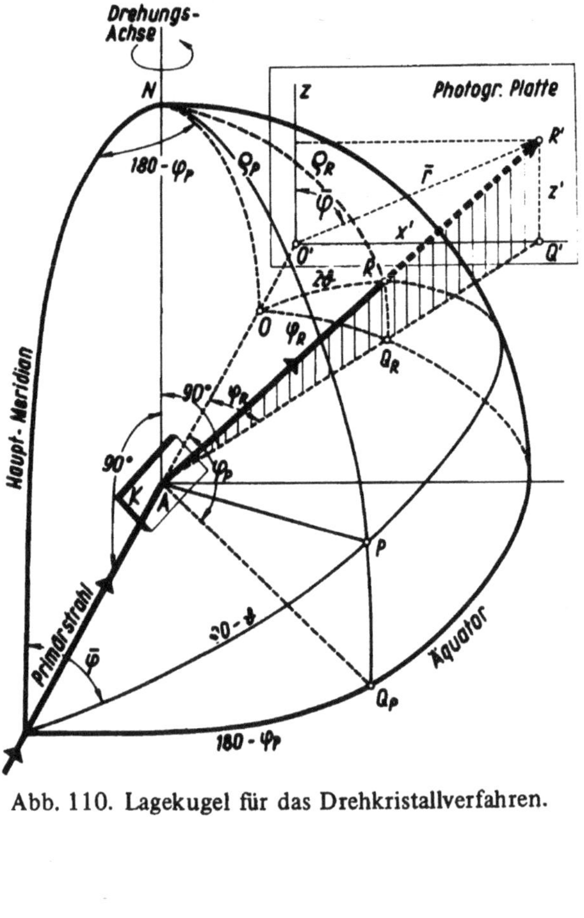

Abb. 110. Lagekugel für das Drehkristallverfahren.

dieser „Lagekugel“ sowohl den Pol P der reflektierenden Netzebene in der Reflexionsstellung vermerken als auch den Einstichpunkt des Primärstrahls in S und seinen Austrittspunkt in O sowie den Punkt R als Ausstich des reflektierten Strahls AR. N sei der Durchstoßpunkt der Drehungsachse mit der Lagekugel.

Nullmeridian oder „Hauptmeridian“ . . . Schnitt der Ebene Primärstrahl/Drehungsachse mit der Lagekugel; beim Punkt O ist $\varphi = 0°$, gezählt im Sinne des Uhrzeigers (von oben gesehen). $\sphericalangle$ SAN = 90°, d.h. Primärstrahl senkrecht Drehungsachse. Durch den Flächenpol P ist der Meridian NPQ_P gezeichnet; ferner ist die Ebene Einfallsstrahl/Reflexionsstrahl SPRO als Schnittkreis auf der Lagekugel ersichtlich:

$\overset{\frown}{OR}$ als Winkel zwischen einfallendem und reflektiertem Strahl gleich 2ϑ

$\overset{\frown}{SP} = \overset{\frown}{PR} = (90° - \vartheta)$

φ_P . . . $\overset{\frown}{OQ_P}$ . . . Azimut des Netzebenenpols P

ρ_P . . . $\overset{\frown}{NP}$ . . . Poldistanz des Netzebenenpols P

φ_R . . . $\overset{\frown}{OQ_R}$ . . . Azimut des reflektierten Strahls

ρ_R . . . $\overset{\frown}{NR}$ . . . Poldistanz des reflektierten Strahls

Bei Verwendung einer photographischen Platte bzw. eines ebenen photographischen Films (s. Teilbild der Zeichnung Abb. 110) bedeutet:

R_0 . . . Plattenabstand AO′

(NB. O′ und O könnten auch zusammenfallen)

Die Platte steht senkrecht auf dem Primärstrahl.

R′ . . . Einstichpunkt des reflektierten Strahls auf der photographischen Platte.

Rechtwinklige Koordinaten von R′
(die Ordinate z auf der Platte ist // der Drehungsachse)

Q′R′ . . . z′

O′Q′ ($\perp$ z) . . . Abszisse x′

Oder mit Polarkoordinaten des Punktes R':

$\bar{r}$ . . . Radiusvektor des Interferenzpunktes
$\bar{\varphi}$ . . . ∢ z O' R', ∢ zwischen Radiusvektor $\bar{r}$ und z
NB. $\bar{\varphi}$ auf der Lagekugel ∢ bei S im sphär. Dreieck NSP

Die geometrischen Verhältnisse bei senkrechtem Einfall des Primärstrahls zur Drehachse ergeben sich demnach wie folgt:

A. *für Platten* (ebene Filme)

a) rechtwinklige Koordinaten

(1) . . . $x' = R_0 \operatorname{tang} \varphi_R$ | $\operatorname{tang} \varphi_R = \frac{x'}{R_0}$ . . . . (1')

(2) . . . $z' = AQ' \cdot \operatorname{tang}(90 - \rho_R) = \frac{R_0}{\cos \varphi_R} \cdot \operatorname{cotg} \rho_R$ | $\operatorname{cotg} \rho_R = \frac{z'}{R_0} \cdot \cos \varphi_R$ (2')

b) Polarkoordinaten

(3) . . . $\bar{r} = R_0 \cdot \operatorname{tang} 2\vartheta$ | (I) $\operatorname{tang} 2\vartheta = \frac{\bar{r}}{R_0}$ . . . . (3')

(4) . . . $\operatorname{tang} \bar{\varphi} = \frac{x'}{z'}$

B. *für Filme* in der zylindrischen Camera

$x : 2 R_0 \pi = \varphi_R : 360°$

(5) . . . $x = R_0 \cdot \frac{2\pi}{360} \cdot \varphi_R$ | $\varphi_R = \frac{360}{2\pi} \frac{x}{R_0}$ . . . . (5')

(6) . . . $z_s = R_0 \cdot \operatorname{cotg} \rho_R$ | $\operatorname{cotg} \rho_R = \frac{z_s}{R_0}$ . . . . (6')

NB. z_s statt e_s: s. Formel S. 206 . . . . $\operatorname{tang} \mu_s = \frac{e_s}{R_0}$

Und nun ist es einfach, durch Auflösung sphär. Dreiecke der Lagekugel alle notwendigen Gleichungen zu ermitteln[1]; wir teilen – je nachdem φ_R, ρ_R oder $\bar{\varphi}$, $\bar{r}$ gegeben sind – in zwei Partien:

Geg.: φ_R, ρ_R; ges.: ϑ, φ_P, ρ_P	Geg.: $\bar{\varphi}$, $\bar{r}$; ges.: ϑ, φ_P, ρ_P
aus d. rechtw. sphär. $\triangle$ ORQ_R:	ϑ . . . zu berechnen nach Gl. (I):
(II) . . . $\cos 2\vartheta = \cos\varphi_R \cdot \underbrace{\sin\rho_R}_{\cos\mu}$	$\tan 2\vartheta = \frac{\bar{r}}{R_0}$
(NB. siehe S. 213/214, wo diese Gleichung bei der Auswertung der 1. Schichtlinie bereits verwendet wurde.)	sphär. $\triangle$ SPN . . . Cos.-Seitensatz:
sphär. $\triangle$ SPN . . . Cos.-Seitensatz:	$\cos\rho_P = \cos(90 - \vartheta)\cdot\cos 90 + \sin(90 - \vartheta)\cdot\sin 90\cdot\cos\bar{\varphi}$
$\cos(90 - \vartheta) = \cos\rho_P\cdot\cos 90 + \sin\rho_P\cdot\sin 90\cdot\cos(180 - \varphi_P)$	$\cos\rho_P = \cos\vartheta\cdot\cos\bar{\varphi}$ . . . . (III)
$\sin\vartheta = \sin\rho_P\cdot\cos(180 - \varphi_P)$	
(IV) . . . $\cos(180 - \varphi_P) = \frac{\sin\vartheta}{\sin\rho_P}$	$\cos(180 - \varphi_P) = \frac{\sin\vartheta}{\sin\rho_P}$ . . . . (IV)
	sphär. $\triangle$ ORN . . . Cos.-Seitensatz:
	$\cos\rho_R = \cos 2\vartheta\cdot\cos 90 + \sin 2\vartheta\cdot\sin 90\cdot\cos\bar{\varphi}$
	$= \sin 2\vartheta \cdot \cos\bar{\varphi}$
	$= \overbrace{2\sin\vartheta\,\cos\vartheta}\cdot\cos\bar{\varphi}$, $\underbrace{\cos\vartheta\cdot\cos\bar{\varphi}}_{\cos\rho_P}$ . . . . nach Gl. III
(V') . . . $\cos\rho_P = \frac{\cos\rho_R}{2\sin\vartheta}$	$\cos\rho_R = 2\sin\vartheta\cdot\cos\rho_P$ . . . . (V)

[1] S. *F. Raaz:* Sphär. Trigonometrie für Naturwissenschaft u. Technik. – Dresden u. Leipzig 1928.

c) Schwenkaufnahmen

(Drehung um einen beschränkten Winkelbereich)

Um der im Teilkapitel a) unter Punkt 4 geschilderten Unsicherheit bei der Indizierung von Drehkristallaufnahmen (vollständige Drehdiagramme) abzuhelfen oder die Unsicherheit doch weitgehend einzuschränken, wird der Kristall nicht kontinuierlich um 360° gedreht, sondern nur um einen beschränkten Winkelbereich, z. B. um 30° hin- und hergeschwenkt: *Schwenkaufnahmen. E. Schiebold* hat dieses Verfahren ausgebildet, verwendet jedoch einen *ebenen* Film bzw. eine photographische Platte. Eine Originalaufnahme dieser Art ist in Abb. 111 wiedergegeben. Wir bemerken, daß bei einer solchen Aufnahme, im Vergleich zu einem Schichtliniendia-

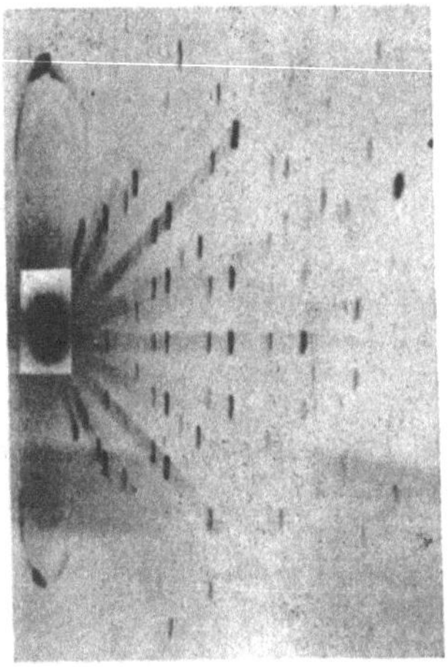

Abb. 111. Schwenkaufnahme von Gehlenit $Ca_2Al[(SiAl)O_7]$: Fläche (110) geschwenkt um $[1\bar{1}0]$, Mo-$K_{\alpha,\beta}$-Strahlung.

gramm (s. Abb. 100 u. 103) nur die eine Hälfte zur Darstellung kommt, weil der Kristall wie beim Spektrometerverfahren als angeschliffene Platte von der Ausgangslage streifenden Einfalls der Röntgenstrahlung nur nach einer Seite bewegt (hin- und zurückgeschwenkt) wird. Dabei wird – nach der *Seemann*schen Schneidemethode – das einfallende Röntgenstrahlenbündel durch Aufsetzen einer abschirmenden Metallschneide auf die Kristallfläche (und zwar parallel zur Drehungsachse!) scharf begrenzt, was die strichförmige Ausbildung der Interferenzflecke bewirkt, die demnach in der Richtung der Drehachse orientiert sind. Ferner ist zu beachten, daß sich hier – bei Auffangen der Sekundärstrahlen auf ebener Platte – die Anordnung der Strichmitten unserer Interferenzen nicht mehr in geradliniger Folge wie bei den Schichtlinienaufnahmen vollzieht, sondern (s. Abb. 54) in Gestalt flachgezogener Kurven (Hyperbeläste) oberhalb und unterhalb des „Hauptspektrums" (Äquatorlinie)[1]. Da die strichförmigen Interferenzen senkrecht zum Kurvenverlauf stehen, ist die Anordnung in flach-hyperbolischen Schichtlinien bei Betrachtung der Aufnahme nicht so ohne weiteres zu erkennen. Das Schwenkverfahren kann auch auf dem zylindrischen Film einer normalen Schichtlinienkamera durchgeführt werden, wenn eine geeignete Schwenkvorrichtung am Deckel angebracht ist.

Bei Behandlung dieser Art von Drehkristallaufnahmen bietet sich Gelegenheit, die Bedeutung des Reziproken Gitters näher zu beleuchten und speziell die praktische Anwendung dieses nützlichen Hilfsmittels bei der Auswertung von Schwenkaufnahmen konkret vorzuführen. Die Abb. 112 soll den Vorgang bei der geplanten Auswertung durch ein perspektivisches Bild erläutern. Dieses zeigt Grund- und Aufriß eines Reziproken Gitters mit [001] als Drehungsachse. Hier ist demonstriert, wie ein bestimmter Meridianschnitt der Begrenzungskugel des Reziproken Gitters um die bezeichnete Drehungsachse in die

[1] Die abgebildete Schwenkaufnahme bietet nur die rechte Halbseite dar, also handelt es sich nur um die rechts liegende Hälfte der in Abb. 54 ersichtlichen Hyperbeläste.

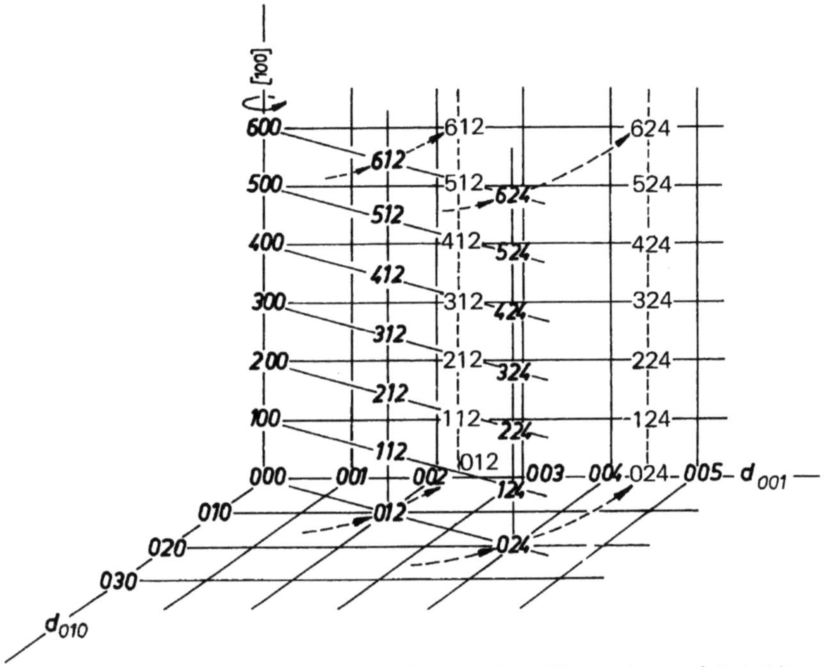

Abb. 112. Grund- und Aufriß eines Reziproken Gitters (perspektivisch) mit Hineindrehung eines vertikalen Meridianschnittes in die Aufrißebene.

Aufrißebene hineingedreht wird. Es handelt sich im vorliegenden Falle um die Ebene durch Drehachse und die Punkte des Grundrisses 012 und 024. Dieser Meridianschnitt mit den genannten beiden Punkten wird – wie die Darstellung zeigt – in nullter bis sechster Schichtebene in den Aufriß umgeklappt. *Schiebold* nennt diese Zusammenklappung mit der Null-Meridianebene senkrecht zum Primärstrahl „Indizesfeld".

Die Abb. 113 stellt auch Grund- und Aufriß eines Reziproken Gitters dar. Bei diesem Beispiel geht es um die Darstellung der Verhältnisse einer Schwenkaufnahme von Gehlenit $Ca_2Al\,[AlSiO_7]$, Ausgangsfläche die Basis (001) dieser tetragonalen Kristalle, geschwenkt um [100]. Diese Richtung der Drehungsachse ist im Aufriß der Konstruktion eingezeichnet

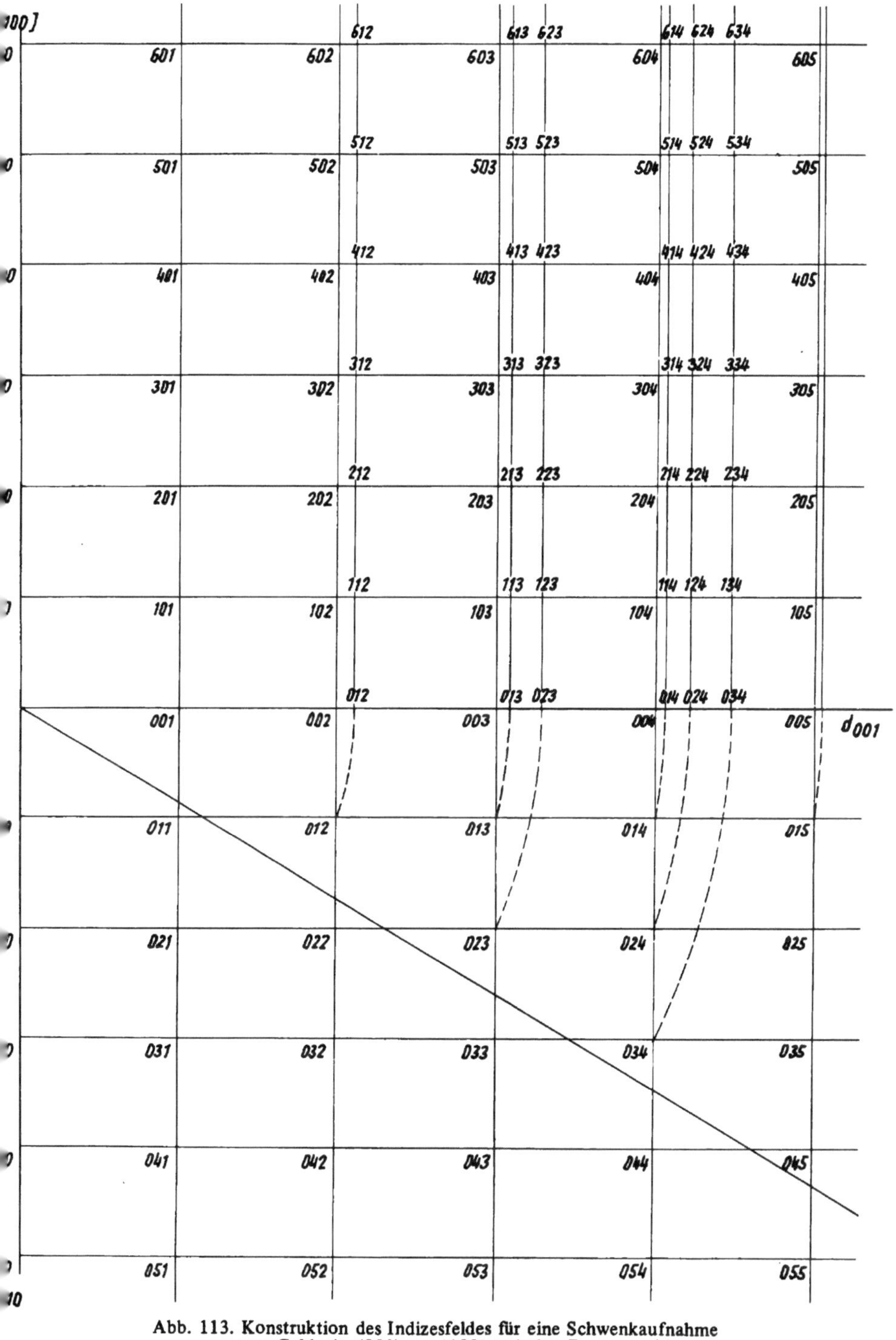

Abb. 113. Konstruktion des Indizesfeldes für eine Schwenkaufnahme von Gehlenit, (001) um [100] gedreht: Zusammenklappung von Meridianschnitten des R.G. (innerhalb des Schwenkbereiches) in die Aufrißebene.

u. zw. mit dem Translationswerte in der Richtung der Drehungsachse $T_{[100]}$. Die beiden anderen Richtungen unseres rechtwinkligen Achsenkreuzes werden als Flächennormalen auf (001) und (010) zur Darstellung gebracht, nämlich als Werte $d_{(001)}$ und $d_{(010)}$; die gegenseitige räumliche Lage dieser drei Koordinatenrichtungen muß in der Projektion beibehalten werden.

Was die Normierung – den Maßstab unserer Konstruktion – betrifft, sei an folgendes erinnert:
die *Bragg*sche Gleichung mit n = 1 lautet (in anderer Form)

$$\sin \vartheta = \frac{\lambda}{2\,d}$$

(für d eingesetzt aus der Beziehung $h \cdot d = k^2$) ergibt sich $\sin \vartheta = \frac{\lambda \cdot h}{2k^2}$, und mit k = 1 finden wir

$$h = \frac{2}{\lambda} \cdot \sin \vartheta\ .$$

Multiplizieren wir, um einen brauchbaren Maßstab für die Länge des Fahrstrahls h zu erhalten, mit $R \cdot \frac{\lambda}{2}$, so ist unser für die Konstruktion im R.G. verwendeter Vektor

$$\underline{h = R \cdot \sin \vartheta}$$

R wird zweckmäßigerweise 500 mm gewählt.
(Der Radius der Ausbreitungskugel, allgemein gleich $\frac{k^2}{\lambda}$, bei uns hier $\frac{1}{\lambda}$, wird mit demselben Faktor multipliziert und ergibt $\frac{1}{\lambda} \cdot R \frac{\lambda}{2}$, d. i. $\frac{R}{2}$ oder 250 mm).

Nun handelt es sich darum, eine Anzahl von Meridianschnitten des R.G. in die Null-Meridianebene zu drehen. In unserer Konstruktion ist dies durchgeführt. Die Drehung von

Punkten des Grundrisses (innerhalb des 30°-Sektors des Schwenkbereiches) in die Aufrißebene ist ersichtlich: 012, 013, 023, 014, 024, 034. Ebenso sind im Aufriß die zugehörigen Punkte der höheren Schichtebenen eingezeichnet. Die Durchführung der Konstruktion geschieht am zweckmäßigsten auf durchsichtigem Papier (Pauspapier) mit Tusche.

Jetzt hat man aus den vermessenen Daten der Schwenkaufnahme, z. B. aus $\bar{\varphi}$, $\bar{r}$ (s. S. 226) der einzelnen Reflexe auf der photographischen Platte (bzw. ebenem Film) den Glanzwinkel ϑ und das ρ_P zu berechnen. Im Indizesfeld benötigen wir für die Neigung des Fahrstrahls den Winkel δ (= $90 - \rho_P$), einzutragen vom horizontal liegenden Hauptspektrum; und die Länge des Fahrstrahls, den Vektor $h = R \cdot \sin \vartheta$ (wobei $R = 500\,mm$), s. Abb. 114. Für sämtliche Interferenzen der Schwenkaufnahme kann die Umrechnung ihrer Koordinaten in jene des Indizesfeldes nach folgendem Schema erfolgen:

Lfd. Nr.	$\bar{\varphi}$	$\bar{r}$	log tang 2ϑ	2ϑ	ϑ	log $\cos\vartheta$	log $\cos\bar{\varphi}$	log $\cos\rho_P$	δ	$\mathfrak{h}$
			$\frac{\bar{r}}{R_0}$ nach Gl. I	2ϑ	ϑ	zu addieren nach Gl. III		ρ_P	$90 - \rho_P$	$h = R \cdot \sin\vartheta$

Sind nun die Interferenzen auf Grund vorstehender Umrechnung auf einem Zeichenblatt eingetragen, so braucht man nur das vorher konstruierte Indizesfeld (auf Pauspapier) mit dem jetzt konstruierten R.G. zur Deckung bringen, um jedem vorhandenen Interferenzpunkt auf dem Zeichenblatt die zugehörigen Indizes beizufügen.

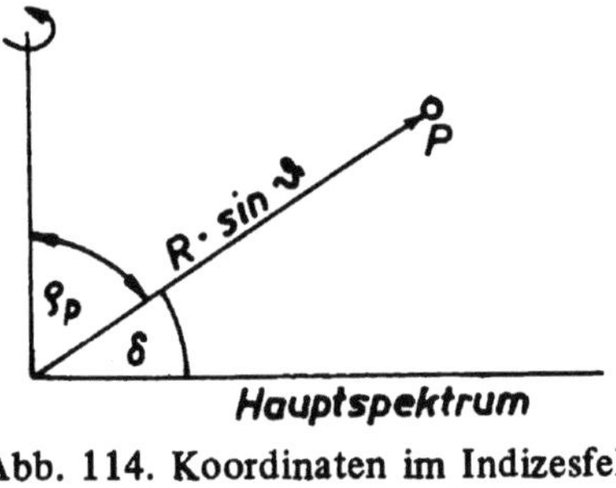

Abb. 114. Koordinaten im Indizesfeld.

Wie erkennbar, hat das so konstruierte Indizesfeld eine gewisse Ähnlichkeit mit der in Gnomonische Projektion umgezeichneten Laueaufnahme (Abb. 65); diese ist ja letzten Endes auch eine Ebene des R.G. (nur ist bei den einzelnen Projektionspunkten nicht die Ordnung der Reflexion zu ersehen).

Soviel über die Anwendung des R.G. für die Auswertung von Röntgendiagrammen. Durch die fortschreitende Entwicklung von Geräten zur Röntgen-Goniometrie ist die soeben besprochene Methode der Schwenkaufnahmen nicht mehr so bevorzugt in Verwendung wie ehedem.

d) Röntgengoniometer-Verfahren

1. Weissenberg-Aufnahmen

Im Teilkapitel XI a, Pkt. 4 wurde auseinandergesetzt, daß das Drehkristallverfahren grundsätzlich nur dann eine zwangsläufige Indizierung ermöglicht, wenn die dritte unabhängige Koordinate, das φ_P in der Ausgangslage, bestimmt werden kann[1].

Die zu verwendende Kamera, das *Weissenberg*sche Röntgengoniometer (schematisch Abb. 115), ist – wie die Schichtlinienkamera – von zylindrischer Form. Es wird bei einer Goniometeraufnahme jeweils nur eine einzige Schichtlinie (einschließlich der nullten, nämlich dem Äquator) aufgenommen, alle übrigen werden ausgeblendet. Das Wesentliche ist nun, daß der Filmzylinder während der Exposition bei Drehung des Kristalls um 360° gleichzeitig eine Verschiebung parallel seiner Achse in Form einer gleichförmigen Bewegung um 360 mm (oder aber 180 mm) erfährt; der Drehung des Kristalls um 1° entspricht also eine Verschiebung des Films um 1 mm (bzw. $^1/_2$ mm).

Die Abb. 115 entspricht nicht dem derzeitigen Bau der *Weissenberg*-Goniometer. Die Skizze dient vornehmlich dem Zweck, den unmittelbaren Zusammenhang mit dem Schicht-

[1] Zur eindeutigen Festlegung eines Punktes des R.G. wären φ_P, ρ_P und sin ϑ erforderlich.

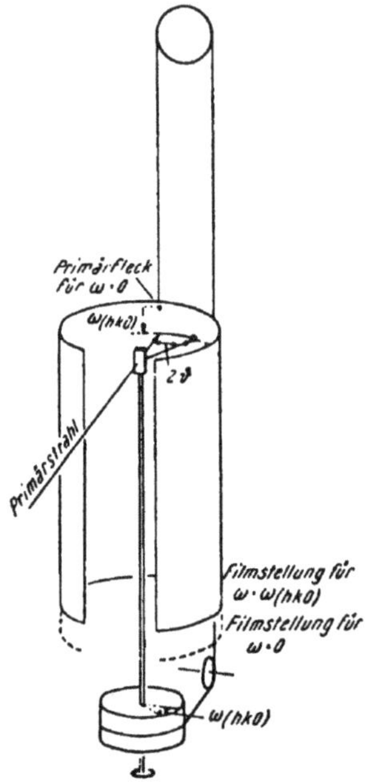

Abb. 115. *Weissenberg*-Kamera, schematisch (nach *M. J. Buerger*).

linienverfahren zu verdeutlichen. In Wirklichkeit sind die Geräte nach *Weissenberg–Böhm* mit horizontalem Filmzylinder konstruiert, wie es Abb. 116 darstellt.

Abb. 117 zeigt eine Röntgengoniometer-Aufnahme[1] mit einem solchen Gerät. Der breite horizontale Schwärzungsstreifen ist die „Mittellinie", dadurch hervorgerufen, daß der Primärfleck des Schichtlinienverfahrens jetzt während der horizontalen Verschiebung des Filmzylinders parallel der Drehungsachse auseinandergezogen wird. Die Bogenwerte zusammengehöriger Interferenzpunkte senkrecht zur Drehungsachse sind die gleichen wie bei der entsprechenden Schichtlinienaufnahme (siehe Azimutwerte a in Abb. 99 bzw. φ_R auf S. 225); nur befinden sie sich jetzt entsprechend dem um 90° gewendeten Filmzylinder statt in horizontaler in vertikaler Lage, d. i. senkrecht zur Mittellinie orientiert.

[1] Siehe Bildunterschrift.

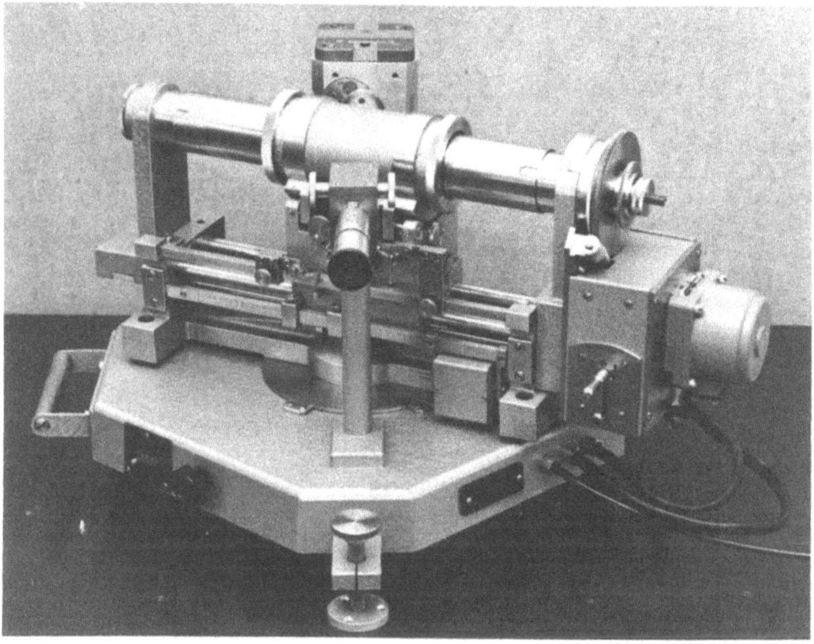

Abb. 116. *Weissenberg*-Goniometer (Fa. STOE, Darmstadt).

Wie die reproduzierte *Weissenberg*-Aufnahme zeigt, ist nun die eingestellte Schichtlinie (oder der Äquator) auf dem zylindrischen Film nicht mehr kreisförmig gestaltet, die Interferenzen auf dem ausgebreiteten Film sind demnach nicht mehr geradlinig gereiht. Die einzelnen Reflexionen einer Schichtlinie sind vielmehr in Richtung der Zylinderachse um ungleiche Beträge auseinandergezogen und bedecken nun die zweidimensionale Filmfläche. Die Verschiebung der Interferenzen parallel der Drehungsachse gibt ein Maß für die Drehung des Kristalls aus seiner Ausgangslage und liefert damit das ω der Stellung jeder reflexionsbefähigten Netzebene im Momente der Reflexion; jedem Millimeter Horizontalverschiebung, d. i. in Richtung der Mittellinie, entspricht nach obigem 1° (bzw. 2°) Kristalldrehung. Der Anfangspunkt dieser Verschiebungs-

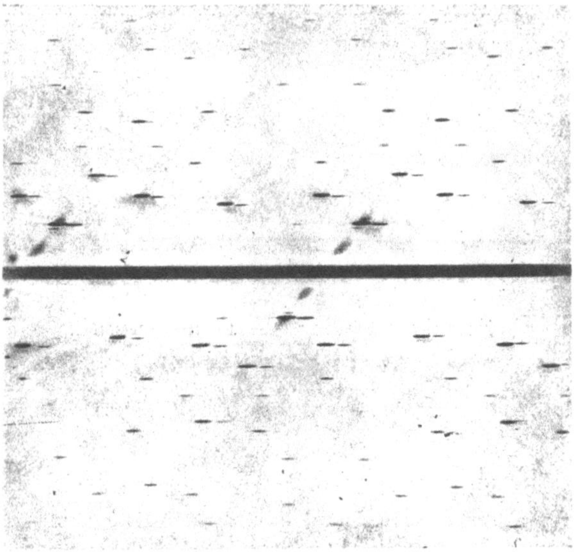

Abb. 117. Röntgengoniometer-Aufnahme von Harnstoff (einem nadelförmigen Kriställchen nach der Längsachse); Äquator, Drehung um [001] (nach *R. Glocker*).

messung muß die zu ermittelnde „Nullinie" sein. Diese ist senkrecht auf der Mittellinie (gleichsam als Ordinatenachse des *Weissenberg*-Diagrammes) an deren Anfangspunkt, $\omega = 0$ (s. Abb. 118 a): dies ist der Ort des Primärfleckes im Augenblick des Beginnes der Drehbewegung des Kristalls und damit der horizontalen Verschiebung des Filmzylinders.

Wie die schematische Wiedergabe einer *Weissenberg*aufnahme von Zirkon (tetragonal) zeigt (Abb. 119), ergibt sich bei Drehung um [001] die Äquatorschichtebene mit den Interferenzen (hkO). Wir erkennen, daß die Interferenzen einer Äquatoraufnahme – und nur um solche handelt es sich hier – auf schiefen Linien angeordnet sind. Der Winkel, den diese Geraden mit der horizontalen Bildachse („Mittellinie") einschließen, ist eine Apparatkonstante. Auf jeder dieser schrägen Linien befinden sich die Interferenzen der verschiedenen Ordnungen von ein und derselben Netzebene.

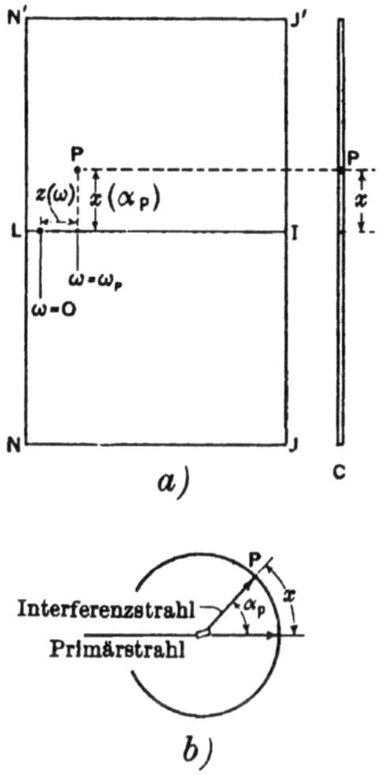

Abb. 118. a) Vermessungsdaten eines Weissenberg-Films (nach *M. J. Buerger*)
b) Querschnitts-Skizze des Goniometerzylinders.

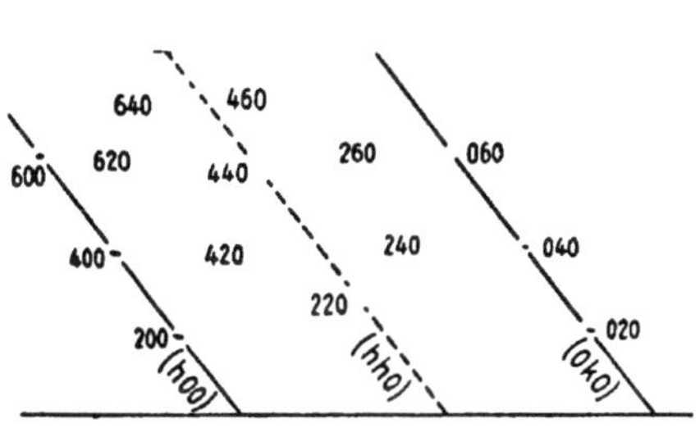

Abb. 119. *Weissenberg*-Aufnahme von Zirkon (tetragonal), schematisch: Äquator, gedreht um [001] (nach *P. Niggli*).

Was die Vermessung einer *Weissenberg*aufnahme betrifft, geschieht dies normalerweise mit Hilfe rechtwinkliger Koordinaten. Um den Zusammenhang zwischen experimentellem Aufnahmeverfahren und Vermessung des Diagrammes zu verdeutlichen, sei auf die schematische Wiedergabe einer *Weissenberg*kamera hingewiesen (Abb. 115), die wir uns jetzt statt in vertikaler Stellung in horizontaler Lage denken müssen (Filmzylinder waagrecht, s. Abb. 116). Dargestellt wird die Drehung des Kristalls aus der Ruhelage heraus um einen Winkel ω (siehe Rolle auf der Abb. 115 unten); gleichzeitig vollzieht sich die Verschiebung des Filmzylinders um den Betrag von z Millimetern, was der Winkeldrehung von $\omega = 0$ zu ω (hk0) entspricht. Auf dem zu vermessenden Film (vgl. Abb. 118) ist die horizontale Mittellinie ersichtlich. Der Interferenzpunkt P ist also parallel zur Drehachse und Mittellinie um z Millimeter verschoben worden. Die Entfernung der Interferenz P senkrecht von der Mittellinie (Abstand x) bezieht sich auf den Winkel α_P, d. i. das Azimut a im Schichtliniendiagramm (Abb. 99).

Nun soll gezeigt werden, wie man nach Feststellung der Koordinaten x und z, bzw. α und ω, einen Interferenzpunkt der Aufnahme in das Reziproke Gitter übertragen kann, und zwar für die Position des Kristalls in der Ausgangslage (vor Beginn der Drehbewegung).

Die folgende Konstruktion, Abb. 120a) und b), veranschaulicht unser Vorhaben: Bild a (I. Projektionsebene) stellt die Ausbreitungskugel dar mit dem Mittelpunkt M [1]. Es soll der Radius R_n des Schnittkreises einer n-ten Schichtebene mit der Ausbreitungskugel gefunden werden. Der Schichtlinienwinkel μ_n ergibt die gesuchte n-te Schichtebene (in der Projektion als Linie zur Darstellung gekommen) und damit den Radius R_n des Schnittkreises. Diese Konstruktion ist die Grundlage für

[1] Die Konstruktion Bild a) ist als Aufrißprojektion zu verstehen; denn es ist grundsätzlich möglich, die I. und II. Projektionsebene vertauscht zu benützen, indem man die Aufrißansicht der körperlichen Figur in der I. Projektionsebene darstellt und daraus in der II. Projektionsebene den Grundriß entwickelt.

die Übertragung sämtlicher Interferenzen einer bestimmten Schichtebene des *Weissenberg*diagrammes.

Jetzt zeichnen wir in der II. Projektionsebene die zugehörige Grundrißprojektion der n-ten Schichtebene (Bild b). Nun ist M' Mittelpunkt des Schnittkreises mit dem Radius R_n. Die vertikale Drehachse ist in der Aufrißansicht (Bild a) durch Punkt O eingezeichnet, und durchsticht die n-te Schichtebene in O'.

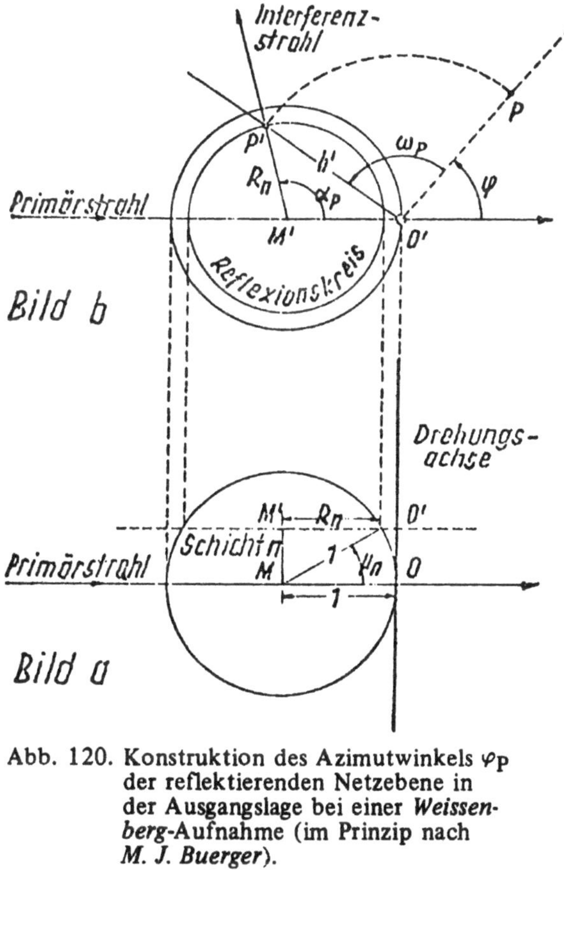

Abb. 120. Konstruktion des Azimutwinkels φ_P der reflektierenden Netzebene in der Ausgangslage bei einer *Weissenberg*-Aufnahme (im Prinzip nach *M. J. Buerger*).

Zum besseren Verständnis unserer Konstruktion sei hier auf die früher gebrachte Abb. 108 verwiesen, wo der zugrundeliegende Sachverhalt in räumlicher Darstellung vor Augen geführt wird. Es sind dort die Punkte des R.G. einer bestimmten Schichtebene dargestellt. Wir wollen nun festlegen, daß sich ein bestimmter Punkt P in diesem Augenblick in Reflexionsstellung befinde, d.h. er passiere bei der Drehbewegung aus der Ruhelage heraus gerade die Ausbreitungskugel. Diesen Punkt im Momente der Reflexion – wir wollen ihn jetzt P′ nennen – finden wir in unserer Konstruktion (Bild b) in einfacher Weise, indem wir im Mittelpunkt M′ des Schnittkreises von Ausbreitungskugel und n-ter Schichtebene den Azimutwinkel α_P auftragen: Punkt P′ ergibt sich auf dem Schnittkreise („Reflexionskreis").

In diesem Momente der Reflexion war aber der Kristall – und mit ihm das Reziproke Gitter – ω_P-Winkelgrade von der Ausgangslage weitergedreht worden; gemäß der experimentellen Annahme (Abb. 115) war dies beim Heben des Filmzylinders eine Drehung gegen den Uhrzeigersinn. Wir brauchen daher nur den Fahrstrahl $\mathfrak{h}$, bzw. seine Projektion h′ auf der Horizontalebene (Linie $\overline{O'P'}$), um die in O′ senkrecht auf der Äquatorebene ausstechende Drehachse[1] ω_P-Grade zurückzudrehen (also im Sinne des Uhrzeigers) und der gesuchte Punkt P des R.G. in Ausgangslage ist gefunden.

Hiermit ist auch das bisher noch fehlende Azimut φ des Punktes P in der Ruhelage des R.G. (vor Beginn der Drehung) gefunden, wo doch vorher nur das φ'_P rechnerisch zu ermitteln war (siehe die Darlegungen auf S. 220 und hinsichtlich der Berechnungsformel Gleichung IV). So ist die Möglichkeit einer zwangsläufigen Auswertung einer *Weissenberg*-Goniometeraufnahme erwiesen und eine vollkommen eindeutige Indizierung der Interferenzen erreicht.

[1] Die Drehungsachse im Bereich des Bildes b (II. Proj.-Ebene) sticht auf der Äquatorebene der Ausbreitungskugel in O′ aus; sie verläuft senkrecht zu dieser Ebene und projiziert sich daher lediglich als Punkt, nämlich O′.

Die Indizierung läßt sich aber auch unmittelbar aus dem Diagramm ablesen: Einer der drei Indizes ist von vornherein bekannt, nämlich jener, der sich auf die Richtung der Drehachse bezieht. Er stimmt mit der Nummer der betreffenden Schichtlinie überein (z. B. bei Drehung um die c-Achse ist $l = 0$, wenn es sich um den Äquator handelt). Was den Vorgang der Auswertung eines *Weissenberg*-Diagrammes betrifft, ist die Kenntnis des Verlaufes von zwei Kurvenscharen h const. und k const. erforderlich, in deren Schnittpunkten sich die Interferenzen befinden.

Handelt es sich beispielsweise um die Indizierung eines tetragonalen Kristalls, wie jenes von Harnstoff (Abb. 117), wo ein 4zähliger Drehungsrhythmus vorliegt, dann wiederholen sich die Interferenzen nach 90°, so daß im Abstand von 90 mm in Richtung der Mittellinie die gleichen Reflexpunkte auftreten. Wir erinnern uns an die früher erwähnten schrägen Linien (Abb. 119) mit den verschiedenen Ordnungen jeweils von ein und derselben Netzebene bei Röntgengoniometeraufnahmen und wollen dann erkunden, ob sich in unserem Harnstoff-Diagramm ein Reflex auf einer dieser Schräglinien findet, der vielleicht als Interferenz 110 anzusprechen wäre. In der schematischen Wiedergabe der Zirkon-Aufnahme war das allerdings nicht der Fall; nur die geraden Ordnungen von (hh0) sind vorhanden.

Wir wenden uns zunächst den Kurvenscharen zu (Abb. 121), die wir zur Indizierung unseres *Weissenberg*-Diagrammes

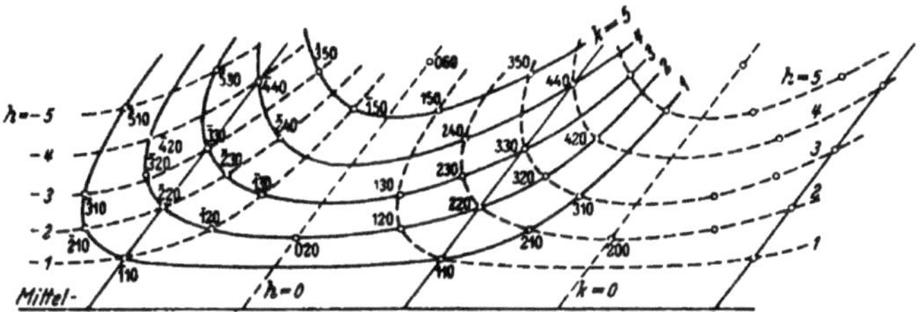

Abb. 121. Indizierung der Röntgengoniometer-Aufnahme von Harnstoff (tetragonal) der Abb. 117 (nach *R. Glocker*).

benötigen; letzteres stellt die Äquatorinterferenzen dar bei Drehung um [001]. Die Bezifferung betrifft nur die obere Hälfte der Abb. 117. In die Umzeichnung des Röntgendiagrammes müssen nun die Kurvenscharen h const. und k const. eingetragen werden. Diese Kurven lassen sich leicht einzeichnen, wenn ihre Form aus Aufnahmen ähnlicher Art bekannt ist[1]. In einem Weissenbergdiagramm ergeben sich die Interferenzen mit gleichem Azimut (x Millimeter von der Mittellinie), d. i. mit ϑ = const. auf parallelen Geraden zur Mittellinie[2]; so müßten die Interferenzen 110 auf der der Mittellinie nächstgelegenen Geraden zu suchen sein. Die Kurvenscharen müssen nun so in das umgezeichnete Reflexdiagramm eingetragen werden, daß die vermutliche Interferenz 110 tatsächlich Schnittpunkt der Kurven h = 1 und k = 1 wird. Ist dies der Fall, dann müßten auf der zweiten Parallellinie (ϑ_2 = const.) rechts oberhalb von 110 die Interferenz 200 sein, links oben 020. In unserer vorliegenden Abb. 121 ist dies tatsächlich zutreffend. Mit den jetzt ermittelten Bezugspunkten 110 und 200 ist die Bezifferung aller übrigen Interferenzen zwangsläufig gegeben.

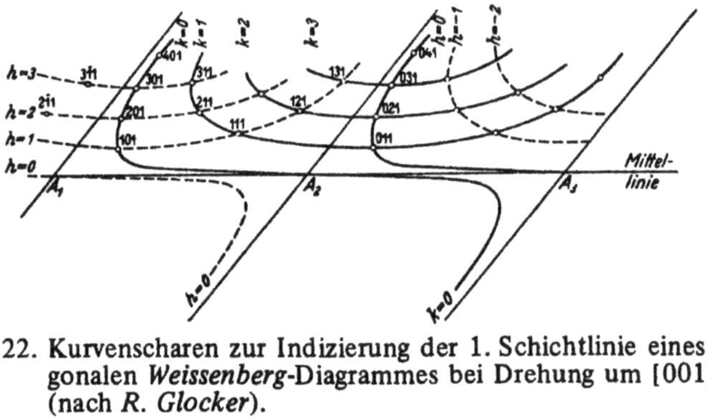

Abb. 122. Kurvenscharen zur Indizierung der 1. Schichtlinie eines tetragonalen *Weissenberg*-Diagrammes bei Drehung um [001] (nach *R. Glocker*).

[1] Diese Kurvenscharen können auch rechnerisch abgeleitet werden; näheres bei *P. P. Ewald* im Handb. d. Physik, II. Aufl., Bd. 23, Teil 2, S. 396.

[2] Das Azimut von x mm bedeutet den Wert 2 ϑ (doppelten Glanzwinkel), falls es sich um die Vermessung der nullten Schichtlinie (Äquator) handelt; vgl. Abb. 121.

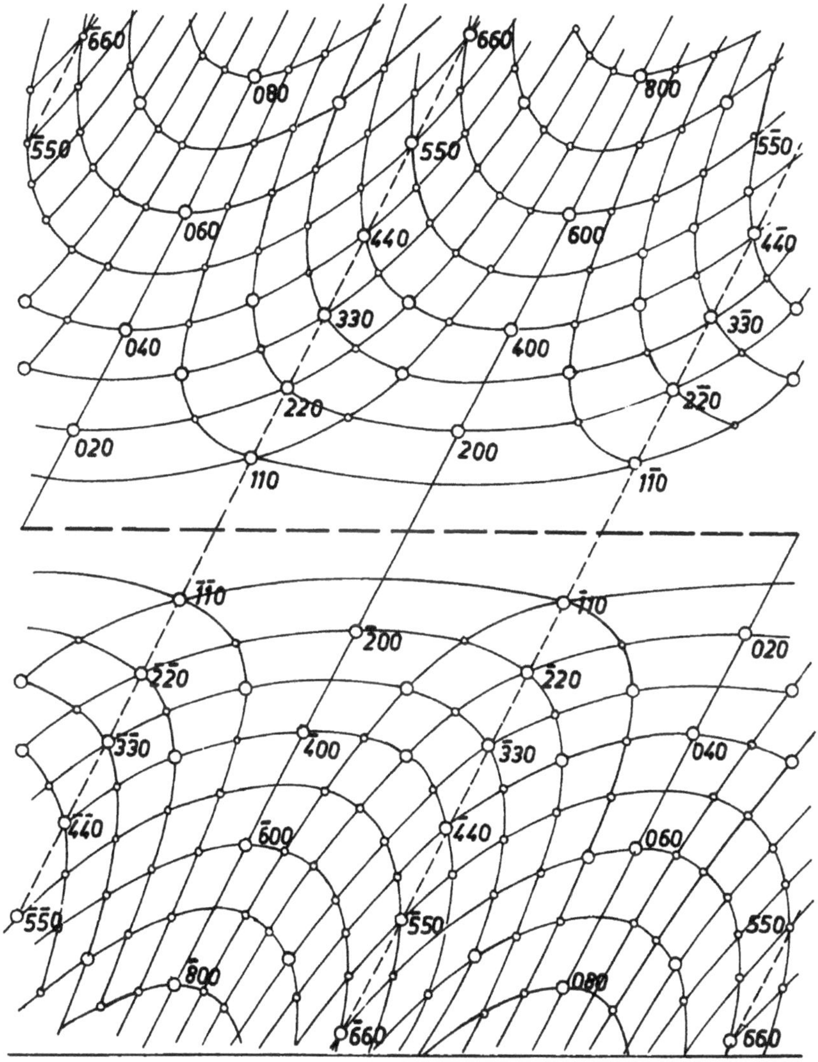

Abb. 123. Bezifferung einer *Weissenberg*-Äquatoraufnahme von Gehlenit, gedreht um [001].

Abb. 122 zeigt noch den Verlauf der Kurven h const. und k const. für die 1. Schichtlinie.

Im Anschluß daran sei die Indizierung eines *Weissenberg*-Diagrammes von Gehlenit, Äquatoraufnahme (Abb. 123) wiedergegeben, jene Struktur, die S. 85 in Abb. 46 dargestellt wurde. Das genannte Diagramm und seine Auswertung stammt aus der Dissertation von *P. Korczak,* die in meinem Institut an der TH Wien ausgeführt worden war (s. Fußn. 2 von S. 86).

2. Schiebold-Sauter-Methode

Die verschiedenen Einkristallverfahren der röntgenographischen Untersuchung laufen letzten Endes darauf hinaus, aus der Reflexprojektion des photographisch aufgenommenen Interferenzbildes das Reziproke Gitter bzw. eine Ebene desselben konstruktiv zu ermitteln. Beim Schwenkverfahren ist der Vorgang ausführlich besprochen worden.

Das *Weissenberg*goniometer-Verfahren erlaubt ebenfalls die Übertragung ins R.G.; doch sind hier die Zusammenhänge zwischen Aufnahmediagramm und R.G.-Darstellung nicht so klar überschaubar wie bei den anderen Verfahren.

Es war daher seit langem das Bestreben, eine experimentelle Methode zu ersinnen, mit welcher unmittelbar röntgenographisch eine Ebene des R.G. abgebildet werden könnte oder zumindest mit nur unwesentlicher Verzerrung, so daß sich die Indizierung ohne weiters ergibt.

Das ermöglicht die Methode von *Schiebold* und *Sauter.* Relativ einfach ist die apparative Konstruktion dieses Verfahrens der Drehkristallmethode:

Der Film liegt auf einer ebenen kreisrunden Scheibe, die senkrecht zum Primärstrahl orientiert ist. Die Filmscheibe rotiert um den Primärstrahl als Achse und zwar synchron mit der Kristalldrehung. Es wird jeweils nur eine Schichtebene bzw. der Äquator aufgenommen, ebenso wie beim *Weissenberg*-diagramm. Beim *Schiebold-Sauter*-Verfahren wird aber nur die eine Hälfte der reflektierten Strahlen einer Schichtlinie von einer Schlitzblende durchgelassen. Es sind Konstruktionen im

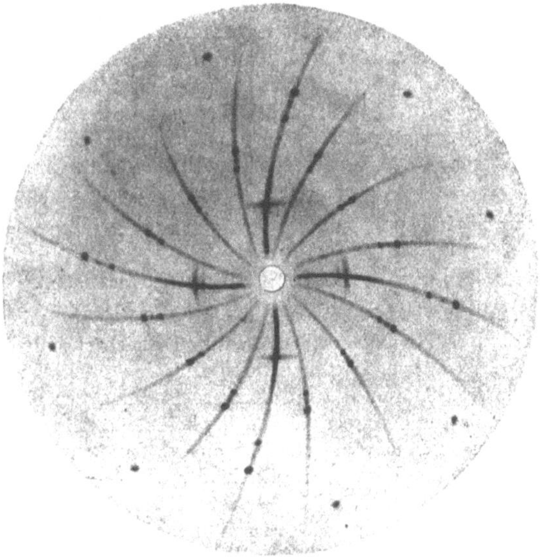

Abb. 124. *Schiebold-Sauter*-Aufnahme: Schichtebenendiagramm von Harnstoff, Äquator, gedreht um [001].

Abb. 125. Indizierungsschablone für *Sauter*-Diagramm Abb. 124.

Handel, mit welchen gleichzeitig mit dem *Schiebold-Sauter*-Diagramm auch eine Schichtlinienaufnahme hergestellt werden kann; das leistet die *Seemann*-Universalkammer.

Abb. 124 zeigt ein Schichtebenendiagramm des Äquators von Harnstoff bei Drehung um [001], nach *Schiebold-Sauter*. In Abb. 125 ist die Indizierung des Diagramms von Abb. 124 wiedergegeben. Hier erkennt man deutlich die Möglichkeit der sicheren Bezifferung. Zwar nimmt der Grad der Verzerrung des Reziproken Gitters nach außenhin zu, doch kommen im Zentralbereich die Maschen der Ebene des R.G. relativ unverzerrt zur Darstellung.

3. Unverzerrte Abbildung von Ebenen des Reziproken Gitters: „Retigraph"-Konstruktionen

Zweifellos ist der durch die *Schiebold-Sauter*-Methode erzielte Fortschritt in weitgehendem Maße ein zufriedenstellender, jedoch noch keine ideale Lösung. Eine solche wird erst durch die sogenannten „Retigraph"-Konstruktionen erreicht. Retigraph, etwa mit „Netzzeichner" zu übersetzen, bedeutet Abbildung eines ebenen Netzes des Reziproken Gitters. Die Konstruktion eines solchen Gerätes – zunächst sei jenes nach *de Jong* und *Bouman* (s. Zschr. f. Krist. *98*, 1938) beschrieben – beruht auf einem relativ einfachen Prinzip, das in Abb. 126 schematisch dargestellt ist. Wir sehen die Ausbreitungskugel und den eingezeichneten Primärstrahl. Angenommen

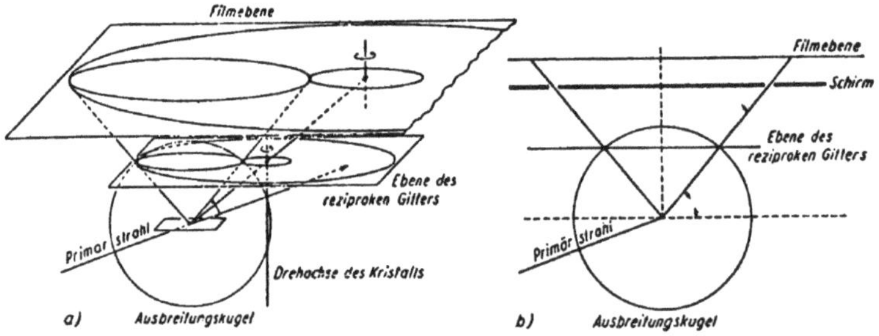

Abb. 126. Schematische Darstellung der Apparatur von *de Jong* und *Bouman*. a) perspektivisch; b) Aufriß (nach *W. Kleber*).

ist eine n-te Ebene des R.G., die zur Aufnahme bestimmt ist. Sie rotiert um den Ursprungspunkt dieser Gitterebene, der in der Drehachse des Kristalls gelegen ist, und zwar über dem Ursprung des räumlichen Reziproken Gitters. Die einzelnen Punkte der ausgewählten Ebene des R.G. passieren bekanntlich bei dieser Drehung der Reihe nach die Ausbreitungskugel in dem Schnittkreise mit der Schichtebene. Im Augenblick, da jeweils ein Gitterpunkt des R.G. die Ausbreitungskugel in dem genannten Kreise, dem Reflexionskreise, durchstößt, entsteht ein Interferenzstrahl. Sämtliche Interferenzstrahlen bilden so den Mantel eines Kreiskegels, dessen Spitze im Zentrum der Ausbreitungskugel liegt. Dies ist ganz und gar der uns geläufige Mechanismus der Röntgenbeugung im Kristallgitter, wie er speziell bei einer Schichtlinienaufnahme offenkundig wird.

Nun zur Durchführung der Retigraph-Methode: Die Filmebene liegt bei der Konstruktion nach *de Jong* und *Bouman* nicht etwa senkrecht zum Primärstrahl (wie bei der *Schiebold-Sauter*-Methode), sondern ist parallel zu der zur Untersuchung stehenden Ebene des R.G. gelagert, somit parallel zum Primärstrahl.

Wie bei einer Schichtlinienaufnahme der Schnitt des Interferenzkegels mit der koaxialen Zylinderfläche die kreisförmige Schichtlinie ergibt, genauso liefert der nämliche Interferenzkegel im Schnitt mit der Filmebene unserer Abbildung eine Kreislinie, auf der sich die Interferenzflecken anordnen würden, falls die Filmebene während der Exposition in Ruhe verbliebe. Das ist jedoch nicht der Fall: die Filmebene vollführt auch bei dieser Methode eine rotierende Bewegung, und zwar um eine Achse, die der Drehachse des Kristalls parallel ist. Die Bewegung geschieht synchron mit jener der Kristalldrehung, also auch des angenommenen R.G. Den Drehpunkt in der Filmebene findet man, indem man den Drehpunkt der Ebene des R.G. (Durchstichpunkt der Drehachse des Kristalls) vom Zentrum der Ausbreitungskugel auf die Filmebene projiziert – analog wie sich die kreisförmig angeordneten Interferenzpunkte auf die Filmebene projizieren würden, falls keine Filmbewegung stattfände. Durch die kreisförmige Filmbewegung, die synchron mit der Drehung aller Gitterpunkte des ebenen R.G. erfolgt, wird die ursprüngliche gegenseitige Lage der Gitterpunkte (in der Ausgangsstellung) auf der Filmebene – also im Röntgenogramm – wieder zurückgewonnen. Mit anderen Worten: Das Verfahren ergibt eine unmittelbare Abbildung des ebenen R.G. Zur Veranschaulichung dieser Tatsache sei die in Abb. 126 nur skizzierte Lage der Ebene eines R.G. in Abb. 127 konkret veranschaulicht. So vermittelt diese Zeichnung gleichzeitig eine Vorstellung von der unverzerrten Anordnung der Interferenzpunkte im Diagramm einer *de Jong-Bouman*-Aufnahme. Für die experimentelle Durchführung einer solchen sei noch ergänzend vermerkt, daß natürlich Vorsorge getroffen sein muß, daß nur der Interferenz-Strahlenkegel einer *einzigen* Schichtebene, wie es Abb. 126 zeigt, den Film erreicht; d.h. vor der Bildebene muß ein zu ihr paralleler Schirm vorgelagert sein, dessen kreisförmige Ringausnehmung lediglich dem einen Strahlenkegel Durchlaß gewährt, der die beabsichtigte Abbildung der betreffenden R.G.-Ebene bewirkt.

Beim Prinzip von *de Jong* und *Bouman* müssen, um eine unverzerrte Abbildung des R.G. zu erhalten, drei Forderungen erfüllt sein:

1. Der Kristall muß so bewegt werden, daß die für die Aufnahme gewählte Ebene des Reziproken Gitters die Ausbreitungskugel schneidet.
2. Es darf nur der reflektierte Strahlenkegel einer einzigen Ebene des R.G. auf den photographischen Film gelangen.
3. Der Film muß ein ebener sein, und dessen Ebene eine solche Lage haben, daß die Bewegungsachse des Films stets parallel zur Drehachse des Kristalls ist, und daß außerdem beide Bewegungen synchron gekoppelt sind.

Nun wenden wir uns einer anderen Art von Retigraph-Konstruktion zu, jener von dem Amerikaner *M. J. Buerger* konstruierten „Precession camera“. Hier ist der Mechanismus, der die oben aufgezählten Prinzipien erfüllt, ein wesentlich komplizierterer. Die Abb. 127[1] soll das im folgenden Gesagte verdeutlichen.

Während bei der *de Jong-Bouman*-Konstruktion die ausgewählte Ebene des Reziproken Gitters in ihrer Lage ein für allemal erhalten bleibt und nur in ihrer Ebene um einen Punkt (den Durchstichpunkt der Kristall-Drehachse) rotiert, ist es beim Verfahren mit der *Buerger*-Precessioncamera wesentlich anders.

Hier vollführt der Kristall und damit auch die Ebene des R.G. während der Exposition eine Bewegung um 2 Achsen, was mit Hilfe eines Drehgelenkes (Cardangelenk) bewerkstelligt wird, auf welchem der Kristall justiert ist. Die Filmkassette

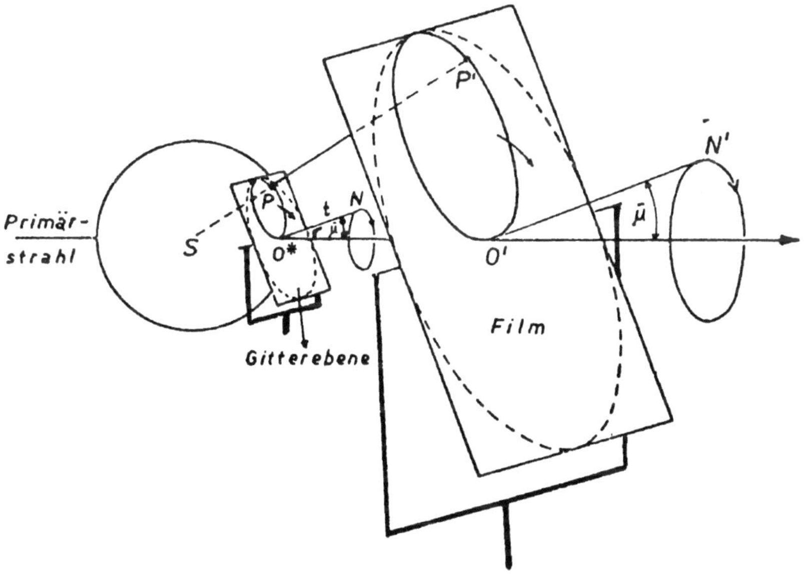

Abb. 127. Konstruktionsprinzip der Präzessionsmethode.

[1] Die Abb. 127 ist der im Institut des Verf. an der TH Wien ausgeführten Diplomarbeit von *H. Schichl* (1966) entnommen: „Konstruktionsprinzip der röntgenographischen *Buerger*-Precessioncamera sowie praktische Erprobung derselben".

wird gleichermaßen durch ein zweites Cardangelenk synchron mitbewegt, so daß R.G.-Ebene und Filmebene in jeder Phase der Bewegung zueinander parallel bleiben.

Was nun die Bewegung der aufzunehmenden Ebene des R.G. betrifft, ist festzustellen, daß auf Grund der Drehung des Kristalls um eine vertikale und eine horizontale Achse mit Hilfe des Cardangelenkes die in Betracht gezogene RG-Ebene bzw. die gewählte Zonenachse eine sogenannte Präzessionsbewegung vollführt. Somit gibt es hier nicht mehr einen in Ruhe befindlichen Schnittkreis mit der Ausbreitungskugel – wie bei der *de Jong-Boumann*-Methode –, sondern jetzt ist diese Kreislinie infolge der Lageänderung der Ebene des R.G. ebenfalls eine bewegliche geworden.

Damit die für die Aufnahme ausgewählte Zonenachse des Kristalls die erstrebte Bewegung um den Primärstrahl beschreibe, wird die Zonenachse unter einem Winkel $\bar{\mu}$, dem Präzessionswinkel, gegenüber dem Primärstrahl geneigt. So beschreibt die Zonenachse während der Exposition einen Kegelmantel um den einfallenden Strahl als Achse[1].

Dieser Bewegung entsprechend ergibt sich auch die Lageänderung der Ebene des R.G. Sie schneidet in jeder ihrer Stellungen die Ausbreitungskugel in einem Kleinkreis mit dem Radius $r = R \cdot \sin \bar{\mu}$, wenn R der Radius der Ausbreitungskugel ist; dieser Kleinkreis (Reflexionskreis) rotiert bei der Präzessionsbewegung um den Gitter-Ursprungspunkt O*.

Dies zeigt Abb. 128: Der Schnittkreis befindet sich im Laufe einer Präzessionsperiode in veränderlichen Positionen, so auch in jenen vier, wo er am weitesten oben, unten bzw. rechts und links erscheint. Der Umfang dieses Reflexionskreises bewegt sich dabei innerhalb eines einhüllenden Kreises („Grenzkreis") mit dem Radius $r' = 2 \cdot R \sin \bar{\mu}$. Nur solche Punkte des Reziproken Gitters können Reflexion bewirken, die sich innerhalb dieses Grenzkreises befinden.

[1] Daher rührt auch die Bezeichnung „Präzession", und zwar in Analogie zu dem in der Astronomie gebrauchten Ausdruck, wo er „Vorrücken" des Frühlingspunktes bedeutet.

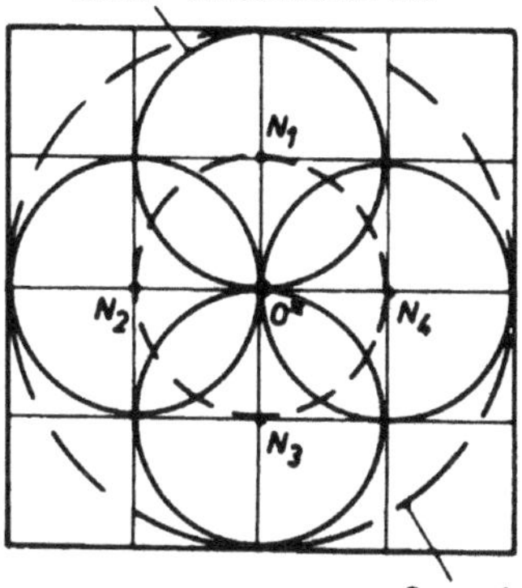

Abb. 128. Rotieren des Reflexionskreises bei der Präzessionsbewegung.

Abb. 129 bietet eine Gesamtansicht der *Buerger*-Precession-Camera. Diese Abbildung soll eine Vorstellung vom Bau des *Buerger*-Precession-Goniometers vermitteln und so seien von dem komplizierten Gerät einige wichtige, interessierende Bestandteile hervorgehoben:

Ziffer (2) die Blende in der Längsachse der Apparatur, durch welche die Röntgenstrahlung eintritt. Sie trifft den Kristall und gelangt schließlich in den Strahlenfänger (3), der beim Austritt über die Blende geschoben werden kann. Stahlstift (1) dient zur Fixierung des Gerätes im Betrieb. Die Winkelstellung des Kristalls ist am Handrad (4) genau abzulesen; mittels Hebel (5) läßt es sich fixieren. Die kreisförmigen Schichtlinienblenden (6) können in eine Haltevorrichtung (7) eingeschoben werden; diese befindet sich zwischen dem Kristall und dem Filmträger (8). Der Abstand der Schichtlinienblende vom Kristall kann auf der Skala (9) abgelesen werden. Die Filmkassette (Filmträger 8) wird in einer Schwalbenschwanzführung gehalten. In der Normalstellung trifft der Röntgenstrahl genau die Mitte des Filmträgers. Letzterer kann mittels der Schraube (11) in vertikaler Richtung verschoben werden. Die Stellung des Filmträgers gegenüber dem Kristall kann ebenfalls verändert werden. Sie ist auf Skala (12) ablesbar. Der Präzessionswinkel wird am Segment (13) eingestellt. Ziffer (14) ist ein Synchronmotor, der mit der Treibspindel des Gerätes verbunden werden kann. Die Übertragung der Präzessionsbewegung des Films auf die Kristallachse erfolgt über die als „Parallelogramm" bezeichnete Vorrichtung (16); siehe diesbezügl. auch Abb. 129a. Ein Oszillationsmechanismus

Abb. 129. Bau des *Buerger*-Precession-Goniometers der Fa. STOE, Darmstadt.

(17) ermöglicht die Schwenkung um beliebige Winkel. Die Stellung des Gegengewichtes (18) zu der Getriebeachse richtet sich nach der Größe des Präzessionswinkels. Das Fernrohr (19) dient zur optischen Zentrierung des Kristalles; es kann in gewünschter Stellung mittels Schraube (20) und Hebel (21) fixiert werden.

Das Detailbild 129 a) erläutert ergänzend die Wirkungsweise des Gerätes.

Die Abb. 130 zeigt ein Precession-Diagramm von Turmalin (rhomboedrisch C_{3v}-3m), gedreht um c, + 1. Schichtebene (aus der Diplomarbeit *H. Schichl,* s. Fußn. 1 von S. 249).

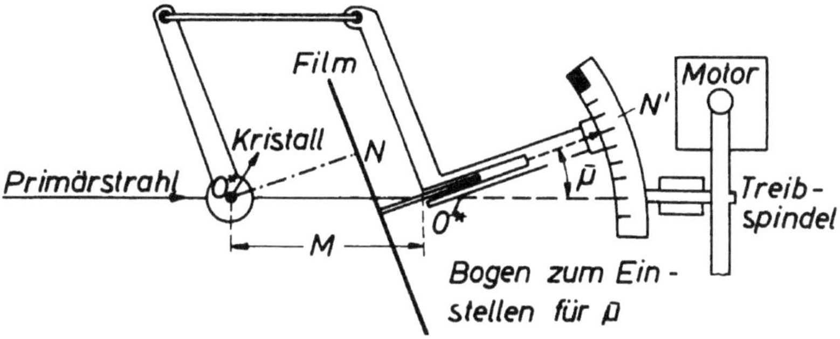

Abb. 129. a) Schematische Darstellung des Mechanismus der Präzessionsbewegung.

Abb. 130. Precession-Aufnahme von Turmalin, um c-Achse gedreht, + 1. Schichtebene; Mo-K_α-Strahlung.

Die Precessionmethode bietet bemerkenswerte Vorteile; hervorstechendes Merkmal ist jedoch die *unverzerrte* Abbildung der jeweilig eingestellten Schichtebene des Reziproken Gitters. Aus diesem Grunde wurde, entsprechend der Bedeutung der apparativen Vervollkommnung, der Darstellung der Methode breiterer Raum gegeben.

XII. Allgemeiner Gang der Strukturanalyse in drei Etappen

In den vorangegangenen Kapiteln ist das Wesentliche der gebräuchlichen Verfahren der Röntgenographie behandelt worden. Hier soll nun der Hergang bei der Durchführung einer Strukturanalyse noch zusammenfassend skizziert werden.

a) Erste Etappe: Bestimmung von Größe, Inhalt und Gestalt des Elementarkörpers (E-K)

1. Dimensionen des Elementarkörpers

Erforderlich ist die Auswahl dreier Kanten als kristallographische Achsen zwecks Anfertigung von drei Schichtlinienaufnahmen, um auf Grund der Schichtlinienbeziehung die Grundparameter a_0, b_0, c_0 zu bestimmen. Für die Präzisierung dieser Werte kann noch das Hauptspektrum (Äquatorlinie) von Schwenkaufnahmen herangezogen werden; daraus ergibt sich exakt der d-Wert der jeweils untersuchten Ausgangsfläche, wenn diese zusammen mit Calcit $(10\bar{1}1)$ als Testplatte aufgenommen wird.

2. Materieller Inhalt des Elementarkörpers

Feststellung der Anzahl Z der darin enthaltenen Moleküle (Formeleinheiten).

Ähnlich wie bei der Ermittlung der Gitterkonstante von NaCl (Kap. VI, g) basiert die Bestimmung auch hier auf der Kenntnis des spezifischen Gewichtes (σ) und der *Loschmidt*schen Zahl L. Das *Molekülgewicht* G_L, d. i. der Gewichtsanteil *eines* Moleküls am Mol, ist bestimmt durch

$$(\alpha) \ldots G_L = \frac{\text{Molekulargew.}}{L} \text{ oder } = \frac{G_M}{L},$$

wobei G_M ... Gewicht eines Moleküls bedeutet. Anderseits ist (β) ... das Gewicht *eines* Moleküls im E-K (der Z Moleküle enthält)

gleich $$\frac{\text{Gew. des E-K}}{Z} = \frac{\text{Vol}_{EK} \cdot \sigma}{Z}.$$

Beide, auf verschiedenem Wege gewonnenen Ausdrücke (α) und (β) sind einander gleichzusetzen:

$$\frac{\text{Vol}_{EK} \cdot \sigma}{Z} = \frac{\text{Molekulargew.}}{L}$$

daraus $$Z = \frac{\text{Vol}_{EK} \cdot \sigma \cdot L}{\text{Molekulargew.}} \quad \text{oder} \quad Z = \frac{\text{Vol}_{EK} \cdot \sigma}{G_M \cdot \frac{1}{L}}.$$

N.B. $\frac{1}{L}$ entspricht dem Gewicht eines H-Atoms:

$$m_H = 1{,}660_2 \cdot 10^{-24}\,\text{g}.$$

Ein Beispiel: Anzahl der Formeleinheiten im E-K von Gehlenit $Ca_2Al[AlSiO_7]$ (s. Kap. V, b).

Grunddaten[1]:

$a_0 = 7{,}69_4$ spez. Gew. $\sigma = 3{,}03$

$\text{Vol}_{EK} = 299{,}97$

$c_0 = 5{,}07_2$ $G_M = 274{,}14$

$$Z = \frac{\text{Vol}_{EK} \cdot \text{spez. Gew.}}{G_M \cdot 1{,}660_2} = \frac{299{,}97 \cdot 3{,}03}{274{,}14 \cdot 1{,}660_2}.$$

Die Rechnung ergibt $Z = 1{,}997_0$, also 2 Formeleinheiten.

[1] *P. Korczak* und *F. Raaz:* Anzeiger Österr. Akad. Wiss., 1967, Nr. 13.

3. Ermittlung der Translationsgruppe

Durch Schichtlinienaufnahmen bei Drehung um die Richtungen [110], [101], [011] und [111] des Elementarkörpers ist festzustellen, ob Flächenzentrierungen vorliegen bzw. ob die gewählte Zelle raumzentriert ist. Es kann sein, daß der so bestimmte Elementarkörper selbst schon eine Zelle der *Bravais*schen Gitter darstellt; andernfalls wäre seine Rückführung auf eines der 14 Translationsgitter möglich.

b) Zweite Etappe: Ermittlung der Raumgruppe

Der nächste Schritt zielt auf die Bestimmung der Raumgruppe ab. Aus 230 Möglichkeiten soll das Symmetriegerüst des Feinbaues ermittelt werden.

Wenn die Kristallklasse (32 Möglichkeiten!) schon aus kristallographischen Beobachtungen (gegebenenfalls Ätzfiguren) bekannt ist, erleichtert dies die Durchführung; sonst könnten aus der Symmetrie eventuell vorhandener *Laue*-Diagramme 11 Symmetriegruppen auseinandergehalten werden.

Die Bestimmung der Raumgruppe selbst gründet sich auf die Untersuchung, welche charakteristische „*Auslöschungen*“ von Röntgenreflexen zu konstatieren sind. Wie schon früher erwähnt, fallen durch Einschaltung gleichbelasteter Netzebenen zwischen jene des Grundgitters gewisse Reflexionen aus. Durch systematische Prüfung der Symmetriegerüste der 230 Raumgruppen sind die Auslöschungsgesetze festgestellt; sie sind u.a. in den „Internationalen Tabellen zur Bestimmung von Kristallstrukturen“ niedergelegt[1].

Um die ein für allemal festgelegten Auslöschungsgesetze zur Bestimmung der Raumgruppe benützen zu können, benötigt man die *Statistik der Röntgenreflexionen* des betreffenden Untersuchungsmaterials, d.h. aber: Sämtliche zur Verfügung stehenden Aufnahmen müssen verläßlich indiziert worden sein. Daraus erkennen wir, wie grundlegend wichtig der Vorgang der Indizierung ist. Deshalb haben wir in den betref-

[1] Berlin: Gebr. Borntraeger, 1935; Neuausgabe: Birmingham, 1952.

fenden Kapiteln (VIII und XI) den Versuch gemacht, die Sicherheit einer solchen bei den verschiedenen monochromatischen Verfahren kritisch zu beleuchten.

c) Dritte Etappe: Punktlagenbesetzung

Konnte auf Grund einer Statistik der Röntgenreflexionen die Raumgruppe mit Sicherheit bestimmt oder doch wahrscheinlich gemacht werden, so ist damit das Symmetriegerüst der Atomkonfiguration gegeben. Es sind dann die zur Verfügung stehenden Punktlagen bekannt (Internationale Tabellen!).

Da wir nach Pkt. 2 des Teilkapitels a) den materiellen Inhalt der Zelle ermittelt haben, wissen wir genau, wieviel Atome jeglicher Sorte im Elementarkörper unterzubringen sind. Ein Beispiel dafür wurde gelegentlich der Diskussion der Gehlenit-Struktur gegeben (Kap. V, b) und ist anschließend bei Pkt. 2 ziffernmäßig ausgeführt worden.

1. Das Verfahren „Trial and error"

Gemäß der ursprünglichen Methode, innerhalb der vorhandenen Möglichkeiten eine Struktur zu bauen, ist es notwendig, jeden einzelnen Versuch durch Berechnung des Strukturfaktors zu überprüfen und gegebenenfalls zu verifizieren. Was hat es damit für eine Bewandtnis?

Wir haben schon bei der Besprechung der *Bragg*schen Spektrometeraufnahmen auf die bedeutungsvolle Tatsache der Intensitäten der registrierten Reflexe hingewiesen. Ferner haben wir im Kap. IX eingehend den *Strukturfaktor* behandelt und das Problem der Intensitätsberechnung diskutiert.

Im Teilkapitel b) haben wir erkannt, daß das völlige Fehlen gewisser Kategorien von Reflexen (charakteristische Auslöschungen – Spezielle Auslöschungsgesetze!) für die Raumgruppenbestimmung ausschlaggebend ist. Die *graduellen* Intensitätsunterschiede bei den vorhandenen Reflexionen dienen nun dazu, die Positionen der Atome möglichst genau festzulegen. Diese Notwendigkeit wird verständlich, wenn wir uns vergegenwärtigen, daß wir es in jeder Raumgruppe nicht nur mit Punktlagen ohne Freiheitsgrad zu tun haben, sondern daß auch solche mit einem oder zwei Freiheitsgraden vorhanden sind, und schließlich solche mit drei, wo also drei Koordinaten festzulegen sind (allgemeinste Punktlage).

Die Ermittlung dieser Koordinaten oder Parameter der Struktur (s. Tab. 3, Gehlenitstruktur) geschieht mit Hilfe des Strukturfaktors. Dieser ist für uns ein Hilfsmittel, die geometrischen Einzelheiten im Aufbau des Elementarkörpers zu ergründen. Andere Intensitätsfaktoren, die bei den verschiedenen experimentellen Verfahren in größerem oder geringerem Maße eine Rolle spielen, sind der *Lorentz*-Faktor, der Polarisationsfaktor, der Flächenhäufigkeitsfaktor, der *Debye*sche Wärmefaktor. Für jede als wahrscheinlich angesehene Struktur muß für die einzelnen Interferenzen die Intensität *berechnet* werden. Der daraufhin durchzuführende Vergleich mit den *beobachteten* Intensitäten der Aufnahme gibt erst die Möglichkeit zu entscheiden, ob die angenommene Struktur richtig sein kann oder nicht.

Aus dem Gesagten geht hervor, daß die drei einzeln behandelten Etappen einer Strukturanalyse grundsätzlich in nur zwei Hauptteile zu fassen wären: einerseits die Auswertung der Röntgenaufnahmen in *geometrischer* Hinsicht, d. i. Konstatierung des Vorhandenseins und der Lage der Interferenzen (woraus sich auch die Indizierung ergibt): Etappe a) und b); andererseits die Beurteilung der *Intensitätsunterschiede* und ihre rechnungsmäßige Überprüfung mit Hilfe der Intensitätsfaktoren, insbesondere des Strukturfaktors: Etappe c).

Dieser letzte Schritt, der zur Ermittlung einer möglichen und befriedigenden Punktlagenbesetzung erforderlich ist, hat zweifellos einen gewissen Grad an Unsicherheit in sich. Hier fallen eine Reihe *physikalischer* Umstände wirksamer ins Gewicht, die nicht immer mit wünschenswerter Exaktheit zu erfassen sind. Durch fortgesetzte Variation in der Annahme der zu bestimmenden Parameter und Berechnung der Intensitäten nähert man sich einem Ergebnis, sobald sich eine befriedigende

Übereinstimmung mit den beobachteten Intensitäten ergibt. Es handelt sich also um ein *schrittweises Probieren* mit dem Ziel, daß sich ein Erfolg einstelle; so ist die Bezeichnung „Trial and error" recht kennzeichnend.

2. Fourier- und Patterson-Röntgenanalyse der Kristalle

Besteht das Resultat der Strukturanalyse, wie es unter Pkt. 1 behandelt wurde, in der Ermittlung der Basiskoordinaten, so ist diese Art der Analyse als „algebraische" zu bezeichnen. Während bei den bisherigen Betrachtungen die Fiktion vorherrschte, daß als Streuzentren für die Röntgenstrahlen die Atomkerne angesehen werden könnten, ist bei den folgenden Darlegungen die zutreffendere Auffassung maßgeblich, nämlich daß die Streuung durch die Elektronen der Atomhülle veranlaßt wird; so gelangen wir zur Berücksichtigung der örtlich veränderlichen Elektronendichte.

Gegenüber der algebraischen Analyse wird diese nun als „funktionale Analyse" bezeichnet. Jetzt wird die Kristallstruktur als periodische Verteilung der Elektronenansammlung aufgefaßt (*Fourier*synthese). Diese Methode als praktische Anwendung der *Fourier*-Röntgenanalyse zielt auf die Lokalisierung der Streuzentren im Kristallraum ab, womit auf *direktem Wege* die Grundlagen für eine Ermittlung der Atomkonfiguration im Elementarkörper geschaffen werden sollen. Eine Fouriersynthese besteht sonach darin, die Elektronendichte mit Hilfe der experimentell gefundenen Intensitäten zu berechnen.

Eine ausführliche, auf die mathematischen Grundlagen eingehende Darstellung dieses Verfahrens erscheint bei uns hier nicht angebracht, da eine solche dem Gesamtcharakter des Buches, das auf elementare Behandlung des Stoffes abgestimmt ist, zuwiderlaufen würde. Hier muß auf das Werk von *W. Nowacki* „Fouriersynthese von Kristallen" verwiesen werden (Verl. Birkhäuser, Basel 1952). In der genannten Darstellung werden die Fouriersynthesen einschließlich der rechnerischen Auswertungshilfen im Einzelnen behandelt.

Einige wesentliche Gesichtspunkte von allgemeiner Bedeutung seien herausgegriffen:

Zur funktionalen Analyse verwendet man den bestehenden engen Zusammenhang zwischen der Intensität der Interferenzen und den Fourierkoeffizienten bei der Entwicklung der Ladungsdichte ρ. Die Darstellung dieser Funktion geschieht gewöhnlich durch Projektion der Dichteverteilung der Elektronen auf gewisse Ebenen des Kristallraumes (Höhenschichten-Zeichnungen).

Die Maxima der Elektronendichte lassen die Lage der Atome bzw. Ionen erkennen.

Die Strukturfaktoren als Maßzahlen für die Intensität, auf die sich die Fouriersynthese stützt, sind nichts anderes als die „Gewichte im Reziproken Gitter"[1].

So erweisen sich die Fourierkoeffizienten der Elektronendichte-Verteilung in der Zelle als identisch mit den Gewichten im Reziproken Gitter. Die gemessenen Intensitäten – proportional $|F_{hkl}|^2$ – führen zwar nur auf den Wert des absoluten Betrages, also auf die Strukturamplitude[2]. Besitzt jedoch der Kristall ein Symmetriezentrum, das in den Nullpunkt des Achsenkreuzes gelegt wird, so werden alle Gewichte reell, und es bleibt nur die Unsicherheit des Vorzeichens übrig.

Als Strukturamplitude $|F_{hkl}|$ bezeichnet man das Verhältnis der Streuamplitude von allen m Atomen der Zelle zur Amplitude eines einzelnen Elektrons.

Als Formel der Strukturamplitude wird angegeben:

$$|F_{hkl}| = \Sigma_m f_m \cdot e^{2\pi i(x_m H + y_m K + z_m L)} \;;$$

vgl. dazu Kap. IX, a (S. 186), wo sich die Formel für $|S_{hkl}|^2$ findet. Es ist ersichtlich, daß in obiger Grundgleichung für den

[1] *P. P. Ewald:* Das reziproke Gitter in der Strukturtheorie. – Zschr. f. Krist. Bd. *56*, 1921, S. 129–156. –
N.B. Bezüglich Erläuterung des Begriffes „Rezipr. Gitter mit Gewichten", siehe auch *F. Raaz:* Neue Wege zur Trachterfassung II. – Zbl. f. Min., 1942, S. 209 ff.

[2] Hier wird für die Strukturamplitude das Symbol $|F_{hkl}|$ verwendet, wie das vielfach geschieht, anstatt der sonst üblichen Bezeichnung $|S_{hkl}|$.

Strukturfaktor $|F_{hkl}|$ steht; ferner ist das Symbol f_m („Atomformfaktor") anstelle von A_m („Atom-Faktor") gesetzt.

Die Elektronendichte sei als Funktion $\rho(xyz)$ bezeichnet. Die Zahl der Elektronen pro Volumenelement der Elementarzelle vom Volumen V ist dann

$$\rho(xyz)\,dV\ .$$

Die zu ermittelnde Elektronendichtefunktion muß anstelle von f_m in obige Gleichung $|F_{hkl}| = \ldots$ eingesetzt werden, was zu einem relativ komplizierteren Ansatz führt.

Die Periodizität der Dichtefunktion legt es nahe, diese in einer Fourierreihe zu entwickeln. Auf Grund der Entwicklungsvorschrift für Fourier-Reihen gelangen wir schließlich zu Ausdrücken für die Elektronendichte $\rho(xyz)$ sowohl für den allgemeinen Fall als auch für den speziellen, wenn der Kristall ein Symmetriezentrum besitzt.

Der Rechenaufwand bei einer dreidimensionalen Synthese der Elektronendichte ist ein beträchtlicher. Unter Umständen kann man sich jedoch mit nur einfacher oder zweifacher Summation behelfen; zumal dann, wenn man von einer einigermaßen wahrscheinlichen Näherungsstruktur ausgehend der genauen Struktur schrittweise zustrebt.

Um eine Vorstellung vom Ergebnis einer Röntgen-Fourieranalyse zu vermitteln, sei in Abb. 131 eine Projektion der

Abb. 131. Elektronendichte von Diopsid (monoklin): Fourier-Diagramm, projiziert auf (010) (nach *W. L. Bragg*).

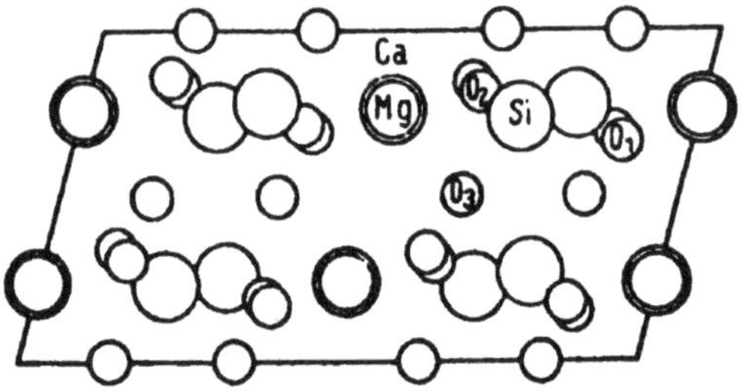

Abb. 132. Atomlagen im Diopsid (monoklin), $CaMg[Si_2O_6]$, projiziert auf (010) (nach *W. L. Bragg*).

Elektronendichte von Diopsid (monoklin) auf die Ebene (010) wiedergegeben. Abb. 132 zeigt die Atomlagen in der Elementarzelle von Diopsid, projiziert auf (010), wie sie durch algebraische Analyse von *W. L. Bragg* gewonnen wurden.

Es muß zugegeben werden, daß die Methode der Fouriersynthesen mit ihrer Absicht, allein aus den Daten der Röntgenstrahlbeugung – namentlich den $|F_{hkl}|$-Werten – zwangsläufig und eindeutig das Kristallgitter zu ermitteln, eine weitgehende Unsicherheit einschließt, vor allem wegen der Unmöglichkeit, die Phasenwinkel $\alpha(hkl)$ der resultierenden Amplituden zu bestimmen [siehe Kap. IXa), Abb. 92 mit dem Phasenwinkel von $A_r \ldots \alpha(hkl)$].

Daher beschritten *Patterson*[1] und *Harker*[2] einen anderen Weg, die erforderlichen Daten zur Festlegung der Atompositionen im Kristallgitter zu gewinnen, auch ohne Rücksicht auf die Phasenwinkel, die unbekannt bleiben. Es handelt sich dabei um eine *direkte* Methode, Atomabstände in einer Kristallstruktur festzustellen. Dieser Vorgang, als *Patterson*-Synthese bezeichnet, kann jedoch im Rahmen dieser Darstellung nicht erörtert werden.

[1] *Patterson, A. L.:* A direct method for the determination of the components of interatomic distances in crystals. – Zschr. f. Krist. *90* (1935), 517–542.

[2] *Harker, D.:* The application of the threedimensional Patterson method and the crystal structures of proustite Ag_3AsS_3 and pyrargyrite Ag_3SbS_3. – J. Chem. Phys. *4* (1936), 381–390.

Literatur

A. Quellennachweis für eine Anzahl von Abbildungen, die aus folgenden Werken stammen

Bijvoet, J. M., Kolkmeijer, N. H., MacGillavry, C. H.: Röntgenanalyse von Krystallen. Berlin 1940.

Brandenberger, E.: Angewandte Kristallstrukturlehre. Berlin 1938.

Buerger, M. J.: X-Ray Crystallography. New York 1942.

Ewald, P. P.: Kristalle und Röntgenstrahlen. Berlin 1923.

Glocker, R.: Materialprüfung mit Röntgenstrahlen. IV. Aufl. Berlin, Göttingen, Heidelberg 1958.

Kleber, W.: Einführung in die Kristallographie. Berlin 1956, letzte Aufl. 1970.

Mark, H.: Die Verwendung der Röntgenstrahlen in Chemie und Technik. Leipzig 1926.

Neff, H.: Grundlagen und Anwendung der Röntgen-Feinstruktur-Analyse. München 1962.

Niggli, P.: Krystallographische und strukturtheoretische Grundbegriffe. Leipzig 1928.

Niggli, P.: Lehrbuch der Mineralogie und Kristallchemie. 3. Aufl. Teil I Berlin 1941, Teil II Berlin 1942.

Schiebold, E.: Herleitung und Nomenklatur der 230 kristallographischen Raumgruppen. Mit Atlas der Raumgruppen-Projektionen. Leipzig 1929.

Schleede, A. und *Schneider, E.:* Röntgenspektroskopie und Kristallstrukturanalyse. I. u. II. Band Berlin und Leipzig 1929.

Trey, F. und *Legat, W.:* Einführung in die Untersuchung der Kristallgitter mit Röntgenstrahlen. Wien 1954.

B. Weitere einschlägige Werke

a) Röntgenographie

Bragg, W. H. und *Bragg, W. L.:* Die Reflexion von Röntgenstrahlen an Kristallen. Leipzig 1928.

Bragg, W. L.: The Crystalline State. Vol. I. General Theory. London 1949.

Guinier, A.: Théorie et technique de la radiocrystallographie. II. Aufl. Paris 1956.

Halla, F. und *Mark, H.*: Leitfaden für die röntgenographische Untersuchung von Kristallen. Leipzig 1937.

Handbuch der Physik, Bd. XXIII. 2. Teil: Röntgenstrahlung. Berlin 1933. Kap. 4: *Ewald, P. P.*, Die Erforschung des Aufbaues der Materie mit Röntgenstrahlen, S. 207 bis 476.

Handbuch der Physik, Bd. XXXII: Strukturforschung. Berlin – Göttingen – Heidelberg 1957.

Henry, N. F. M., *Lipson, H.* und *Wooster, W. A.*: The Interpretation of X-Ray Diffraction Photographs. London 1953.

Jeffery, J. W.: Methods in X-Ray Crystallography. London und New York 1971.

Kohlhaas, R. und *Otto, H.*: Röntgenstrukturanalyse von Kristallen. Berlin 1955.

Lonsdale, K.: Crystals and X-Rays. London 1948.

Nowacki, W.: Fouriersynthese von Kristallen. Basel 1952.

Schiebold, E.: Die Drehkristallmethode. Fortschritte d. Mineralogie, Kristallogr. u. Petrogr., Bd. 11 (1927), S. 113 bis 280.

Straumanis, M. und *Jevinš, A.*: Die Präzisionsbestimmung von Gitterkonstanten nach der asymmetrischen Methode. Berlin 1940.

Trillat, J. J.: Les Applications des Rayons X. Paris 1930.

Wyckoff, R. W. G.: The Analytical Expression of the Results of the Theory of Spacegroups. Washington: Carnegie Institution 1930.

b) Kristallographie und Kristallchemie; Mineralogie

Born, M. and *Kun Huang*: Dynamical Theory of Crystal Lattices. Oxford 1954.

Evans, R. C.: An Introduction to Crystal Chemistry. II. Aufl., Cambridge 1964.

Goldschmidt, V. M.: Kristallchemie und Röntgenforschung. In „Ergebnisse d. techn. Röntgenkunde“, Bd. II (1930), S. 151–182.

Hiller, J. E.: Grundriß der Kristallchemie. Berlin 1952.

Kleber, W.: Kristallchemie. Leipzig 1963.

Pauling, L.: The Nature of the Chemical Bond. III. Aufl., Ithaca 1960.

Raaz, F. und *Tertsch, H.*: Einführung in die geometrische und physikalische Kristallographie. III. Aufl., Wien 1958.

Wells, A. F.: Structural Inorganic Chemistry. III. Aufl., Oxford 1962.

Zemann, J.: Kristallchemie. (Sammlung Göschen) Berlin 1966.

Bragg, W. L. and *Claringbull, G. F.*: Crystal Structures of Minerals. (The Crystalline State, Vol. IV.). London 1965.

Brauns, R. † und *Chudoba, K. F.*: Allgemeine Mineralogie. (Sammlung Göschen) Berlin 1968.

Bruhns, W. † und *Ramdohr, P.*: Kristallographie. (Sammlung Göschen) Berlin 1965.

Correns, C. W.: Einführung in die Mineralogie. II. Aufl., Berlin – Heidelberg – New York 1968.

Machatschki, F.: Grundlagen der allgemeinen Mineralogie und Kristallchemie. Wien 1946.

Strunz, H.: Mineralogische Tabellen. IV. Aufl., Leipzig 1966.

c) Kristallphysik

Handbuch der Physik, Bd. VII. 1. Teil: Kristallphysik I. Berlin – Göttingen – Heidelberg 1955.

Kleber, W.: Angewandte Gitterphysik. III. Aufl., Berlin 1960.

Winkler, H. G. F.: Struktur und Eigenschaften der Kristalle. II. Aufl., Berlin – Göttingen – Heidelberg 1955.

Wooster, W. A.: Experimental Crystal Physics. Oxford 1957.

d) Tabellenwerke und Handbücher

Internationale Tabellen zur Bestimmung von Kristallstrukturen. Band I. u. II., Berlin 1935.

International Tables for X-Ray Crystallography. Vol. I., II. and III. Birmingham 1952, 1959 and 1962.

Wyckoff, R. W. G.: Crystal Structures. 5 Bände, New York u. London 1948–1960.

Sachverzeichnis

Namenverzeichnis

Bei Fragen zur Produktsicherheit wenden Sie sich bitte an:
If you have any questions regarding product safety,
please contact:

Walter de Gruyter GmbH
Genthiner Straße 13
10785 Berlin
productsafety@degruyterbrill.com